# 光伏物理与太阳电池技术

主　编　黄海宾　周　浪　岳之浩
　　　　袁吉仁　高　超　王　立

科学出版社
北　京

# 内 容 简 介

本书从太阳电池应用的角度出发，系统阐述半导体基础及光伏物理的相关知识，介绍太阳电池器件设计的方法和注意事项；系统讲解了晶体硅、碲化镉等几种主流的太阳电池材料和产品的特性及制造技术。本书尤其注重基础理论知识与生产实际的结合。

本书可作为高等院校新能源材料与器件专业、材料类专业、微电子类专业、固体物理类专业的本科和专科的相关专业课程的教材，以及太阳能光伏方向的硕博士研究生的教学和研究参考书，也可作为太阳能光伏及相关领域的研发、生产和工程技术人员的学习参考用书。

图书在版编目(CIP)数据

光伏物理与太阳电池技术/黄海宾等主编. —北京：科学出版社，2019.10
ISBN 978-7-03-062632-5

Ⅰ. ①光… Ⅱ. ①黄… Ⅲ. ①光生伏打效应-物理学-研究②太阳能电池-研究 Ⅳ. ①O482.3②TM914.4

中国版本图书馆 CIP 数据核字(2019)第 228904 号

责任编辑：窦京涛 田轶静/责任校对：杨聪敏
责任印制：张 伟/封面设计：迷底书装

科学出版社 出版
北京东黄城根北街 16 号
邮政编码：100717
http://www.sciencep.com
固安县铭成印刷有限公司 印刷
科学出版社发行 各地新华书店经销
*
2019 年 10 月第 一 版 开本：720×1000 B5
2023 年 11 月第八次印刷 印张：16 1/2
字数：333 000

定价：49.00 元
（如有印装质量问题，我社负责调换）

# 前　言

南昌大学光伏研究院的成立和建设发展几乎历经和见证了光伏技术发展的全程，特别是中国光伏业的历史性贡献。我们看到了二十年前曾被主流学术界认为已经成熟、没有研究前途、不能担当光伏电力平价上网大任的硅片太阳电池的惊人发展：量产电池产品的平均能量转换效率从13%提高到了23%！成本更是呈数量级地从3美元/峰瓦下降到了0.3美元/峰瓦！我们看到了无数的技术问题出现而后被解决，例如，PID问题、PERC电池光衰问题、PERT电池制结工艺问题、金刚石切割多晶硅片制绒问题等，更有新型电池材料与设计的出现，如TOPCon电池、各种基于晶体硅衬底的异质结电池、结构改性的碲化镉电池等。这一切发展很快，很多最新进展都没有进入迄今为止出版的国内外光伏科学技术著作或教材。

本书尽可能包含所有太阳电池技术的最新重要进展，而且是一本兼具扎实物理基础和生动技术智慧的书，二者的关系可类比骨架与血肉。我们关注技术创新，其意义还不仅仅是让读者学习了解它们，更在于让读者从新的维度重温理论，加深理解，培育自己创新的土壤和种子！由于中国光伏产业和市场的压倒性主导格局，光伏技术的创新发展主导已责无旁贷地落到了中国光伏界的肩上，让我们共同努力！

2011年南昌大学创办了以光伏技术为重点的新能源材料与器件专业，并获得了“卓越工程师培养计划”国家项目的支持。经过七年多的实践和不断改进，我们形成了一套较为完善的课程体系和教学内容，其中“光伏物理与太阳电池技术”是其中一门核心主干课程。它是一门非常综合的课程，既是对前期基础教学内容的总结与延伸，又是对后期专业知识深入教学的基础与先导，连接科学与技术，起到了承上启下的作用。因此，这门课程对本专业学生专业素养与思维方式的培养与形成很是关键。

在本书中，我们希望能同时做到“传道、授业”，让学生既能系统深入地学习光伏理论和知识，又能了解光伏前沿技术的进展、发展趋势以及技术与产业发展之道。本书的作者都是具有十余年光伏领域研发经验的资深研究人员，并且在过去的七年中每年拿出大量的时间到企业交流学习，了解最新行业和技术发展状况，分析企业对技术人员的要求，将这些不断融入教学中。

光伏技术日新月异，我们的教学内容也不断修改与完善，最终形成了本书的雏形，经过一年多的努力，终于成稿。在本书的撰写过程中，周浪主要负责第 2

章半导体物理基础、第 3 章光伏发电原理与太阳电池性能；黄海宾主要负责第 1 章绪论、第 4 章太阳电池设计和第 7 章 n 型晶体硅太阳电池技术，以及全书的编排校对；袁吉仁主要负责第 5 章新概念太阳电池；岳之浩主要负责第 6 章 p 型晶体硅太阳电池技术；高超主要负责第 8～10 章硅基薄膜、CdTe、CIGS 三种太阳电池技术；王立主要负责第 11 章 III-V 族化合物太阳电池技术。全书的构架、内容风格的确定由上述作者共同讨论商定。本书的编写过程得到了众多行业专家的帮助，包括杭州的龙焱能源科技(杭州)有限公司的吴选之先生、周洁博士，阿特斯阳光电力有限公司的杨超经理，江阴鑫辉太阳能有限公司的罗茂盛总监，晶科能源控股有限公司的张昕宇博士、杨洁博士，中智电力的徐昕博士、张闻斌博士等。南昌大学光伏研究院的宿世超、田罡煜、王涛、龚敏刚等硕士研究生在本书编写过程中帮忙查阅资料、修改图表。在此表示诚挚的感谢！本书编写的很多素材是我们多年教学过程中原始材料的积累，有一小部分材料已无法追寻到来源，未能引用出处，特此说明，敬请版权所有者见谅！本书获得南昌大学教材出版资助，在此表示感谢！

限于作者的认知范围和知识水平，本书难免有不足之处，敬请读者见谅！如能告知我等则更加感谢！我们将会在后续版本中修改完善。

周　浪

2019 年 1 月

# 目　录

# 第1章 绪　论

## 1.1 太阳电池简介

人类文明的历史也是人类能源利用的发展史。从最初的利用大自然的“天火”，到后来的木炭、煤、石油、天然气，再到电能以及后来的核能、水能、风能等，种类不断丰富。如今，我们将所能利用的能源根据可再生的周期分为传统能源和可再生能源。可再生能源的意思是一种能源的消耗周期大于能源的再生周期，也就是说这种能源不会存在因使用而枯竭的问题。水能、风能均是可再生能源，而太阳能的供给量相对于人类的使用量来说几乎无穷无尽，所以也归为可再生能源。

广义上说，人类所用到的能源几乎全部来源于太阳，化石能源是太阳能的长周期存储方式，水、风的循环也是因为太阳辐射的地域和时间差异。但我们平时所讨论的太阳能一般是狭义的概念，是指直接利用来自太阳的能源，主要分为光热、光电两大类。光电又分为光热发电和光伏发电两种机理。前者是指聚集太阳能光发热，再将热量转变为电能的方式，一般是指太阳能加热产生水蒸气，推动发电机发电的方式。后者就是本书所要讲解的“太阳电池”，也称为太阳能电池或太阳能光伏电池。

太阳电池的基本工作原理为光生伏特效应。对于无机半导体类光伏电池，其工作原理为当太阳能照射到一个以pn结为核心的器件上后，半导体器件吸收太阳光转变为光生载流子，光生载流子在pn结内建电场的作用下产生电子和空穴的定向移动，最终在器件的两端形成一个电势差，如接上负载形成回路，则会产生电流，向外提供能源，如图1-1所示。作为一种先进的能源利用方式，太阳电池具有很多优点，包括：能量巨大、非枯竭、清洁、有阳光的地方即可使用；结构简单、无机械运转部分、无噪声、管理和维护简便、可实现系统自动化、无人化；可以阵列为单位选择容量；重量轻，可作为屋顶使用；制造所需能源少、建设周期短；适应发电场所的负载需要、不需输电线路等设备；等等。当然也有不足之处，例如，能量密度低、功率输出不稳定、随气象条件而变；直流电能、无蓄电功能等。

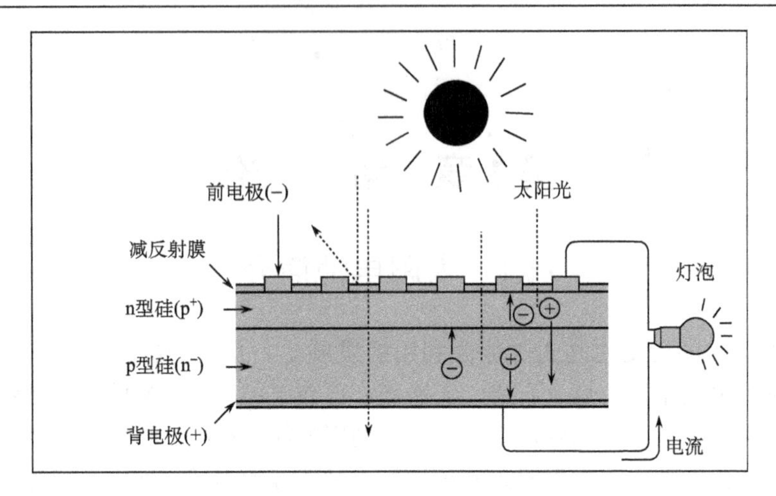


图 1-1　无机半导体类光伏电池发电基本原理示意图

以晶体硅太阳电池为例

人类对发现和认识光伏现象的历史很长，但真正走到应用的时间却并不长。1839 年法国实验物理学家贝克勒尔(Becquerel)发现液体的光生伏特效应。1904 年 Hallwachs 发现铜与氧化亚铜($Cu/Cu_2O$)结合在一起具有光敏特性；德国物理学家爱因斯坦(A. Einstein)发表了关于光电效应的论文。1951 年生长 pn 结，实现制备单晶锗电池。1953 年 Wayne 州立大学 Dan Trivich 博士完成了基于太阳光谱的具有不同禁带宽度的各类材料光电转换效率的第一个理论计算。1954 年美国无线电公司(RCA)实验室的 P. Rappaport 等报道了硫化镉的光伏现象，贝尔(Bell)实验室研究人员 D. M. Chapin, C. S. Fuller 和 G. L. Pearson 报道了效率为 4.5%的单晶硅太阳电池的发现。从此太阳电池真正开始了产品发展和应用之路。

1955 年美国西部电工(Western Electric)开始出售硅光伏技术商业专利，Hoffman 电子推出效率为 2%的商业太阳电池产品，电池为 14mW/片，25 美元/片，相当于 1785 美元/峰瓦。1985 年单晶硅太阳电池售价 10 美元/峰瓦；2010 年通过技术突破，太阳电池成本进一步降低，在世界能源供应中占有一定的份额。德国可再生能源发电达到 12.5%。2012 年，光伏发电成本低于 1 元/度。现如今光伏组件的价格已经降到了约 2.6 元/峰瓦，在光照强度高的地区，光伏发电的价格优势已经可与火电竞争，达到了平价上网的要求。

如图 1-2 所示，在可预期的将来，太阳电池发电占整个能源利用构成的比例可能会越来越高，太阳电池的市场将会越来越大；在未来，太阳能源发电的比例在能源利用中的比例将更高。

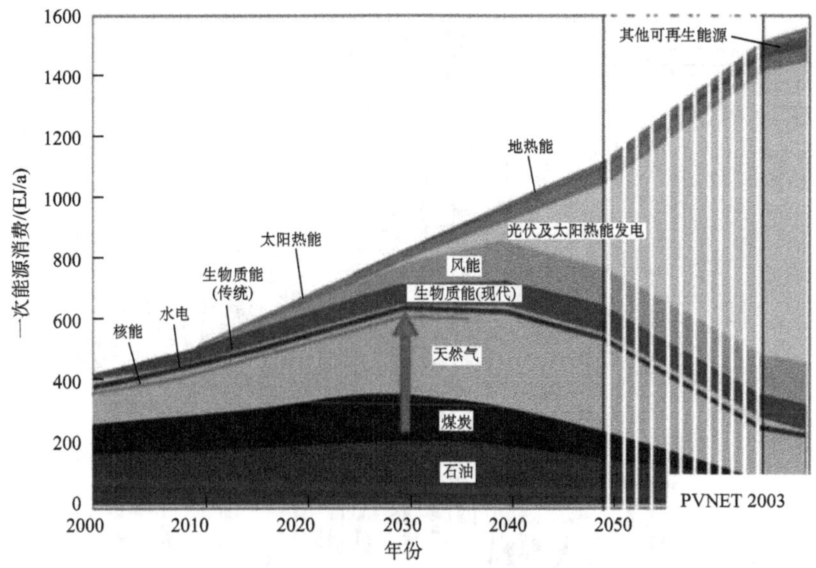


图 1-2　未来各类能源需求量预测

## 1.2　太阳电池种类、技术发展现状及未来

在光伏电池近百年的发展史中，种类最为丰富、也最为成熟的是基于无机半导体材料的光伏电池，主要包括硅、碲化镉、Ⅲ-Ⅴ族化合物等。这些材料及由其构成器件的特性均适用于半导体物理相关理论。除此之外，还有基于有机半导体材料的一些光伏电池器件，主要是染料敏化太阳电池、有机半导体太阳电池和部分钙钛矿太阳电池等，这些材料体系是基于激发和导电的，它们的工作原理基本服从于半导体物理的相关知识，但略有差别。这两大类太阳电池目前发展得较为成熟，各有多种产品推出。基于这些材料和理论的光伏电池虽然性能上仍有很大的提升空间，但总地说来其理论转换效率较低，在地面应用只能达到 30%左右。为了得到更高的转换效率，已经有研究人员在探索基于新的器件工作原理的太阳电池，包括热载流子太阳电池、杂质光伏电池、热光伏电池等，期望能将光电转换效率提升到 60%甚至更高水平。这些研究目前都处于理论探索阶段，尚未得到合理的、高性能的器件结构。

在本书中，如果不做特殊说明，所指太阳电池均是基于无机半导体材料的太阳电池。这里所述的“材料”是指太阳电池中的吸收层材料，太阳电池中吸收光子转变为光生载流子的功能主要由它完成，是太阳电池最核心的部分，一般以吸收层的材料来命名太阳电池。比如说单晶硅太阳电池、碲化镉太阳电池、钙钛矿太阳电池，它们的吸收层材料分别是单晶硅、碲化镉和钙钛矿。目前一些主要的太阳电池的实验室制备最高效率发展状况如图 1-3[1]所示。图中所示转换效率均在(AM1.5G，25℃)条件下测得。

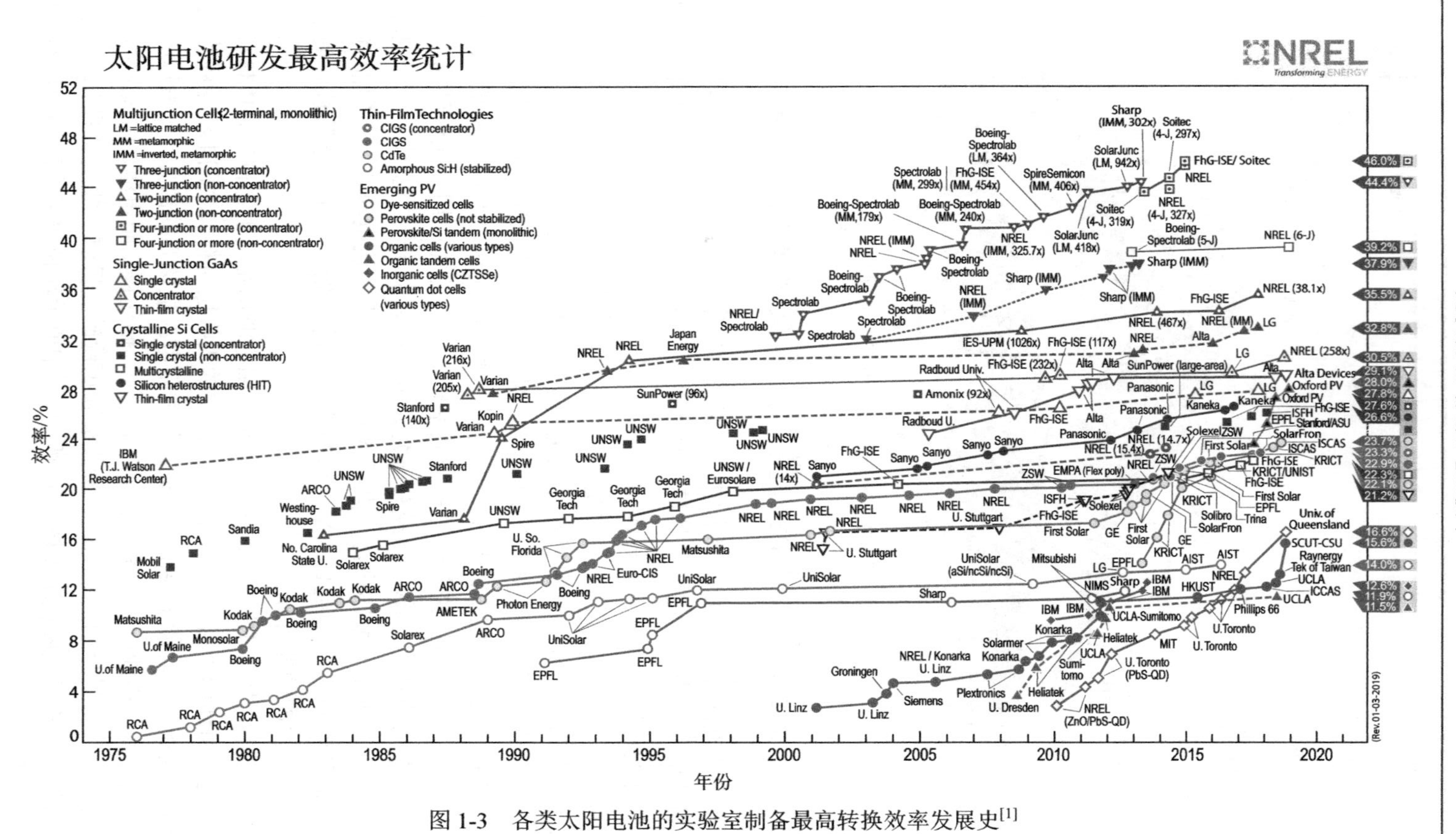


图 1-3 各类太阳电池的实验室制备最高转换效率发展史[1]

晶体硅太阳电池的研究历史最长，发展也最为成熟，目前其最高转换效率达到了 26.7%[1]，已经很接近其转换效率极限 29%。III-V 族化合物太阳电池的发展也非常迅速，其叠结结构转换效率是目前所有太阳电池中最高的[2]。除此之外，碲化镉、铜铟镓硒太阳电池的发展也很快，除了实验室研发的最高转换效率一直提升外，生产技术也在不断进步中。钙钛矿太阳电池是光伏电池的新秀，这几年飞速发展，短短四五年时间，转换效率已经达到了 22.7%[2]！

太阳电池虽然已有近百年的发展历史，但目前仍处在初级阶段。除少数几种外，多数太阳电池的转换效率距离其理论极限尚有巨大差距，现有的材料体系在器件结构设计、工艺方法等方面仍有巨大的进步空间，新材料的开发、新理论的研究创新也大有可为。

## 1.3　太阳电池产业现状及未来

图 1-4 所示是 2000 年～2017 年间光伏电池技术快速发展的阶段，也是光伏电池市场快速扩张的阶段，这两方面带动了太阳电池发电成本的急剧下降。三者良性循环，相互促进。经统计，2017 年全球光伏组件装机总量超过 70GWp，累计装机容量超过 300GWp，光伏组件价格已经降到了 2.6 元/峰瓦，近乎达到了平价上网的要求。预计在 2030 年装机容量将会超过 600GWp。可以说是前景无限！

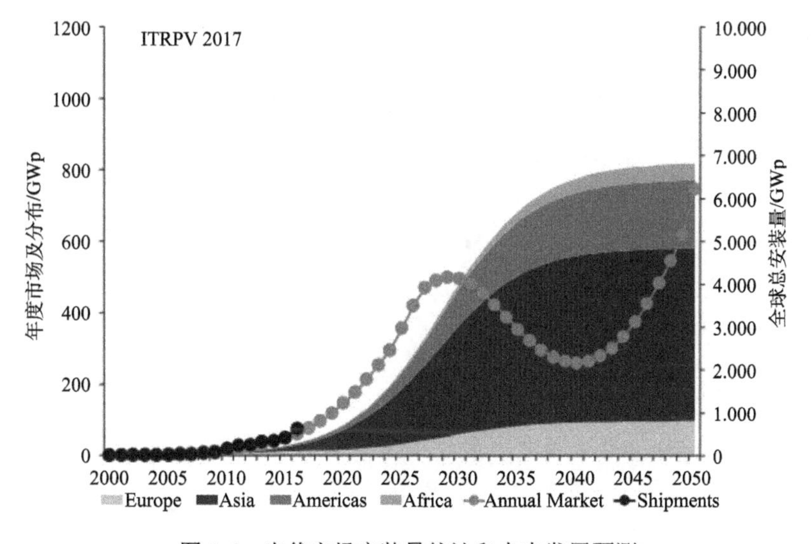


图 1-4　光伏市场安装量统计和未来发展预测

对于占市场绝对主导地位的晶体硅太阳电池，各种优异的器件结构和制备技术都已相对成熟，过去的几年和未来的重点是生产技术的发展和大规模量产导入。

它在过去的近20年时间里走过了粗放发展阶段，逐步迈入了技术引领发展阶段。由初期的全部Al背场扩散p型晶体硅电池，逐步过渡到现在的p型PERC、n-PERT、n-HJT等多种技术共存、共同发展的阶段，终端市场也由单一的大型地面电站为主，发展为分布式、大型地面电站、光伏建筑一体化等多类别市场齐头并进的形式。

总体说来，光伏行业已经度过了婴儿期，进入了健康成长的少年期。已有的各种新技术不断导入生产。也期待在未来会有更多的优质创新性理论、材料和技术产生，推动光伏行业更加快速、优质地发展，造福全人类。

## 思考练习题

请查阅文献，了解光伏行业的历史和最新动态，谈谈自己对太阳电池的理解和对产业发展的看法。

## 参 考 文 献

[1] https://www.nrel.gov/pv/.

[2] Green M A, Hishikawa Y, Dunlop E D, et al. Solar Cell Efficiency Tables(version 51). Progress in Photowltaics Research and Applications, 2018, 26(1): 3-12.

# 第 2 章　半导体物理基础

## 2.1　引　　言

半导体材料和器件支撑着信息技术、半导体发光技术，也支撑着半导体光伏技术，现在已广泛渗透到人类社会生产和生活的各个方面。而半导体物理是支撑半导体材料和器件技术的主要理论基础，它是科学力量的精彩例证，也是现代科学发展历史中最令科学界自豪的篇章之一。

一般半导体物理教材篇幅数百页，内容庞杂，常令光伏行业技术人员望而却步；即使对于学习过半导体物理课程的学生来说，要从中抽出光伏物理的核心基础也非易事。作者从多年教学和产学研合作实践中深感有必要在本书中为读者提供这样一章基础内容。本章编写不是对已有半导体物理教材作一般的删减和简写处理，而是在消化理论及其光伏应用意义的基础上，紧扣光伏技术基本需要，以通俗易懂的方式重述半导体物理的智慧精华，简要而完整地介绍光伏技术所涉及的半导体物理基础。相对于一般半导体物理教材，本章省略的内容主要为三类：①与光伏技术无关的部分；②数学推导过程；③固体物理基础知识。然而对一些重要的、较难于理解的概念和结论，本章甚至还增加了定性的描述和解释来帮助读者理解；对重要的数学模型(计算公式)，本章会努力帮助读者去定性理解并掌握其运用；为便于读者查阅，本章还加入了一些重要的参考数据图表。对大多数概念及其应用我们都会以晶体硅为例来说明，而不求从一般理论出发抽象演绎，这样容易理解掌握，同时也学习了解了对光伏技术而言最为重要和主流的晶体硅半导体材料。为避免枯燥，作者在保证理论逻辑严谨的同时，插入了一些观点和评述，在关键知识点上加深读者印象。

对于费米能、声子(间接跃迁相关)等重要的基本概念，有意深究的读者可另行查阅固体物理书籍。

## 2.2　半导体中的电子与空穴

半导体的各种特性，包括其光电特性，甚至于它们本身的固相存在，都有赖于其中电子的状态特性。以最常用的半导体——晶体硅为例。硅原子相互结合形成晶体靠的是硅原子外层 4 个价电子与周边其他 4 个硅原子的各一个外层价电子组合形成 4 个共价键；这种结合模式对每个硅原子都是等同的，都贡献出 4 个电子与周边 4 个原子共享，同时共享由这 4 个原子提供的 4 个电子，每个硅原子的外层电子轨道因此都得到饱和，能量降低，这也是它们共同组成稳定硅晶体的原因；如果晶体排列不出现缺陷，这种完美的键合排列将一直延续到表面——在表面将难免有一层原子得不到饱和。后面我们会知道，晶体内部排列缺陷也是难免的，完美结构在缺陷和表面处的中断都会对半导体的光伏应用性能有不良影响。

从几何要求上我们就可以理解，硅的这种键合形成的结构必定是空间对称的，满足这种要求的结构只有一种，如图 2-1 所示。它被称为金刚石结构，因金刚石中碳原子正是以这种结构排布而得名，事实上其形成机理也与硅十分相似。在这种结构排列的硅晶体中，原子密度为 $5\times10^{22}\text{cm}^{-3}$。

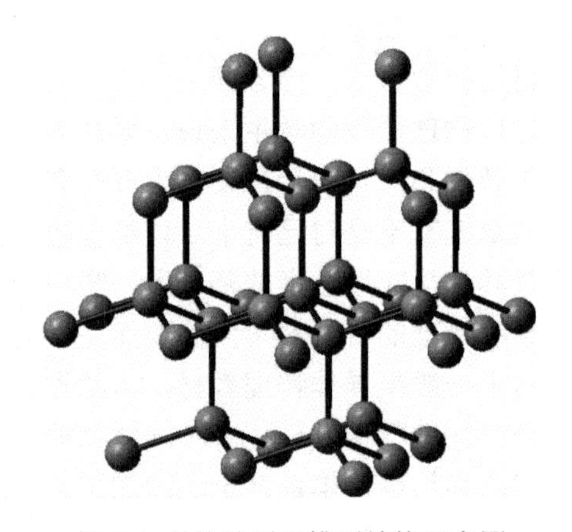

图 2-1　晶体硅原子排列结构示意图

图中连接硅原子之间的短线代表一个共价键，由被连接的两个硅原子各出一个价电子形成

理想情况下，纯硅晶体不会有任何导电能力，因为没有自由电子或任何其他载流子——所有外层电子都被束缚在共价键中。但这种理想情况只在绝对零度下具备。随温度升高，纯硅晶体导电能力会提高；在常温下其导电率介于绝缘体和金属之间，故被称为半导体。原因是热振动会使共价键中的电子激发而脱离束缚，成为可参与导电的自由电子；当然随温度升高，热振动加剧，发生这种电子激发的概率就会提高，从而导电率也相应提高。

固体能带理论使上述定性的认识得以提高到定量描述。图 2-2 是半导体价电子的能带结构示意图，以及半导体晶体中价电子的空间状态与其所处能带的对应关系。仍以硅为例，束缚于共价键中的电子能量较低，处于**价带**；脱离束缚的自由电子能量较高，处于**导带**。价带能量有明确的上限 $E_V$，导带能量有明确的下限 $E_C$；对半导体而言，在价带与导带之间有一个间隙，是电子不会在其中存在的一个能带，被称为**禁带**。这意味着电子从价带转变到导带（从共价键电子转变为自由电子)的过程不会是连续过渡而是一种突变，被称为**跃迁**，或**激发**。电子跃迁所需的最小能量即为禁带宽度，即 $E_c - E_v$。图 2-2 在能量空间和晶体内部几何空间中同时示意出了这种跃迁，并标注其对应关系。绝对零度下电子将全部处于价带，非零温度下的热振动使电子有机会获得这个能量而跃迁到导带。

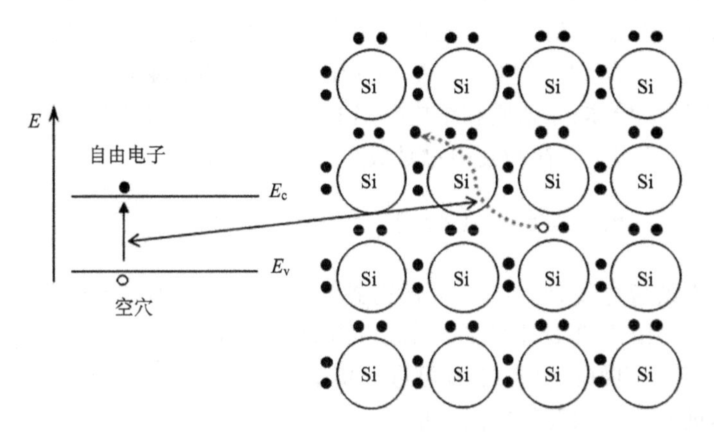


图 2-2 半导体价电子能带结构、跃迁及其与价电子在半导体内部空间状态对应关系示意图

禁带的宽度 $E_g$，有时称**带隙**，是一个十分重要的基本性质，其大小决定了一种材料的电学、光学等多种物理性质。常见半导体带隙在 2eV 以下，6eV 以上就是绝缘体了，介于其间的则被称作宽带隙半导体。硅在常温下 $E_g = 1.12$ eV，随温度升高它会降低，其关系已有较精确公式

$$E_g(T) = 1.17 - \frac{4.73 \times 10^{-4} T^2}{T + 636} \tag{2-1}$$

式中，$T$ 为绝对温度，所得 $E_g$ 的单位为 eV。

注意，半导体中一个电子从价带跃迁到导带后，导带上增加了一个电子，同时价带上出现了一个电子**空穴**(共价键上缺一个电子)。将空穴看作一种带电粒子(其电荷大小与电子电荷相同，符号与电子电荷相反)，理论逻辑上正确，分析操作上则方便很多。自由电子与空穴都被称为**载流子**。空穴的迁移运动机制与一般粒子不同，它不是独立自主地迁移，而是以半导体中相邻**价带电子**与之互换位置的方式迁移，表观上体现为其迁移率明显低于自由电子在半导体中的迁移率，对晶体硅而言，空穴迁移率约为自由电子的 1/3。

半导体在一定温度下的**平衡载流子**浓度显然将随温度提高、禁带宽度减小而升高，具体定量关系可由费米-狄拉克分布导出如下：

$$n_0 = N_c \exp\left(-\frac{E_c - E_F}{k_0 T}\right) \tag{2-2}$$

$$p_0 = N_v \exp\left(\frac{E_v - E_F}{k_0 T}\right) \tag{2-3}$$

式中，$n_0$、$p_0$ 分别是平衡条件下导带电子浓度和价带空穴浓度，以后分别简称电子浓度和空穴浓度；$E_c$、$E_v$ 如图 2-2 所示；$E_F$ 称为**费米能**，其物理意义是电子的化学势，其值在 $E_c$ 和 $E_v$ 之间，与温度和半导体成分有关；$k_0$ 是玻尔兹曼常量；$T$ 为材料绝对温度；$N_c$、$N_v$ 分别为导带、价带的**有效电子状态密度**，其值正比于 $T^{3/2}$。

对于**本征半导体**(无杂质和结构缺陷的半导体)，平衡条件下无其他电子或空穴来源，而电子和空穴在激发中总是成对产生，因此

$$n_0 = p_0 = n_i = (n_0 p_0)^{1/2} = (N_c N_v)^{1/2} \exp\left(-\frac{E_g}{2k_0 T}\right) \tag{2-4}$$

式中，$E_g$ 为禁带宽度($E_c - E_v$)，所得到的平衡浓度称为**本征载流子**浓度，记为 $n_i$。对硅而言，依式(2-4)计算得到常温(300K)下其本征载流子浓度为 $7.8\times10^9\text{cm}^{-3}$，与实测结果符合良好；由式(2-4)可进一步了解到，在常温附近，硅的温度每提高 8℃，其本征载流子浓度就提高一倍。

必须指出，理论推导式(2-2)和式(2-3)时并未要求材料为本征半导体，对非本征半导体而言，虽然 $n_0 = p_0$ 不再成立，但平衡时 $n_0 p_0$ 积的结果对于式(2-4)依然成立。因此尽管掺杂半导体中电子与空穴浓度受掺杂影响，但二者乘积却只与禁带宽度和温度有关，不受掺杂影响。2.3 节将进一步介绍半导体的掺杂概念与掺杂引入载流子的机理。

## 2.3　半导体掺杂效应

半导体各种功能特性的另一个主要来源是其掺杂效应——掺入与半导体组元价电子数不同的适当的杂质元素，会使半导体中的电子或空穴浓度大幅度提高，从而使半导体导电率大幅提高；而掺杂的种类、浓度和空间分布则可由我们设计控制。前面可以看到，常温下半导体本征载流子浓度太低了，大约每 $10^{13}$ 个硅原子中才有一对载流子，而且难以在材料内部分域调控。

### 2.3.1　n 型掺杂、p 型掺杂与电离

以硅为例，分析掺入磷元素(P)的效果。磷的原子尺寸合适，加入硅中后能够取代硅原子而进入其金刚石结构点阵；由于磷原子外层有 5 个价电子，比硅多一个，因此在这个结构中每进来一个磷原子就会有一个电子多出来；这个多出来的电子很容易成为自由电子，实际情况是在常温下几乎 100%地热激活成为自由电子。这种掺杂的结果是硅中自由电子浓度得以提高，增加的电子个数等于掺入

的磷原子个数。这种掺杂被称为**n 型掺杂**，所得半导体称为**n 型半导体**，因其引入的载流子带负电荷(negative charge)而得名；这类掺杂元素因提供电子而被称为**施主**。

可以设想，对硅而言，应该对应有引入空穴(带正电荷，positive charge)的**p 型掺杂**，形成**p 型半导体**，这类掺杂元素也必须能够取代硅原子进入硅金刚石结构点阵，其原子外层价电子则比硅少一个，每进来一个这样的原子取代硅晶体结构中的一个硅原子，就会使一个共价键缺一个电子，在硅的价带上形成一个空穴。这个设想完全正确。这样的元素有硼(B)、铝(Al)和镓(Ga)，一般用硼。这类掺杂元素被称为**受主**，因为进入硅晶体结构以后，它引入的空穴很快就会被随机热运动的某个相邻价电子填入，亦即它接受了电子。

上述掺杂效应可以从能量空间上给予更精确的描述。图 2-3 示出磷和硼杂质引入的电子能级在硅晶体价电子能带结构中的位置。可以看到，磷引入的电子能级低于但十分接近硅晶体导带底，这意味着其中的电子很容易跃迁至硅的导带而成为自由电子，由于所需能量很小，这种跃迁的概率在室温提供的热振动条件下就几乎能达到 100%，因此我们在分析时往往忽略它。但如果温度很低，或者杂质的能级并不很靠近晶体的导带底，上述跃迁概率就未必接近 100%，必须另行分析；硼引入的电子能级高于但十分接近硅晶体的价带顶，这意味着价带中的电子很容易跃迁至这个能级，而在价带中留下空穴。由于所需能量很小，这种跃迁的概率在室温提供的热振动条件下就几乎能达到 100%。当然如果温度很低，或者杂质的能级并不很靠近晶体的价带顶，同样必须认真考虑实际的跃迁概率，亦即未必每个掺杂原子都引入一个载流子。

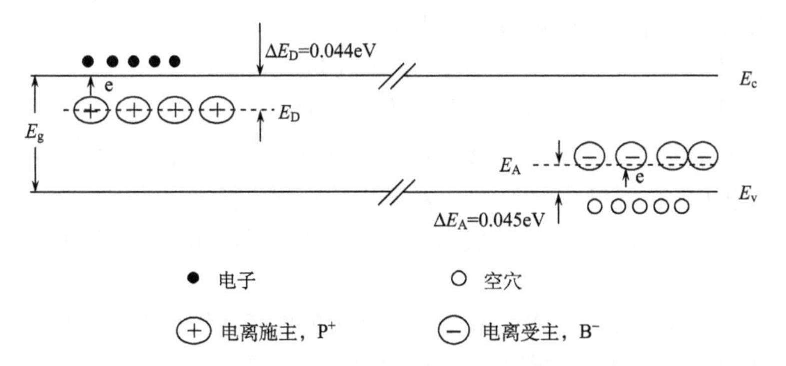


图 2-3　磷和硼杂质引入的电子能级在硅晶体价电子能带结构中的位置示意图

图中同时画出了两种杂质原子的电离状态和所产生的载流子

半导体中，施主原子失去电子(施主能级电子跃迁至导带)与受主原子得到电子(**价带电子**跃迁至受主能级，亦可看作空穴由受主能级跃迁至价带)，都被称为

**电离**。电离发生后，相关杂质原子都成为离子而带电。施主原子成为正离子，受主原子成为负离子。以硅中掺杂 P 或 B 为例，电离后它们分别成为 $P^+$或 $B^-$，仍然占据硅晶体点阵位置；相对于它们所释放的载流子而言，它们的空间位置是相对固定的。

### 2.3.2 掺杂半导体的载流子浓度

热平衡条件下，n 型半导体中的电子浓度 $n_0$ 应为单位体积中施主提供的电子和热激发电子数之和。就半导体光伏技术所涉及的温度与掺杂条件而言，前者完全可看作等于施主的体积浓度 $N_D$，后者由激发时电子与空穴必成对这一点可知应等于 $p_0$，即

$$n_0 = N_D + p_0 \tag{2-5}$$

而由式(2-4)的后半部分我们知道半导体 $n_0\, p_0$ 的积不随掺杂而改变，因此如果 n 型掺杂浓度为本征载流子浓度的一千倍(这属于很轻的掺杂)，简单推算就可以得知，掺杂后空穴浓度将降低到只有本征态时的千分之一，只有 $N_D$ 的百万分之一了。因此在一些实际计算分析中，将 $n_0$ 等同于 $N_D$，误差极微。

类似地，对于 p 型半导体，以 $N_A$ 代表受主的体积浓度，我们可以得到

$$p_0 = N_A + n_0 \tag{2-6}$$

前已述及，$n_0$ 和 $p_0$ 的计算表达式(2-2)和式(2-3)对非本征半导体依然适用，杂质的影响将体现为它对式中费米能 $E_F$ 的影响。将式(2-5)和式(2-6)分别代入式(2-2)和式(2-3)，即可计算推得 $E_F$ 的变化：施主掺杂使费米能向导带一侧移动，受主掺杂使费米能向价带一侧移动；所以 n 型半导体费米能高于 p 型半导体。对 n 型半导体和 p 型半导体的近似表达式如下：

对 n 型半导体
$$E_F = E_{Fn} = E_i + kT\ln(N_D / n_i) \tag{2-7}$$

对 p 型半导体
$$E_F = E_{Fp} = E_i - kT\ln(N_A / n_i) \tag{2-8}$$

式中，$E_i$ 为无掺杂条件下该半导体(本征半导体)的费米自由能。实际上从费米能物理意义(电子的化学势)来看，这一结果十分自然。熟悉“物理化学”或“材料热力学”的读者可看出以上表达式与一个组元的化学势随该组元浓度变化关系颇为相似。

n 型半导体中的空穴，以及 p 型半导体中的电子，均被称为**少数载流子**，常被简称为少子。许多半导体器件，包括太阳电池，是少数载流子起关键作用。容易得出，平衡条件下两种少数载流子的浓度分别为

p 型半导体
$$n_0 = \frac{n_i^2}{N_A} \tag{2-9}$$

n 型半导体

$$p_0 = \frac{n_i^2}{N_D} \tag{2-10}$$

### 2.3.3　半导体中不同类型杂质的相互补偿作用

实际半导体材料和器件中，施主杂质和受主杂质可能会同时存在，以一种为主。这种情况在光伏器件中更为常见。在以施主掺杂为主的 n 型半导体中，如果有受主杂质，后者将在材料内部引入空穴，直观的想象是，这些空穴会被施主提供的电子填掉；反之，在以受主掺杂为主的 p 型半导体中，如果有施主杂质，那么施主杂质在材料内部引入的电子将会被受主提供的空穴捕获。如果这样的设想成立，那么实际的效果就相当于施主与受主会相互抵消，抵消剩余的部分决定材料的掺杂类型和掺杂浓度，一般称**补偿**作用。幸运的是，理论推算和实验分析证实这种设想是成立的，但是有条件：①主掺杂元素与对应另型杂质元素浓度之差远大于本征载流子浓度；②两种杂质全部电离。这两项条件在半导体光伏技术材料与器件中完全满足。

理论计算还显示，不但多数载流子浓度可依以上补偿原则简单求得，少数载流子浓度也只要将 p 型半导体式(2-9)和 n 型半导体式(2-10)中的 $N_A$、$N_D$ 分别以补偿抵消后的值($N_A$–$N_D$)、($N_D$–$N_A$)代替就可以得到了；费米能对 n 型半导体式(2-7)和 p 型半导体式(2-8)也依然适用，只需将其中 $N_D$、$N_A$ 分别以补偿抵消后的值($N_D$–$N_A$)、($N_A$–$N_D$)代替。

### 2.3.4　化合物半导体的掺杂

对化合物半导体，如碲化镉、铜铟硒等，其掺杂相比单质半导体要复杂得多。此处作一个简单介绍。首先，化合物半导体的本征载流子不限于热激活产生，存在**本征缺陷**。以 $CuInSe_2$ 为例，实际单相的 $CuInSe_2$ 中 Cu 的原子分数总是低于其标准化学计量比 25%，因此实际单相 $CuInSe_2$ 中天然存在着铜空位($V_{Cu}$)，而 $V_{Cu}$ 缺陷可在 $CuInSe_2$ 中形成受主能级，其能级在价带以上 0.03 eV 附近，常温下价带电子很容易由热激活跃入该受主能级，留下空穴，使单相的 $CuInSe_2$ 半导体呈 p 型导电。这被看作是这种化合物半导体的本征性质。通过调节 $CuInSe_2$ 材料贫 Cu 的程度，可以调节 $CuInSe_2$ 半导体中的空穴载流子浓度。又如 CdTe 半导体，在制备过程中若处于不同的气氛条件(富 Cd 或富 Te 条件)，则所制备的 CdTe 半导体中将形成不同的本征缺陷(如 $V_{Te}$、$V_{Cd}$等)，使之具备不同的多数载流子类型。

非本征化合物半导体则涉及外部元素的掺杂。由于化合物中存在多种晶格位置，掺杂情况更为复杂多样。在 III-V 族化合物中，当某种 IV 族元素原子占据 III 族元素原子位时，它呈施主作用；而当它占据 V 族元素原子位时，它则呈受主作用。Si 在 GaAs 中的掺杂作用就是这样。然而实际上掺 Si 的 GaAs 一般都呈 n 型。

这主要是因为 Si 在 GaAs 中一般趋于优先占据 Ga 的位置。另外，外部元素进入半导体后，除了替代晶格某处的原子外，有些也会进入晶格间隙处形成间隙原子。例如，Na 在 CdTe 中可替代 Cd 的位置($Na_{Cd}$)或形成间隙原子($Na_i$)。这两种位置产成的掺杂作用完全不同，$Na_{Cd}$ 在 CdTe 中形成受主，而 $Na_i$ 却可形成施主。

## 2.4 半导体中载流子的输运

半导体中的两种载流子——电子和空穴，在常温下都会处于不停息的热运动中，但这种运动一般不会产生任何净的定向电荷输运。有两种情况会产生载流子的定向输运：①外加电场驱动下，这种运动称为**漂移**；②载流子自身浓度分布不均，载流子从高浓度区域向低浓度区域有净流动，这种运动称为**扩散**。

### 2.4.1 半导体中载流子的漂移

半导体内载流子在电场驱动下运动时，会不断受到各种散射，如电离杂质原子的散射、晶格热振动引起的散射、位错等晶格缺陷引起的散射等，可以形象地看作对运动电子的碰撞作用，它们使得载流子不能在电场作用下一路加速直线运动，而是跌跌撞撞地不断被散射而改变方向，大致沿电场确定的方向运动，因而得名“漂移”。各种散射作用综合体现为载流子的有限的**迁移率** $\mu$。其物理意义为在单位电场强度作用下，载流子的平均漂移速度，单位为 $cm^2/(V{\cdot}s)$。常温下高纯硅晶体中电子的迁移率 $\mu_n = 1350\ cm^2/(V{\cdot}s)$，空穴的迁移率 $\mu_p = 500\ cm^2/(V{\cdot}s)$。如所预期的，空穴的迁移率明显低于电子的迁移率。随温度上升，晶格热振动散射会增强；随掺杂浓度提高，杂质离子散射会增强。它们都会使迁移率降低。

迁移率与半导体电阻率 $\rho$ 有简单关系

$$\rho = \frac{1}{nq\mu_n + pq\mu_p} \tag{2-11}$$

式中，$q$ 为电子荷电量；$n$、$p$ 为电子、空穴浓度，不限于平衡条件。对于两种掺杂半导体，分别近似有

n 型半导体
$$\rho = \frac{1}{nq\mu_n} \tag{2-12}$$

p 型半导体
$$\rho = \frac{1}{pq\mu_p} \tag{2-13}$$

图 2-4 给出两种掺杂硅在常温下的电阻率随杂质与浓度变化的曲线。半导体电阻率可以很容易测得，依此曲线我们可以获得其中杂质掺杂浓度，相当于一个

数据手册工具。当然我们需知道掺杂的类型；还需注意，该曲线是在无杂质补偿或较轻补偿条件下得到的，当我们的材料补偿较重时，迁移率会偏低，电阻率会偏高，因而依此曲线估计的净掺杂浓度会偏低。如假定迁移率不随掺杂浓度变化，则依式(2-12)和式(2-13)可以较快捷地由电阻率近似估算掺杂浓度。图 2-4[4]中同时对硅画出了这种估算曲线，可以看到其误差在较低掺杂浓度范围(对 n 型低于 $10^{17}$，对 p 型低于 $10^{18}$)内尚较小，且由电阻率估算的掺杂浓度都偏高；超过此范围则估算误差较大，而且估算误差性质也偏低。

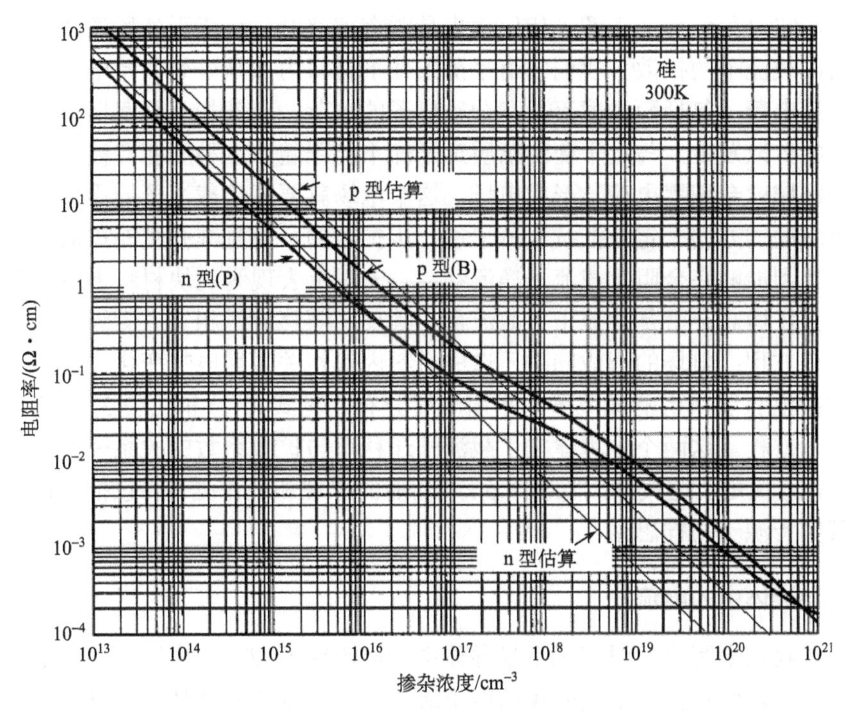


图 2-4　硅在常温下的电阻率随杂质和浓度变化的关系[4]

其中两条估算直线为本书添加

### 2.4.2 半导体中载流子的扩散

粒子在扩散中的运动本身还是一种无规则的热运动，只是在粒子浓度分布不均匀时，大量粒子热运动的统计平均在表观上体现为粒子从高浓度区域向低浓度区域的净流动，即扩散。对扩散早已有物理定律(菲克第一定律)：某种粒子的扩散通量(单位时间通过单位截面积的扩散粒子数)正比于该粒子的浓度梯度值。该比例系数称为**扩散系数**，记为 $D$，其单位为 $cm^2/s$。如前所述，不仅电子，空穴也可看作一种粒子，会发生扩散并遵循扩散定律。

载流子扩散系数 $D$ 与其在漂移运动中的迁移率 $\mu$ 同受材料内部各种散射影响，相互间似乎有联系。这个关系由爱因斯坦从理论上找到了！

$$\frac{D_{\mathrm{n}}}{\mu_{\mathrm{n}}}=\frac{k_0T}{q} \tag{2-14}$$

$$\frac{D_{\mathrm{p}}}{\mu_{\mathrm{p}}}=\frac{k_0T}{q} \tag{2-15}$$

限于篇幅，这里不能重列爱因斯坦精彩的演绎过程，但让我们共享一下其中的思路，它对我们后面理解光伏原理也是颇有裨益的：考虑无外场条件下一块半导体内部载流子的扩散。我们知道平衡条件下材料内部是处处保持电中性的，即其中各种电荷，包括两种载流子和杂质离子的电荷，全部相互平衡抵消，而一旦载流子的扩散发生，与之平衡的杂质离子却不能跟随，这种平衡即被打破，扩散发生的区域就会积累电荷，形成电场，这个电场就要驱动载流子的漂移，不难理解这个驱动的方向一定是抵抗载流子进一步扩散的，而且其强度随扩散的进行而增大，直到能够完全阻止载流子净流动——宏观上表现为这块材料上没有电流。这种阻止在微观上就是载流子扩散流量与其反向漂移流量相等。爱因斯坦以此建立了一个方程；电场的形成同时还造成材料内部相关区域电势变化，给载流子带来附加静电势能，影响载流子的平衡浓度分布，见式(2-2)和式(2-3)，依此可建立第二个方程。这两个方程建立了载流子迁移率与扩散系数的关系……以后我们会看到，不仅是上述关系，半导体 pn 结功能的原理和理论处理，包括光伏发电原理，其实皆源于同样思路。

### 2.4.3　半导体中的电流

现在我们来写出一般情况下半导体中的电流密度 $J$，它应该是漂移电流与扩散电流之和，而它们分别又应包括电子流动和空穴流动的贡献，共有四项，即

$$J=J_{\mathrm{drift}}+J_{\mathrm{diff}}=(qn\mu_{\mathrm{n}}E+qp\mu_{\mathrm{p}}E)+\left(qD_{\mathrm{n}}\frac{\mathrm{d}n}{\mathrm{d}x}-qD_{\mathrm{p}}\frac{\mathrm{d}p}{\mathrm{d}x}\right) \tag{2-16}$$

式中，$E$ 为电场强度，其他符号含义依旧不变。这是一维的情况，电场 $E$ 的方向以 $x$ 轴指向为正向，扩散电流的方向与正电荷浓度梯度正向相反，故空穴扩散项出现负号，而电子扩散项因其电荷为负又复为正号了。二维或三维的情况在数学表述上更为复杂，但没有新的物理内容。将爱因斯坦式(2-14)和式(2-15)代入替换扩散系数，则得到

$$J=q\mu_{\mathrm{p}}\left(pE-\frac{k_0T}{q}\frac{\mathrm{d}p}{\mathrm{d}x}\right)+q\mu_{\mathrm{n}}\left(nE+\frac{k_0T}{q}\frac{\mathrm{d}n}{\mathrm{d}x}\right) \tag{2-17}$$

半导体中电流问题的复杂之处从以上方程还不能完全体现：电场与浓度梯度

二者的作用是相互耦合的，扩散会影响电场分布，漂移亦会影响浓度分布；电子与空穴共存时还存在相互复合(湮灭)的概率……因此从理论上求解一定条件下半导体中的电流还需要建立和求解更复杂的方程，这些方程来自质量和电量的守恒以及连续性约束，此处不再详述，在分析太阳电池工作原理时再一并介绍。

## 2.5　半导体中的非平衡载流子

无论是本征半导体还是掺杂半导体，其中由热激发产生的载流子都被称为**平衡载流子**，其浓度在一定温度下都是一定的。注意由施主或受主提供的载流子也是由热激发电离产生的，包括在上述平衡载流子中。其他任何方式激发的载流子，都属于**非平衡载流子**，记为 $\Delta n$、$\Delta p$，当然二者相等，因为激发中电子与空穴总是成对产生。已经知道，平衡载流子浓度积 $n_0 p_0$ 满足式(2-4)中所列关系，只受温度影响；但非平衡载流子加入后，载流子浓度积 $np$ 就不再有这个规律了。非平衡载流子是光伏现象的来源，其产生、输运与复合(湮灭)是光伏电池工作原理的核心。

### 2.5.1　非平衡载流子的产生与复合

光照、电流导入，以及磁场等其他外部能量作用都可以使半导体产生非平衡载流子。对光伏而言最重要的自然是光激发产生的非平衡载流子。光激发总是从半导体被光照的表面及次表层发生，产生的非平衡载流子使表面附近载流子浓度提高，其向里的扩散随即发生，体现为载流子由表面向内部的输送，因此非平衡载流子的产生往往被称为非平衡载流子的注入。

一般光照条件下注入的非平衡载流子的浓度为 $10^{10}\text{cm}^{-3}$ 量级，一般太阳电池用 p 型晶体硅片，电阻为 $1\Omega\cdot\text{cm}$ 量级，其相应的平衡多数载流子浓度 $p_0$ 处于 $10^{16}\text{cm}^{-3}$ 量级，平衡少数载流子浓度 $n_0$ 处于 $10^3\text{cm}^{-3}$ 量级。因此我们看到，非平衡多数载流子浓度相对于材料中原有平衡多数载流子浓度只有百万分之一的水平，无足轻重，不会带来什么影响；而非平衡少数载流子浓度则是材料中原有平衡少数载流子的千万倍的水平，对体系总的少数载流子浓度有决定性作用。例如，上述表面光照条件下的扩散注入，对多数载流子而言，与材料表面之间浓度相比几乎一致，扩散影响很微小，可以忽略不计；而对少数载流子而言，表面之间的浓度梯度却是巨大的，扩散注入的影响就很大了。光伏器件是属于少数载流子起作用的器件。即便光照强度改变一百倍，这一多数载流子与少数载流子变化幅度的悬殊特征也不会改变。

不难理解，无论是平衡还是非平衡时，只要材料内部有电子和空穴，就一定会有电子与空穴**复合**(湮灭)，或者说电子从导带跳回价带的可能性，而且发生的概率应与电子浓度和空穴浓度之积成正比。否则平衡不可能存在，只有材料内部存在复合并且其速率与激发速率相等而相互抵消，才能实现平衡。以此类推，光照条件一定时，所谓非平衡载流子最后也一定会平衡稳定在一个水平，使材料总的载流子浓度平衡稳定在一个新的水平。新旧水平的差异将体现在材料的电阻上，光照引入的非平衡载流子将会使材料的电阻率降低，这个差异以目前的电子仪器水平可以容易地探测出来，而且还可测量记录光照撤除后其变化轨迹。光照撤除后会测到什么变化呢？相信读者已经能设想到变化的结果——电阻率回升到无光照时的平衡水平。但具体变化有多快？变化快慢又说明什么？需要测量和理论分析。

测量显示上述变化很快，回复到原平衡水平只需微秒到毫秒级的时间；不同材料回复快慢差异很大，但总要有一个时间过程。这说明非平衡载流子在复合消亡之前是有一个寿命的，具体每个载流子的寿命应该各有长短，有一定的随机性，但对一种材料而言，在一定载流子浓度下，载流子的平均寿命应该是一定的，记为$\tau$。容易理解，载流子浓度较高时，载流子复合概率较高，其寿命应相应较低，但对硅晶光伏应用而言，载流子浓度水平变化范围不大，我们一般不考虑载流子寿命随载流子浓度的变化。如前所述，非平衡载流子的复合消亡对材料多数载流子浓度无关紧要，而对材料少数载流子浓度则有决定性影响，因此习惯上将上述$\tau$称作**少数载流子寿命**，体现该参数所关注的实质对象。可以推出，非平衡载流子的浓度从非平衡激发撤除开始随时间$t$按指数规律衰减，即

$$\Delta p(t) = \Delta p(0)\exp\left(-\frac{t}{\tau}\right) \tag{2-18}$$

这一规律与实验实测结果相符，通过拟合式(2-18)就可得到少数载流子寿命$\tau$。$\tau$是一个十分重要的材料性能参数，在光伏研发与产业领域被普遍测量应用。对光伏应用而言，$\tau$值越高，则由光照注入的非平衡载流子就越有机会被分离和输运到外电路，光伏效率就会越高。决定$\tau$的是非平衡载流子的复合概率，这与具体的复合机制有关，进而可以看到，它最终与材料杂质和结构缺陷密切相关。

### 2.5.2 载流子复合机制

一个电子与一个空穴的复合导致两个载流子的湮灭，使光照激发产生载流子的结果功亏一篑，直接损害光伏发电效率，因此利用复合机制，就能够设法降低复合概率，这对光伏技术十分重要。

复合大致可分为两类：**直接复合**与**间接复合**。直接复合指电子从导带直接跳到价带(自由电子跳进空穴)；间接复合指电子和空穴在禁带内的某个能级(复合中心)复合，具体还需下面进一步解释。

载流子的复合必然伴随能量降低，能量平衡要求这部分降低的能量必须被释放出来，释放与复合同等重要，如不能释放该能量，复合就不能发生。释放能量的方式有三种：①发射光子，以这种方式释放能量的复合常被称为发光复合或辐射复合；②发热，相当于多余的能量使晶格振动加强；③将能量传给其他载流子，增加其动能，此类复合被称为**俄歇**(Auger)**复合**。俄歇复合在载流子浓度特别高时(如高于 $10^{18}\text{cm}^{-3}$)使不依赖于复合中心的直接复合变得较为重要，值得重视。

理论分析揭示，如果材料中只有直接复合，则载流子寿命应比实测值高得多。以硅为例，在只有直接复合的情况下，可推算得 $\tau=3.5$ s！而我们知道晶体硅载流子寿命一般为几到几十微秒(μs)，最高也就几毫秒(ms)。因此必定是间接复合对实际硅晶体中载流子的复合起了主要作用。

还有一个值得一提的现象是，带隙(禁带宽度)较小时，直接复合的概率较大。在带隙为 0.3eV 的碲中直接复合就达到了占优势的情况。这似乎有助于说明在硅中间接复合应占主导优势，因为间接复合发生的复合中心所提供的能级实际上大大减小了复合时电子需跃过的禁带宽度。

间接复合所需要的具备禁带中间附近能级的复合中心来源包括一些金属杂质原子和一些晶体结构缺陷(包括表面)。它们都在禁带中引入了一定的能级。一个在复合中心上发生的间接复合过程可具体分为两步，示意如图 2-5。第一步，导带上的电子落入复合中心；第二步，这个电子再从复合中心落入价带完成与空穴的复合。必须承认，我们很难靠直观想象理解：为什么这样的两步过程会比直接复合的一步过程更易进行，发生概率更大；其逆过程如果是这样倒符合我们的直觉，因为该逆过程须克服能垒，而克服两个低的能垒比克服一个高的能垒更容易这一点似无疑问。关键就在于复合确实与其逆过程密切联系。有兴趣的读者可参看本章所列参考文献。这可以说是物理学中数学演绎之强大功能的一个例证，它不但能够证明和量化我们的直觉想象，还能够洞察到我们的想象所不能及之处。

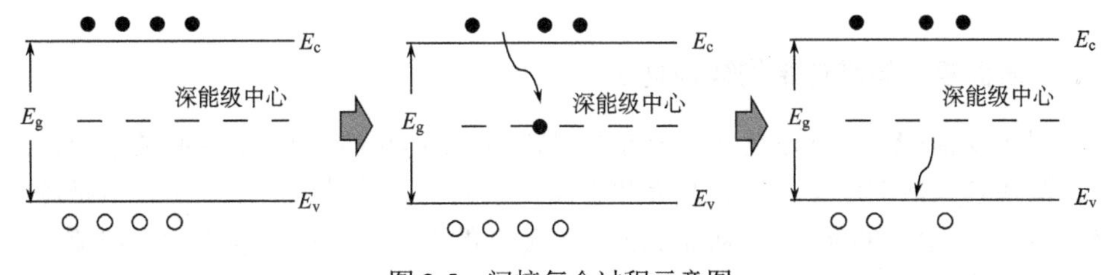


图 2-5　间接复合过程示意图

理论推导得出两个重要结论。一是间接复合作用下，载流子寿命 $\tau$ 与复合中心的浓度成反比；二是能级位于禁带中央附近(深能级)的复合中心是最为有害的(最有效)，反之，浅能级复合中心则基本无害。

在硅中，铁、铜、锰、钛、金等杂质会形成深能级的复合中心。以金为例，它会在硅中引入两个能级，一个是受主能级 $E_{tA}$(导带底以下 0.54eV)，一个是施主能级 $E_{tD}$(价带顶以上 0.35eV)，其位置示意如图 2-6。这两种复合中心不会同时起作用。在 n 型晶体硅中，费米能级，即电子的化学势，高于 $E_{tA}$ 和 $E_{tD}$，金的施主能级上的电子不会释放，而受主能级 $E_{tA}$ 会被全部填满，使金原子成为 $Au^-$，它们将捕获价带上的空穴而造成复合(其电子落入价带空穴)，同时使自身变空而为捕获下一个导带电子做好准备，理论上已推证，此时捕获空穴这一步决定了载流子寿命(图 2-5 中的第二步)，并且近似有 $\tau \approx 1/(N_t r_p)$ ($N_t$ 为金杂质浓度，$r_p$ 为金的受主能级对空穴的俘获率)；在 p 型晶体硅中，费米能级低于 $E_{tA}$ 和 $E_{tD}$，金的受主能级保持全空，其施主能级上的电子将全部释放而变空，成为 $Au^+$，它们将捕获导带上的电子(图 2-5 中的第一步)，为下一步完成与价带空穴的复合做好准备，理论上已推证，此时捕获电子这一步决定了载流子寿命(图 2-5 中的第一步)，并且近似有 $\tau \approx 1/(N_t r_n)$ ($r_n$ 为金施主能级对电子的俘获率)。根据实验得到的俘获率数据，可推算得到金杂质浓度为 $10^{15}cm^{-3}$ 量级时，载流子寿命为纳秒($10^{-3}$ μs)量级！可见相对于直接复合，间接复合作用很大。图 2-7 给出各种杂质在硅中的能级性质和位置，供读者参考。

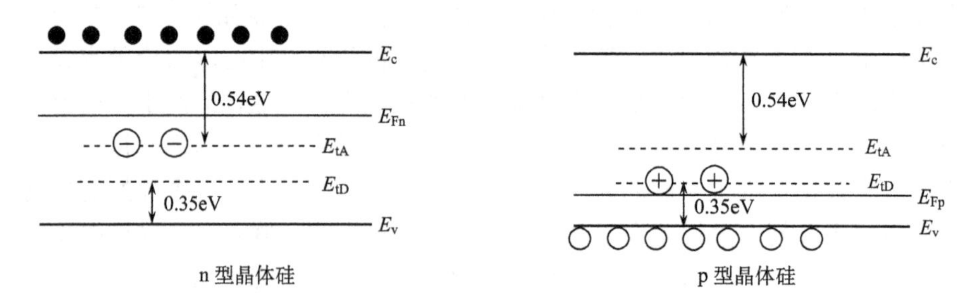


图 2-6　金在两类硅中的能级与费米能级示意图

### 2.5.3　表面复合与其他结构缺陷复合

间接复合(图 2-5)还包括以半导体材料晶体结构缺陷为复合中心的情况。晶体结构缺陷包括空位、位错、晶界和表面，它们会在禁带中产生能级，包括深能级(靠近禁带中心的能级)，从而成为间接复合的中心，这同样会有增大载流子复合概率，降低载流子寿命的不良影响。其中表面对载流子寿命影响最大，也最普遍，其影响形式则与之前不同，为此我们引入**表面复合速度**的概念，以下专门介绍。其他结构缺陷的影响就只介绍实验统计结果。

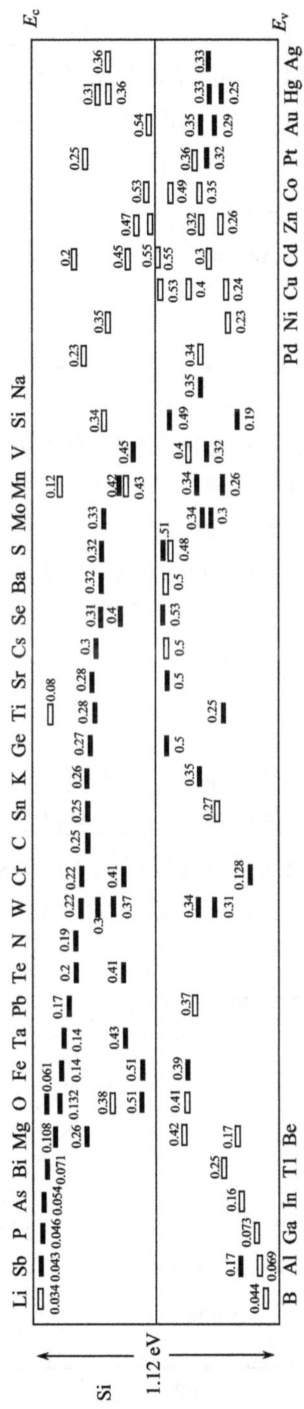


图 2-7 各种杂质在硅晶体中引入的能级性质和位置[5]

实心短棒表示施主能级，空心短棒表示受主能级

对一片半导体样品，体内复合与表面复合同时进行，单位时间内样品上发生复合的载流子数应为二者之和；单位时间内载流子发生复合的概率应为载流子平均寿命的倒数。假定一片体积为 $V$，表面积为 $A$ 的半导体样品的有效载流子寿命为 $\tau$，其体内载流子寿命为 $\tau_{\mathrm{v}}$，其非平衡少数载流子浓度为 $\Delta n$，以 $s\Delta n$ 代表非平衡载流子浓度为 $\Delta n$ 的材料单位面积上单位时间发生复合的载流子数，应有

$$\frac{1}{\tau}\Delta nV = \frac{1}{\tau_{\mathrm{v}}}\Delta nV + s\Delta nA \tag{2-19}$$

从而

$$\frac{1}{\tau} = \frac{1}{\tau_{\mathrm{v}}} + s\frac{A}{V} = \frac{1}{\tau_{\mathrm{v}}} + \frac{2s}{d} \tag{2-20}$$

式中，$d$ 为样品厚度，出现 2 倍的原因是样品有上下两个相同的面，侧表面就忽略不计了。表面复合的结果好似载流子从表面流出去了，式中 $s$ 值越大，流速越快，而且它具有速度的量纲，因此我们称 $s$ 为**表面复合速度**，其单位为 cm/s。硅裸露表面的复合速度一般为 1000～5000cm/s，具体随表面粗糙度和污染情况而不同。对于晶体硅太阳电池来说，所用硅片厚度一般为 0.18mm，如采用质量较好的单晶硅片，体少子寿命应取较好水平 100μs，取中等表面复合速度水平 3000cm/s，按上式推算得到，硅片表观少子寿命，或有效少子寿命，只有 3μs。所以太阳电池硅片表面必须要经过钝化处理以降低表面复合速度，不然用好的硅片也是浪费。钝化的实质是令结构缺陷包括表面处的不饱和键饱和，从能带结构上看就是令其能级被填充而不能起作用，钝化是硅晶太阳电池的核心技术之一。目前较好的钝化技术可以使表面复合速度降到 10 cm/s 水平。

位错也提供了载流子间接复合的中心，导致载流子寿命降低。图 2-8 为理论

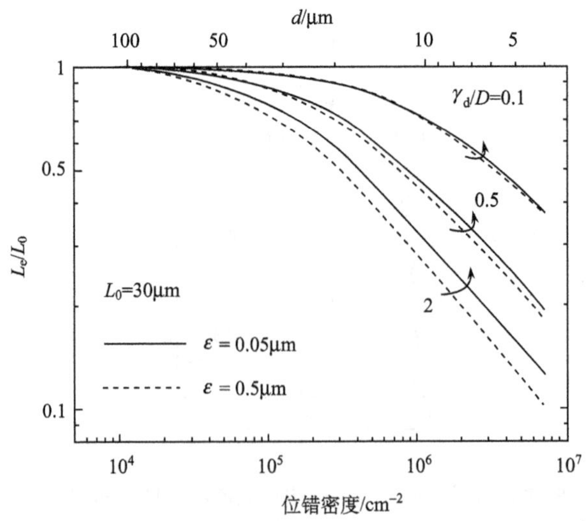


图 2-8　位错密度对半导体的载流子扩散长度的相对影响[6]

估测的位错密度对半导体载流子扩散长度的相对影响(载流子扩散长度与其寿命的二分之一次方成正比)。可以看到，当位错密度处于 $10^5 cm^{-2}$ 以下时，对硅的载流子扩散长度影响不大，而高于此水平时，影响就比较可观了。

### 2.5.4　陷阱效应

最后再提一下**陷阱效应**。各种复合中心都存在一定的陷存非平衡载流子的可能性，被陷载流子并不按间接复合途径完成复合，而是要靠热激活跃迁到导带(电子)或价带(空穴)，之后再按可行机制完成复合。一般情况下这种陷存对前述间接复合无关紧要，但如果陷存的非平衡载流子数量很大，达到可以与导带和价带中的非平衡载流子数目相当的程度，就称为陷阱效应，相应的复合中心(杂质或缺陷)被称为陷阱中心。陷阱的概念和作用机理十分复杂，一般半导体物理基础书籍中都不涉及，但光伏科技工作者却很可能会遇到它，因为在载流子寿命测量中它会产生虚高的载流子寿命测量结果。原因是被陷存的载流子不能及时复合，使复合过程延长，表观体现貌似是载流子寿命提高；但被陷存在陷阱中心的载流子又不能被传输而贡献为电流，因此至少对光伏应用来说这样得到的少子寿命是虚高的。陷阱作用下的非平衡载流子浓度衰减曲线会偏离指数规律，我们在测量时应及时关注该衰减曲线形状，而不是任由仪器去计算拟合，只看最终拟合结果。测量时增加一个背景光照，使陷阱处于饱和状态而不能发挥作用，可以消除陷阱效应干扰；当然如果这些陷阱同时也是有效的复合中心，其复合作用也被抑制，所得载流子寿命仍会偏高。

## 2.6　pn 结

将 p 型半导体与 n 型半导体结合在一起，就形成了一个 **pn 结**。它对光伏技术的重要性可一语道明：光伏电池的核心就是一个 pn 结。pn 结可以是同质的也可以是异质的，本节主要讨论同质 pn 结，即 p 型区和 n 型区分别基于同种半导体材料的不同类型掺杂而得。pn 结可以通过多种工艺技术制得，以晶体硅为例，在已经做好一种掺杂的硅晶体衬底上外延生长另一种掺杂的硅晶体，或将此衬底从表面以离子注入或扩散的方式进行另一种掺杂，其浓度超过补偿抵消衬底原有掺杂的水平，都可制成 pn 结，其中掺杂元素的分布视制备工艺不同，或陡峭突变，或平缓过渡，但都必然存在一个界面，其一侧为 p 型，另一侧为 n 型。本节就简化的突变 pn 结模型对 pn 结的内建电场形成、载流子分布与 *I-V* 特性进行理论分析，以期为读者理解光伏电池工作原理打好基础。

### 2.6.1　pn 结内建电场的形成

考虑图 2-9 所示的一个 pn 结，假定体系在各个方向的尺度都可以看作无穷大，分析中不涉及表面局限。现设想该 pn 结瞬间形成之后，其初期将发生的微观过程和导致的结果，归纳为三个要点。

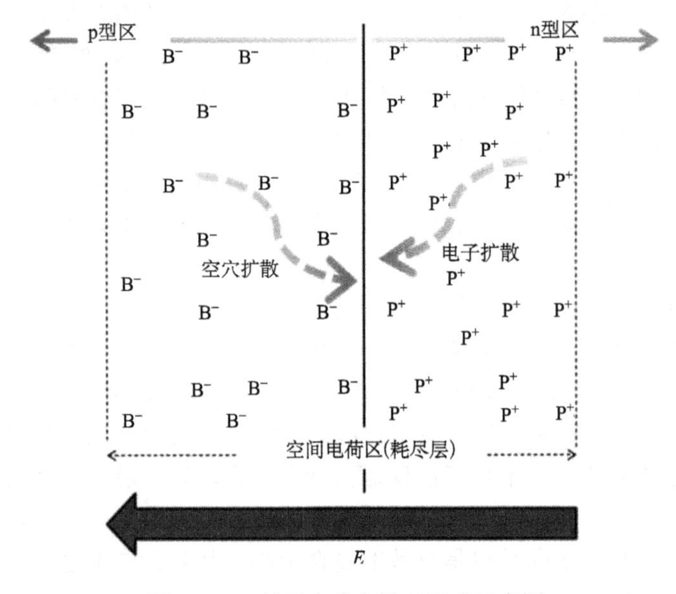


图 2-9　pn 结及内建电场 $E$ 形成示意图

(1) 扩散：n 型区电子浓度较 p 型区高，电子会由 n 型区向 p 型区扩散；同样空穴会由 p 型区向 n 型区扩散。这两种扩散的共同点是多数载流子从 pn 结的一侧流向另一侧成为少数载流子，增加另一侧少数载流子的浓度。注意物质上这两个扩散都是电子的扩散，但一个是导带的自由电子，一个是价带的成键电子，后者扩散率较低。

(2) 电场产生：体系两侧材料原本处处都是电中性的，以上载流子扩散迁移的结果，使得留下的区域必然带上与迁移离去的电荷符号相反、数量相等的电荷。对图 2-9 情况而言，就是在 pn 结附近 p 型区中留下无空穴与之中和的 $B^-$，pn 结附近 n 型区中则留下无电子与之中和的 $P^+$。应该指出，这些离子本来都已存在并分布在 pn 结两侧，所不同的是现在与之平衡的电荷(载流子)迁走了；这些离子不会发生扩散迁移或漂移，它们取代硅原子处于晶体金刚石点阵位置，只有 1000℃左右的高温才能使之发生可观迁移。这些与荷电性质相反的离子分布在 pn 结两侧附近，自然构成一个由 n 型区指向 p 型区的电场，称为**内建电场**。

(3) 平衡：不难看出，以上由扩散所导致的电场将抵抗上述两种载流子扩散；

然而随扩散进行，该电场又不断加强，从而对扩散的抵抗不断加强，最终达到稳定平衡。稳定平衡的含义是即使有任何微扰使之偏离平衡，体系亦能自发回到平衡状态。

以上过程会在极短时间内就可完成，三个分解过程是为了方便理解而构建的分布物理图像；制备完成后到我们手上的 pn 结，必然是已经处于上述平衡状态下。此时 pn 结附近载流子扩散流失几尽，称为**耗尽层**，注意不可能彻底“耗尽”，因平衡热激发还在，浓度积 $pn$ 恒定还须保持；耗尽层内掺杂离子使 pn 结两侧各带相反电荷，称为**空间电荷区**，这也正是**内建电场**作用区。因这个区层极其重要而被从不同角度赋予不同名称，读者应当注意汲取其物理含义，加深理解，而不是为其多重名称所困惑。

图 2-9 示意画出了上述要点之(1)和(2)，平衡则尚难于图示。必须指出，p 型区耗尽层之外同样有 $B^-$，只不过它们都被空穴平衡而不带电荷，因此未把它们画出来，以示区别；同理也未把 n 型区耗尽层之外的 $P^+$ 画出来。

清楚了以上要点以后，了解 pn 结内建电场强度、内建电势、载流子浓度分布、空间电荷区宽度等就基本上只是数学求解问题了。基本的方程即对上述平衡的表述：平衡时两种载流子的净流量均处处为零($J_n(x)=0, J_p(x)=0$)，即电子的扩散流量与内建电场作用下电子的反向漂移流量处处相等，空穴的扩散流量与内建电场作用下空穴的反向漂移流量处处相等；由这可知体系各处的电子化学势，即费米能，必均等，这样一来 pn 结体系能带结构必发生如图 2-10 所示的弯折。远离 pn 结处的 p 型晶体硅和 n 型晶体硅中，材料的费米能应不变，更准确地说，其费米能相对其价带顶与导带底的位置应不变，n 型晶体硅中费米能位置相对较高；p 型晶体硅费米能位置相对较低。观察图 2-10 可知，在空间电荷区能带发生这样的弯折是唯一能够同时满足费米能处处均等而又在远离 pn 结区域材料能带结构中保持正确相对位置的方式。这种弯折也体现了内建电场的作用。容易看出，弯折量，即内建电势能 $qV_D$，即为弯折前 n 型晶体硅中费米能 $E_{Fn}$ 与 p 型晶体硅中费米能 $E_{Fp}$ 之差，由此得到内建电势 $V_D$ 有

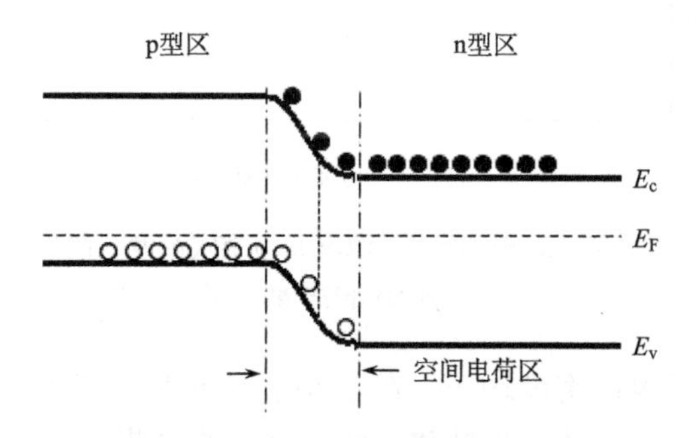


图 2-10　pn 结电子能带结构示意图

$$V_{\mathrm{D}} = \frac{E_{\mathrm{Fn}} - E_{\mathrm{Fp}}}{q} \tag{2-21}$$

$V_{\mathrm{D}}$ 被称为 pn 结接触电势差，$qV_{\mathrm{D}}$ 被称为 **pn 结势垒**。由上式可推得

$$V_{\mathrm{D}} = \frac{k_0 T}{q} \ln \frac{N_{\mathrm{D}} N_{\mathrm{A}}}{n_{\mathrm{i}}^2} \tag{2-22}$$

将式(2-4)中的 $n_{\mathrm{i}}$ 代入可进一步得

$$V_{\mathrm{D}} = \frac{E_{\mathrm{g}}}{q} - \frac{k_0 T}{q} \ln \frac{N_{\mathrm{c}} N_{\mathrm{v}}}{N_{\mathrm{D}} N_{\mathrm{A}}} \tag{2-23}$$

可以看到 $V_{\mathrm{D}}$ 为材料的禁带宽度 $E_{\mathrm{g}}$ 折算为电势差后，减去一个与两部分材料掺杂浓度积有关的项，这项一般大于零，随此浓度积增大而向零接近，使 $V_{\mathrm{D}}$ 较高。

平衡条件下 pn 结中载流子浓度的分布，应该同样满足式(2-2)和式(2-3)，只是其中 $E_{\mathrm{F}}$ 与 $E_{\mathrm{c}}$ 或 $E_{\mathrm{v}}$ 之差值不再是处处均衡，而是在空间电荷区有相应于图 2-10 pn 结电子能带结构示意图所示能带弯折的变化，如此所得电子与空穴浓度分布将具有图 2-11 所示形状，平衡条件下(无热激发以外的其他激发)它满足在任一 $x$ 坐标位置，$p(x)n(x) = n_{\mathrm{i}}^2$。该图系采用一种太阳电池数值模拟软件(PC1D，具体介绍见第 3、4 章)对一种晶体硅 pn 结计算得到，其结构与 p 型晶体硅衬底太阳电池的 pn 结类似。

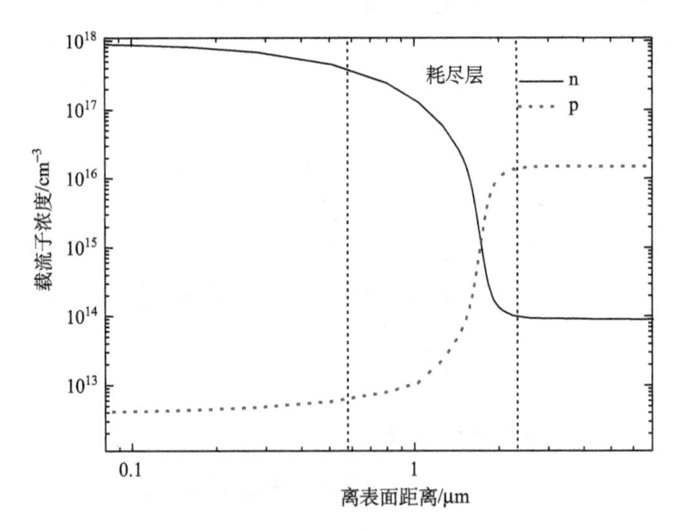


图 2-11　晶体硅 pn 结附近电子浓度 $n$ 与空穴浓度 $p$ 的对数的分布

PC1D 计算结果

假定空间电荷区电荷密度均一，在 p 型区和 n 型区深度分别为 $W_{\mathrm{p}}$、$W_{\mathrm{n}}$，它们的总电荷应分别平衡从该区扩散移出的载流子的电荷，可以估算得出

$$W_{\mathrm{p}} = \frac{N_{\mathrm{D}}}{N_{\mathrm{A}} + N_{\mathrm{D}}} W \tag{2-24}$$

$$W_{\mathrm{n}} = \frac{N_{\mathrm{A}}}{N_{\mathrm{A}} + N_{\mathrm{D}}} W \tag{2-25}$$

$$W = W_{\mathrm{p}} + W_{\mathrm{n}} = \left[ \frac{2\varepsilon}{q} V_{\mathrm{D}} \left( \frac{1}{N_{\mathrm{A}}} + \frac{1}{N_{\mathrm{D}}} \right) \right]^{1/2} \tag{2-26}$$

由于内建电势 $V_{\mathrm{D}}$ 已由半导体禁带宽度和两侧掺杂浓度确定，$W_{\mathrm{p}}$、$W_{\mathrm{n}}$ 的大小将决定内建电场的强度。

### 2.6.2　pn 结 *I*–*V* 特性

给一个自身已具有电压 $V_0$ 的器件外加一个电压 $V_1$，其结果很简单，如两者方向一致，器件上的电压就由 $V_0$ 增加为 $V_0+V_1$，如两者方向相反，器件上的电压就由 $V_0$ 减小为 $V_0-V_1$。外加直流电压到 pn 结两端时(习惯称偏置电压)，由于 pn 结空间电荷区载流子匮乏而电阻很高，而 p 区和 n 区各自都因有大量多数载流子而具备良好的电导率，因此外加电压将实际落在 pn 结空间电荷区两端，与其自身已具备的电势 $V_{\mathrm{D}}$ 相叠加。按一般习惯，以 pn 结之 p 区为正极，n 区为负极，以外加电压顺此极性为正向电压，记为 $V_{\mathrm{a}}$，它与 pn 结自建电势方向相反。因此外加电压 $V_{\mathrm{a}}$ 后 pn 结上的电势就将改变为 $V_{\mathrm{D}}-V_{\mathrm{a}}$，如实际外加为反向电压，则相当于 $V_{\mathrm{a}}$ 为负值。$V_{\mathrm{D}}$ 改变为 $V_{\mathrm{D}}-V_{\mathrm{a}}$ 后，式(2-26)中 $V_{\mathrm{D}}$ 相应以 $V_{\mathrm{D}}-V_{\mathrm{a}}$ 替换后仍然成立；而 *I-V* 特性则随外加电压的方向不同而完全不同，分述于下。

$V_{\mathrm{a}}$ 为正，即外加正向偏压时，内建电势 $V_{\mathrm{D}}$ 降低为 $V_{\mathrm{D}}-V_{\mathrm{a}}$，内建电场减弱，从而使漂移电流减小，原有扩散电流与漂移电流之间的平衡被打破，pn 结有净扩散电流通过，其方向与外加电压方向一致。

$V_{\mathrm{a}}$ 为负，即外加反向偏压时内建电势 $V_{\mathrm{D}}$ 提高为 $V_{\mathrm{D}}-V_{\mathrm{a}}$ ，从而使漂移电流增大，原有的平衡被打破，pn 结有净的漂移电流通过。此时的特点是电流依靠少数载流子的扩散维持，因为电场在 p 区将电子驱向 n 区，在 n 区将空穴驱向 p 区，有限的少数载流子需靠材料内部向电场作用区的扩散来维持提供，少数载流子浓度本已极低，其浓度梯度将很小，因此扩散供应相对电场驱动的漂移很慢，成为电流控制因素，电流很小，而且基本不随电压升高而增大。

肖克利(Shockley)完成了对以上定性描述的计算的定量处理，得出 pn 结的电流-电压关系如下：

$$J = J_0 \left[ \exp\left( \frac{qV}{k_0 T} \right) - 1 \right] \tag{2-27}$$

$$J_0 = \frac{qD_n n_i^2}{L_n N_A} + \frac{qD_p n_i^2}{L_p N_D} \tag{2-28}$$

式中，$J$ 为单位面积横截面上的电流 $I$，即电流密度；$V$ 即为前述之 $V_a$；$L_n$、$L_p$ 分别为电子和空穴的**扩散长度**（$L=\sqrt{D\tau}$）；计算中沿用了前面采用的简化近似；而且未考虑过程中载流子的复合造成的电流损失；也未考虑光照激发导致的载流子产生(故所得电流称为“暗电流”)。图 2-12 画出了式(2-27)和式(2-28)代表的电流-电压关系(虚线)。可以看到反向偏压条件下 pn 结的反向电流密度随反向电压增大而趋于稳定饱和，称为反向饱和电流密度。令公式(2-27)中 $V$ 趋向于负无穷大，得到 $J$ 趋于$-J_0$，因此反向饱和电流密度即为 $J_0$。

实际硅半导体 pn 结的测量 $J$-$V$ 曲线特征(图 2-12 实线)与肖克利方程曲线(图 2-12 虚线)之间有所差别。实际反向电流更大，原因是推导中未计入势垒区(空间电荷区)热激活产生的载流子被强电场驱离而脱离平衡复合的部分(本来平衡时热激活与复合相互完全抵消)；推导中的正向电流没有包括由于载流子复合而产生的电流，此电流来源于在正向偏压条件下，大量电子和空穴分别由 n 区和 p 区扩散注入势垒区，它们相互复合抵消的结果应形成一股额外的电流，称为**复合电流**，理论证明复合电流与 $\exp[qV/(2k_0T)]$ 成正比，而纯扩散电流与 $\exp[qV/(k_0T)]$ 成正比；最突出的差别是实际 pn 结反向电压加到一定程度后，反向电流突然增大，称为击穿。击穿电压随掺杂浓度增大而下降。硅半导体 pn 结的击穿电压一般在几伏到上百伏范围。击穿机制与前述各种物理过程完全不同，在正常工作范围对太阳电池光伏性能亦基本无影响，此处不再进一步介绍。

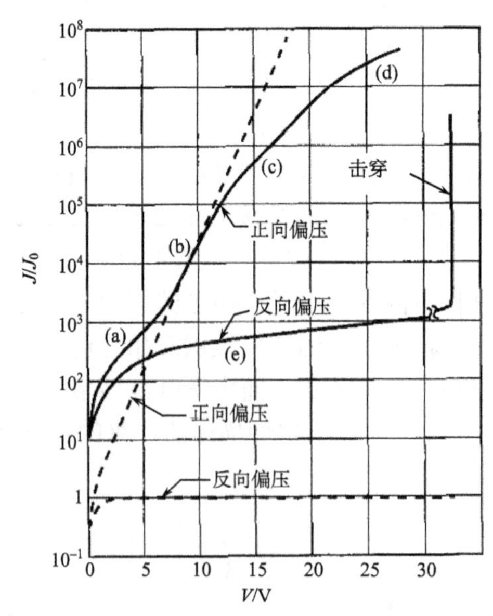


图 2-12　理想的晶体硅 pn 结 $J$-$V$ 关系曲线(虚线)及实测曲线(实线)[7]

以上分析和结果均基于均匀的 p、n 区成分与突变的 pn 结。实际的 pn 结中掺杂成分多少是渐变的，对它们的分析更为复杂，但最终分析结果与以上所得是一致的，并且为实验结果所证实。这对于光伏电池技术有很大意义，因为采用扩散制结成本较低，而理论分析显示扩散所得渐变过渡的掺杂结构依然能具备 pn 结的功能。第 3 章中我们还将通过数值计算分析看到，扩散 pn 结的太阳电池的发电效能其实不逊于突变 pn 结的太阳电池。

### 2.6.3　异质结简介

前面所述 pn 结都属于同质结，其 p 型区与 n 型区都属同种材料，只是掺杂的种类不同。还有一种 pn 结属于异质结，顾名思义，其 p 型区与 n 型区材料(物质)是完全不同的。在太阳电池领域，其实除了基于同质 pn 结的晶体硅太阳电池外，其他各种太阳电池都是基于异质结的。例如，碲化镉太阳电池是由 n-CdS/p-CdTe 异质结为基础构成的，铜铟镓硒太阳电池是以 n-CdS/p-CIGS 异质结为基础构成的，甚至还有一种以晶体硅为衬底的高效太阳电池也是以 p 型非晶硅薄膜与 n 型晶体硅的异质结(p-a-Si:H/n-c-Si)为基础构成的。异质结的采用主要有两方面的考虑，一是用不同材料构成太阳电池的 p 型层与 n 型层可以发挥各自的优点，进一步提高太阳电池的转换效率；二是有些材料本身实现不同类型掺杂比较困难，例如，碲化镉和铜铟镓硒先天易于实现 p 型掺杂，不易获得 n 型掺杂。

一种典型的异质 pn 结能带结构如图 2-13 所示(不考虑界面缺陷态的情况)。形成该能带结构的基本原则与同质结是相同的，即材料内部达到热力学平衡，费米能 $E_F$(见图中虚线)保持均一。异质结能带结构与同质结的不同主要来自于两种材料不同禁带宽度所导致的导带势差和价带势差($\Delta E_c$ 和 $\Delta E_v$)。另一个重要不同在于，两种不同材料形成的异质结界面上难免存在大量晶格缺陷，形成大量的载流子复合中心，它们将造成器件性能的劣化。这两大不同是半导体异质结器件所引入的机遇和挑战所在。我们将在本书关于异质结太阳电池部分进一步介绍。

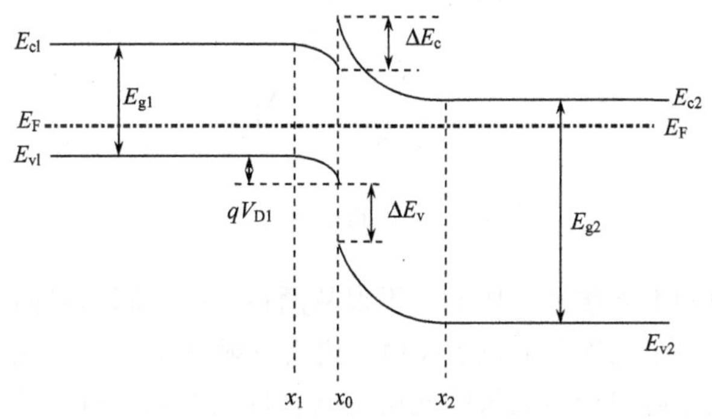


图 2-13　一种典型异质 pn 结能带结构示意图

# 2.7　半导体与光的相互作用

对半导体光伏发电来说，光的入射吸收是第一步，与之密切相关的还有光的折射、反射与透射等基本过程与性能，我们在此将它们一并作为半导体与光的相互作用介绍。

## 2.7.1　半导体的基本光学性能

光是一种电磁波，它在固体中如在空气中一样也能传播，相关的电磁场强度服从麦克斯韦方程。求解该方程，可同时解出材料的**折射率** $n$ 和**吸收系数** $\alpha$。二者都与材料介电常数和电导率有关。一种材料的 $n$、$\alpha$ 的含义可分别由以下二式体现:

光在该材料中的传播速度　$V= c/n$　（$c$ 为光速）

光在该材料中传播 $x$ 距离后的强度　$I = I_0 \exp(-\alpha x)$

折射率和吸收率都与入射光波长有关。一般半导体材料的折射率为 3～4，吸收率约为 $10^5 \mathrm{cm}^{-1}$ 量级。折射率还有一个重要的表观体现，如图 2-14 所示，直射光在穿越两种不同折射率的介质时，图示两个角度与折射率满足以下关系，称为光的折射现象；它在光线逆向穿越时也成立。

$$n_1 \sin\theta_1 = n_2 \sin\theta_2 \tag{2-29}$$

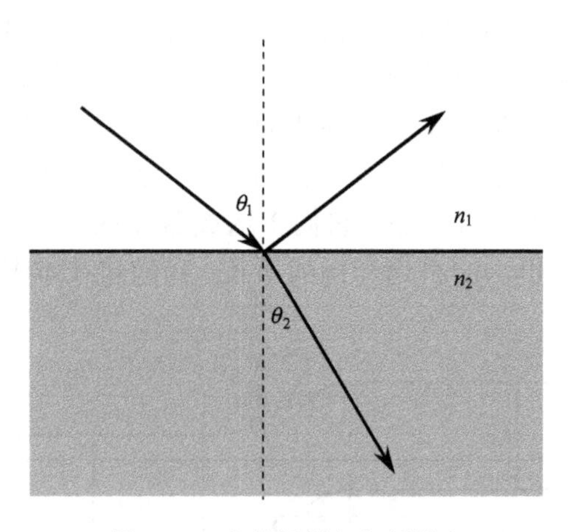


图 2-14　光的折射角与折射率

光在穿越两种不同传播介质时，不仅从两种介质之间的界面以折射方式进入第二种介质，还会在此界面上发生反射。定义**反射率** $R$ 为反射光强与入射光强之比，理论上可推导得出一定波长的光由空气垂直入射某一材料时，其反射率可完

全由该材料的折射率和吸收系数确定

$$R = \frac{(n-1)^2 + k^2}{(n+1)^2 + k^2} \tag{2-30}$$

式中，$k$ 与吸收系数 $\alpha$ 的简单关系为 $\alpha = 4\pi k/\lambda$ 。

图 2-15 给出晶体硅对不同波长垂直入射光的反射率。

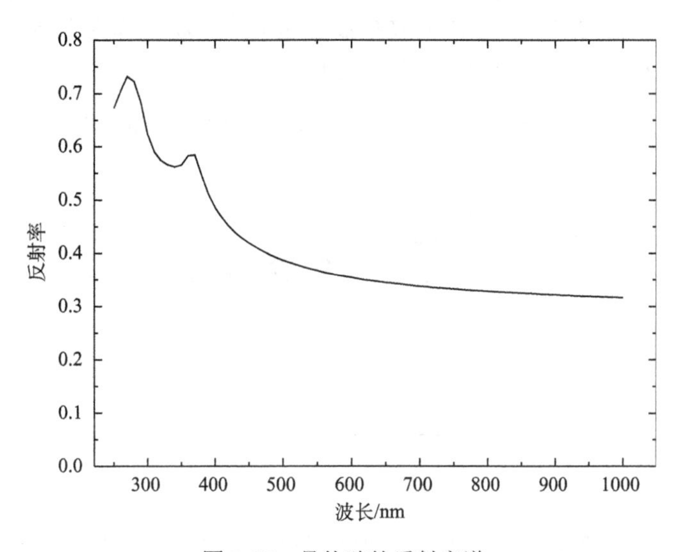


图 2-15　晶体硅的反射率谱

当光垂直入射一块厚度为 $d$ 的材料时，经表面反射和吸收后剩余的光还会在材料背面经历一次反射，反射率相同，简单推算可以得到透射系数 $T$

$$T = \frac{I_T}{I_0} = (1-R)^2 \exp(-\alpha d) \tag{2-31}$$

注意以上推导过程虽未提及材料表面形貌与粗糙度因素，但光线在表面垂直入射的条件下，如在光照所及每个点处都满足，实际已隐含表面为理想光滑面的条件。当光线为斜入射时，反射率在一个很大的斜角范围(小于 60°)都基本不变，只在入射光接近掠射(斜角接近 90°)时反射率才急剧升到接近 100%。

### 2.7.2　半导体的光吸收机制

在半导体中最主要的光吸收机制就是我们前面已经述及的光照条件下非平衡载流子激发，或非平衡载流子光注入，这一小节专门介绍具体的激发(吸收)条件、吸收系数与入射光波长的定量关系等。注意半导体在光照下的非平衡载流子的激发与相应光子能量被半导体吸收是同一件事的两种表述，并不存在先吸收、后激发的前后因果关系。

半导体中这种最主要的光吸收机制被称为**本征吸收**。能量守恒在此过程中被严格遵守。如图 2-16 所示，入射光子能量 $h\nu$ 被价电子吸收，使其能量跃迁到导带，发生这种跃迁的条件是

$$h\nu \geqslant E_g \tag{2-32}$$

这一条件在半导体的吸收光谱上会有明确的体现——当光的波长大于某一水平 $\lambda_0$ 时，本征吸收不能发生，半导体吸收系数迅速下降。$\lambda_0$ 被称为半导体的**本征吸收限**。显然波长为 $\lambda_0$ 的光子能量即为禁带宽度 $E_g$，可推得

$$\lambda_0 = \frac{1.24}{E_g} \quad (E_g\text{ 以 eV 为单位时，}\lambda_0\text{ 单位为 μm}) \tag{2-33}$$

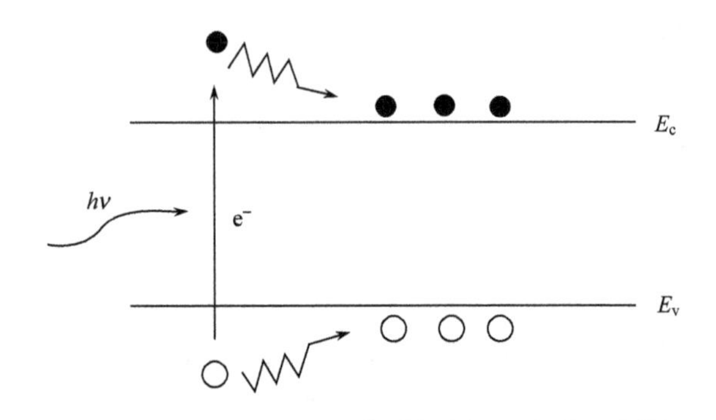


图 2-16　半导体本征光吸收过程（电子跃迁）示意图

图中振动箭头表示被激发的电子和空穴以晶格振动（放热）方式释放多余能量，分别回到导带底与价带顶位置

能量大于两倍禁带宽度的光子，一般不可能激发两对载流子，多余的能量只能消耗于发热。通过某种材料将它转换为两个能量较低的光子（光的下转换）是可能的，可惜迄今未能实现它在光伏技术中的应用。

就光子激发跃迁发生的概率，或吸收系数，以及其随光子能量或光波长的关系来看，存在两种明显不同的情况，**直接带隙**与**间接带隙**，对应于直接跃迁和间接跃迁。它涉及半导体价电子能带在波矢空间的结构。直接带隙就是价带顶与导带底恰好对应同样的波矢 $K$，间接带隙则不然。波矢 $K$ 可以看作是电子的动量（只需乘以普朗克常量）。如同能量守恒一样，动量守恒也是上述跃迁（吸收）过程必须满足的条件。由于光子的动量相对电子的动量可忽略不计，因此对于直接带隙的情况，电子无须改变动量，直接垂直跃迁即可在最小带隙处完成激发；而对于间接带隙的情况，在任何波矢处直接垂直跃迁都需要高于禁带宽度 $E_g$ 一定水平的光子能量吸收才能实现；间接跃迁可以使满足式(2-32)的光子激发从价带到导带的电子跃迁（发生本征吸收）：过程所需要的电子动量变化由晶格振动变化提供，体现为吸收或发射一个声子，其能量很小可忽略不计，其动量弥补处于价带顶的电

子跃迁到导带底后动量的差异，满足跃迁过程动量平衡。

属于直接带隙的半导体材料有 GaAs、InSb、CdTe 和非晶硅等，属于间接带隙的半导体材料有硅、锗等。前者只会发生直接跃迁，而后者两种跃迁都有可能发生。图 2-17 给出了两类材料的吸收谱代表性实例。直接带隙的材料，其吸收谱范围较窄，在本征吸收限以上，随入射光子能量提高(波长减小)，其吸收系数迅速提高；而间接带隙材料的吸收系数随入射光子能量提高则有更宽的、更缓的提高范围。就光伏应用而言，这意味着直接带隙材料只需较薄就能完成吸收，而间接带隙材料则需要较厚才能达到可观的吸收，二者往往相差百倍以上。

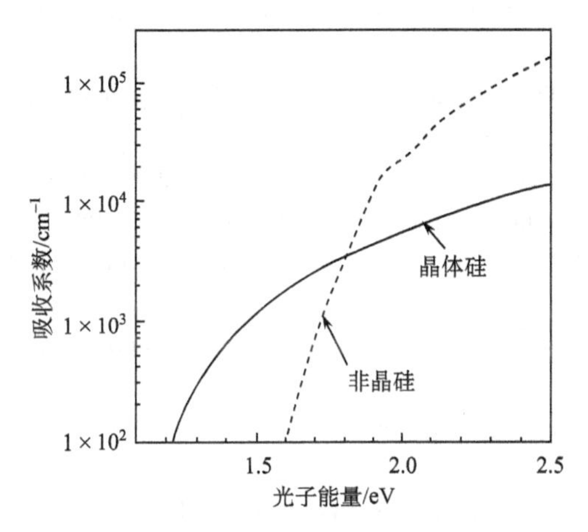


图 2-17　直接带隙材料非晶硅与间接带隙材料晶体硅的吸收谱[8]

值得指出，对间接带隙材料(如晶体硅)而言，其载流子复合过程是载流子激发产生过程的逆过程，也存在吸收或发射声子的需求，这将减缓复合过程，对光伏应用而言应是有益的。

最后指出，虽然本征吸收限以外没有本征吸收，但是从实测半导体吸收谱上总能看到实际上此限之外还有吸收，显示还有其他吸收机制存在。它们包括激子吸收、自由载流子带内吸收、杂质吸收和晶格振动吸收。对光伏应用而言可以说它们都无关紧要，这里不进一步介绍。

## 思考练习题

(1) 请简述 p 型，n 型掺杂的基本含义，并讨论对同一种材料进行不同类型掺杂所获得的材料电学性能的差异。

(2) 请解释漂移、扩散，并说明载流子进行这两种方式迁移的驱动力。

(3) 半导体中载流子复合方式有哪几种？

(4) 请解释半导体表面复合的概念，并写出硅材料表面复合速率的量级。

(5) 请解释 pn 结、空间电荷区的概念。

(6) 请通过公式说明空间电荷区的宽度与 pn 结的哪些因素有关？

(7) 请分析反向饱和电流可能对太阳电池性能的影响。

(8) 请解释直接带隙与间接带隙以及直接复合与间接复合的概念，并对比说明半导体材料这一特性的差异可能带来的对器件设计方面的限制。

## 参考文献

[1] 刘恩科, 朱秉升, 罗晋生. 半导体物理学. 6 版. 北京: 电子工业出版社, 2003.

[2] Sze S M, Kwok K N G. 半导体器件物理. 3 版. 耿莉, 张瑞智, 译. 西安：西安交通大学出版社, 2008.

[3] Green M A. Solar Cells—Operating Principles, Technology and System Applications. Sydney: The University of New South Wales, 1982.

[4] Bulucea C. Recalculation of Irvin's resistivity curves for diffused layers in silicon using updated bulk resistivity data. Solid-State Electronics, 1993, 36(4): 489-498.

[5] Sze S M, Irvin J C. Resistivity, mobility, and impurity levels in GaAs, Ge, and Si at 300K. Solid-State Electronics, 1968, 11: 599-602.

[6] Donolato C. Modeling the effect of dislocation on the minority carrier diffusion length of a semiconductor. J. Appl. Phys. , 1998, 84: 2656-2664.

[7] Sze S M, Kwok K N G. Physics of Semiconductor Devices. Hoboken: John Wiley & Sons, 2007: 97.

[8] Hamakawa Y. Recent advances in amorphous and microcrystalline silicon devices for optoelectronic applications. Applied Surface Science, 1999, 142: 215-226.

# 第3章　光伏发电原理与太阳电池性能

## 3.1　引　　言

光伏发电可以说是半导体太阳电池发电的同义词；光伏电池与半导体太阳电池含义也相同，一般称太阳电池，这里加上“半导体”是为了将有机物太阳电池与染料敏化太阳电池排除在外。这两类电池迄今还基本未走出实验室。一般如不加说明，太阳电池即指半导体太阳电池。因为晶体硅片太阳电池的研究最为透彻，生产技术最为成熟，生产规模最大(占了90%以上的市场份额)，所以本章将主要以晶体硅太阳电池为例讲述光伏原理、太阳电池性能及其控制因素，兼顾其他类太阳电池的部分特征，这有利于初学人员及光伏产业与工程技术人员兼顾原理学习与实践应用。

“光伏”一称来自光伏效应(photovoltaic effect)，它出现于1839年，比半导体概念和技术要老得多。但真正有实用前景、有可观光电转换效率的光伏效应到1954年才在美国贝尔实验室面世，这已是半导体物理基本成熟、半导体材料与器件技术初成产业之后，呈现出这种效应的是一个硅半导体pn结器件，它很自然地被称为太阳电池(solar cell)，其基本原理一直沿用至今——今天的太阳电池在结构设计、工艺技术上已有无数革新创造，性能之高与成本之低已远非当初可比，但是几十年来研究开发所依据的基本原理并无改变。本章所欲传达给读者的，正是这些基本原理。

进一步，本章将介绍半导体太阳电池的输出性能，并分析讨论其能量转换效率的自然限制和可从技术上控制的损失因素，在此基础上提出太阳电池设计和工艺优化基本思路。

控制半导体太阳电池运行规律的物理定律现已有十分可靠的数学方程，当然这些方程都是多元微分的，我们一般无法简单直接地从中预测一定材料和结构的太阳电池的运行情况，而需依赖数值求解方法和计算机。这一度是属于专业学术研究的领地，然而今天功能强大的个人计算机已经如此普及，太阳电池数值计算模拟软件仅免费的就有几种，其中新南威尔士大学光伏与可再生能源工程学院发布的PC1D最广为应用，作者在教学和研发工作中深受其益，深感在今天的条件下，光伏原理的学习运用中实应包含对计算模拟工具原理与使用的学习，本章因此加入了这样一部分内容。

本章讲述内容很大程度上依赖于第 2 章，所出现的一些物理量符号如未加说明，都完全沿袭第 2 章含义。所采纳的主要参考资料列如参考文献[1]～[6]。

本章要求：理解太阳电池何以能默默可靠地发电；学会计算分析其运行性能，领略人类科学智慧与自然机理的精妙；继而了解掌握何种因素控制其发电量、如何提高发电量……作者忱望并力图使本章的内容对有志于光伏技术工作的读者能够成为一种充满收获与启迪而又赏心悦目的体验。

## 3.2 太阳电池发电原理与器件结构

### 3.2.1 半导体太阳电池发电原理

第 2 章中我们介绍了半导体 pn 结，到讲完它的“暗 *I-V* 特性”结束，这离它的光照下发电原理已经很近了。现在我们还是紧紧依托这个基础来讲清它，主要以硅片太阳电池为例。

暗条件下，半导体 pn 结虽有内建电场却不会输出电流，也不会对外呈现电压，内建电场只起到驱动载流子漂移以平衡抵消 pn 结两侧载流子相互扩散的作用，正是它使得电流处处为零。内建电场区(空间电荷区、载流子耗尽层或势垒区，多种叫法，意思相同)的宽度仅有 0.02～5μm(主要由 pn 结的掺杂浓度决定)，而且相对集中于掺杂较轻的一侧。

光照条件下，太阳电池表面受光面附近将会有大量的非平衡载流子被光子激发产生。原先已达到平衡($J_{diff}=J_{drift}$)的 pn 结现在会如何变化？我们以一个 n 型区朝光的 pn 结结构为例来进行分析，如图 3-1 所示。先看漂移电流，漂移电流正比于载流子浓度和电场强度，电场强度来自 pn 结两侧硅晶体点阵上的施主离子与受主离子，不因光生非平衡载流子而改变，而载流子浓度直接得到非平衡载流子的贡献，而且这个贡献十分可观——因为在内建电场作用下的漂移依赖于少数载流子，它需从 p 区“抽取”电子，从 n 区“抽取”空穴，而平衡时它们都极少。第 2 章中我们曾作估算，一般光照条件下光生载流子浓度是它们的百万倍以上！(2.5 节)；再看扩散电流，它正比于载流子浓度梯度，光照由表及里，过程中有吸收衰减，所以 pn 结上下的光生非平衡载流子浓度有一定梯度，叠加在原有平衡体系之上，电子和空穴都是这样，导致二者都由 n 区向 p 区扩散，这也就是载流子的光注入。它引起的净电流很微小，与内建电场驱动的漂移电流相比可忽略。所以结论是：光照时 pn 结及其附近的光生载流子将被内建电场驱动而形成从 n 区向 p 区的电流，具体就是 p 区向 n 区的电子流加上 n 区向 p 区的空穴流；从另一个角度看，光激发产生的电子空穴在产生处很容易复合消失，而内建电场及时地将它们分开了，分开的方式为向 pn 结另一侧驱离其中一种载流子：在 p 区把电子驱到

n 区，在 n 区把空穴驱到 p 区，统一起来，都是驱走少数载流子。太阳电池在 p 区和 n 区外端都已制好金属接触，将它们导通连成回路后，只要有光，上述电流就源源不断地流动起来了！这就是光伏发电的原理，其核心动力是内建电场。

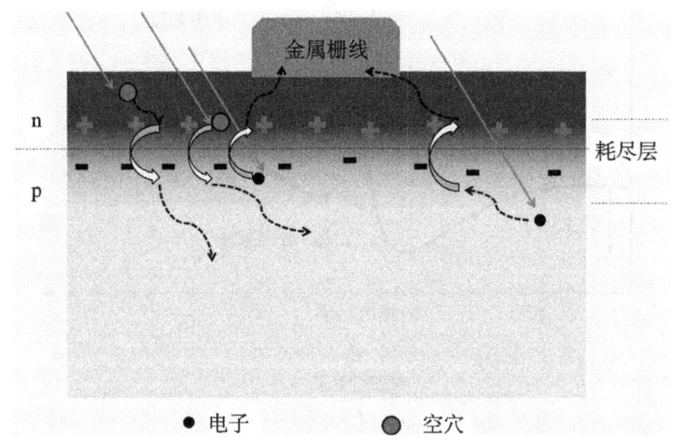


图 3-1　光照下的 pn 结及其发电原理示意图

为清晰起见，图中只画出少数光生载流子。其中弧形带表示内建电场驱动的漂移跨越；弯曲虚线表示扩散运动

细心的读者可能还存有一个疑问？pn 结自建电场跨度不过 μm 量级，何以能驱动形成宏观电流？作者提醒读者联想：人体心脏的搏动范围不过厘米量级，何以能驱动全身血液循环？答案是心脏搏动的力量通过液体压强梯度被传递。内建电场这个光伏发电的心脏的驱动力则是通过浓度梯度来传递的：在 n 区，被内建电场源源不断推送过来的电子不断堆积，自然形成由内部向表面降落的电子浓度梯度；在 p 区，被内建电场源源不断推送过来的空穴不断堆积，自然形成由内部向背面降落的空穴浓度梯度；这种梯度下两种载流子都将由扩散机制循原方向继续流动。如此，两种机制分工合作：内建电场将载流子搬送堆积至其力所能及之处，接下来的输送由扩散完成；实际上在内建电场搬送载流子的入口处，也是由扩散将载流子输送过来的……自然之精妙实令人难以言表！图 3-2 试以光照下太阳电池载流子浓度分布与输运示意图来概括说明上述机制。

总结一下，太阳电池的工作可分为以下几步：①产生光生载流子；②收集光生载流子产生电流；③产生跨过整个太阳电池的较高的电压；④在负载和实际的电阻中将能量转变为功率输出。

### 3.2.2　晶体硅太阳电池基本构成、功能与工艺概述

由以上分析可知，一个太阳电池要正常工作，至少需要由 pn 结及 p、n 型半导体材料表面与外电路接触用的金属电极构成。但实际器件结构中为了获得更好的转换效率，器件结构要复杂一些。下面以晶体硅片太阳电池为例进行解释说明。

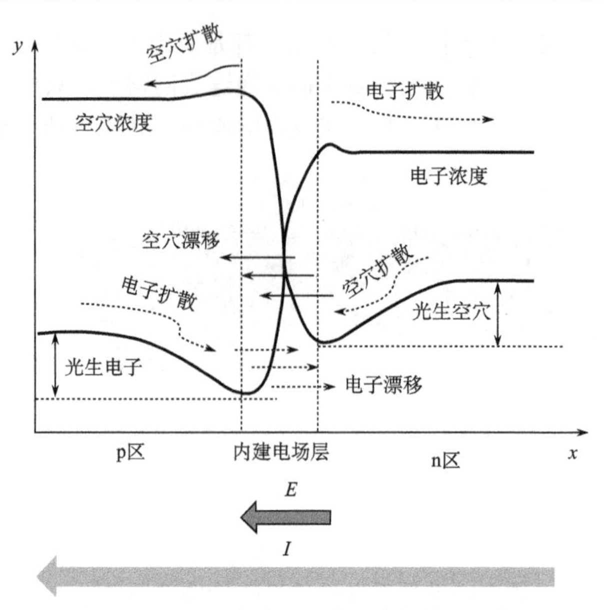


图 3-2 太阳电池载流子浓度分布与输运示意图

目前，一片实用的普通晶体硅片太阳电池(Al 背场扩散结 p 型晶体硅片太阳电池)是一张(156×156)mm$^2$、约 0.18mm 厚的方形薄片，薄片材料是硅晶体，其朝光一面有密布细金属栅线和三或四道(也可能更多)横跨连接这些细栅线的供输出接触的粗栅线，背面则完全覆盖金属。这是我们肉眼所能看到的全部构造。图 3-3 为一个放大的横截面示意图，其中显示了从电流外表无法看到的一些结构和组成，现在一些高效电池增加了一些结构细节或对电池设计彻底改变，图 3-3 并不代表所有实用电池的真实结构，但它所代表的基本要素和功能是所有实用太阳电池都必须具备的。

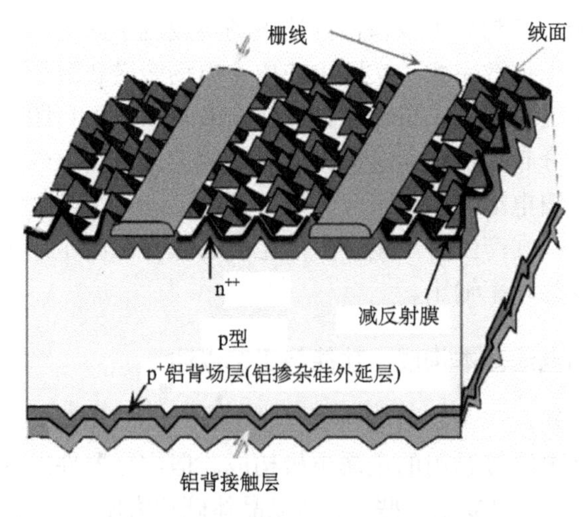


图 3-3　硅片太阳电池基本结构示意图

可以看到，整片电池基本上就是一个做好了电极的“大面积”的 pn 结，这是太阳电池非常重要的一个特点，而一般微电子器件的 pn 结截面尺寸都非常小，多数使用的是其开关特性；即使 LED 作为发光器件，其面积相对于太阳电池来说也是非常小的。因为这一特征，制造太阳电池的材料和器件技术路线与其他半导体产品技术差异巨大。该太阳电池的迎光面为 n 型，背光面相应为 p 型(后文我们统一称呼对着光的一面为“迎光面”，另外一面为“背光面”。现在业内习称其为正面和背面，这种称呼方法不能准确体现两面的特性，而且对于双面电池则易使人混淆其含义)。原理上，p、n 对调完全可以，甚至性能上还有优点，但工艺上的原因使得迄今为止光伏业制造的硅片太阳电池绝大部分都是以 p 型晶体硅为衬底，高温扩散施主杂质磷制得 n 型晶体硅层，当然由第 2 章我们知道扩散的量需先补偿抵消衬底中的受主，然后才能得到 n 型。注意 n 型层极浅，一般不到 0.5μm 深，后面我们会知道其理由，这一层常被称为“发射极”。发射极的厚度之于硅片，就如同在摩天大楼上站了一个人，读者一定要有这样感性的认知，别被本书中或其他文献中的示意图所“误导”，以为发射极与基极的厚度在同一数量级！

其他组成和构造都是辅助的，我们从上而下逐一介绍。

栅线：一般用银浆丝网印刷制得，收集载流子以汇成电流，其粗细与疏密的选择是光线遮挡、电流捕收与银浆消耗成本三者之间的折中优化问题。

钝化减反射膜：也称为减反膜、钝化膜，甚至称为“蓝膜”，因为优质的膜层显示为深蓝色。一般为几十纳米厚的氮化硅薄膜，因其适当的折射系数而具有良好的减少光反射作用，满足减反射效果所需折射系数条件的材料其实还有多种，氧化硅、氧化铝、氧化钛等，氮化硅薄膜成为产业的主流选择应是其性能和工艺综合优势的结果。目前多采用的是在硅片表面依次制备氧化硅/氮化硅复合薄膜，以增强其钝化硅片表面的效果。氮化硅减反射膜几乎无一例外地都采用等离子体增强化学气相沉积(PECVD)技术制备，过程中会产生大量 H 的注入，对硅表面及其表面附近晶体缺陷有良好的钝化作用，其重要性很大，所以许多研究人员称其为钝化膜而不称减反射膜。应该说两种作用至少是等量齐观的。

绒面：目的是减少光反射。通过腐蚀粗糙化表面来实现。其作用基本上是纯粹几何的，粗糙表面上的一些斜面，使一次反射后的光线还能够二次入射到该斜面邻近的其他合适斜面，甚至二次反射后还发生三次入射……表观上就会体现为反射率降低。当然过于复杂的表面形貌又会令扩散制 pn 结过程和 PECVD 制钝化减反射膜过程困难，所以不能一味地追求低反射率。对于单晶硅片和多晶硅片，其绒面结构完全不同，后文讲到晶体硅太阳电池技术时将详细介绍。

n 型晶体硅层/p 型晶体硅层：其原理核心结构，下文另述。

铝背场层：为受主杂质铝的重掺杂层，标为 $p^+$层，由铝硅合金熔体在硅表面液相外延生长而成。该层有两重作用：一是形成背电场(BSF，简称背场)，加强对载流子的收集，降低表面复合损失，这被看作是一种场钝化作用；二是改善电池背面与金属的欧姆接触。硼是更为有效的受主杂质，因此上述外延中亦可用铝硼硅熔体代替铝硅熔体，实现铝和硼共掺。这一层一般称为背场，它能有效地提高电池电压和电流输出。

铝背接触层：为金属导电层。铝掺杂硅外延层(铝背场层)与金属铝层在实际生产工艺中其实为一步制得，是十分精巧的天作之合。简单地说，在硅片电池背面用丝网印刷覆上一铝浆(或铝硼合金浆，如欲得到铝硼共掺外延层)薄层，加热到适当温度令铝和硅接触处通过扩散形成低熔点铝硅合金并使之发生熔融，降低温度凝固时，硅将在硅表面凝固析出，即在硅表面外延，其中将固溶饱和浓度(平衡浓度)的铝；剩余的铝-硅合金熔体则凝结为致密的铝硅合金膜层，成为电池背面对外导电接触层。

概括一下，二半导体太阳电池必须要有 pn 结、p 面和 n 面的金属电极，在两个表面必须进行钝化处理以减少表面复合；为减少反射损失，一般有减反射的结构。当然，对于不同材料体系的太阳电池其结构会有各自的特点，但本节所介绍的基本结构和思路并不改变，只是实现它们的材料和工艺完全不同。

## 3.3　太阳电池输出性能参数

### 3.3.1　太阳电池等效电路与基本参数

如果将太阳电池 p 区和 n 区两端断开，前述载流子堆积过程将一直持续到两端表面，n 区一端积累电子，p 区一端积累空穴，直到不能再堆积为止。这时我们从两端可测到电压，这个电压称开路电压(open circuit voltage, $V_{oc}$)，以 p 区端为正，n 区端为负，这是太阳电池所能达到的最高电压。如果将太阳电池 p 区和 n 区两端短路，这时载流子流动完全畅通，电荷堆积消除，两端没有电压，这时太阳电池达到其所能达到的最大电流，称为短路电流(short circuit current, $I_{sc}$)，电流密度计为 $J_{sc}$。

在以上两种情况下太阳电池都未对外做功，当电路上接入负载(电阻)后，太阳电池就对外输出一定的电压和电流，注意这个输出电压对太阳电池作为一个 pn 结二极管来说同时又是一个正偏压，其等效电路示于图 3-4，其中太阳电池的二重角色——光伏电源和二极管，被分开以两个并联元件表示。这是个颇令人遗憾的事实，因为光生电流 $I_{ph}$ 的一部分成为二极管正向电流 $I_i$。即使是理想太阳电池也不能避免，其输出电流 $I$ 有

$$I = I_{ph} - I_i \tag{3-1}$$

$I_i$ 是已分出来的与光照无关的二极管暗电流，其 $I$-$V$ 关系符合肖克利方程(第 2 章中

式(2-27)、式(2-28))，将其代入即有

$$I = I_{\mathrm{ph}} - I_0 (\mathrm{e}^{qV/k_0 T} - 1) \tag{3-2}$$

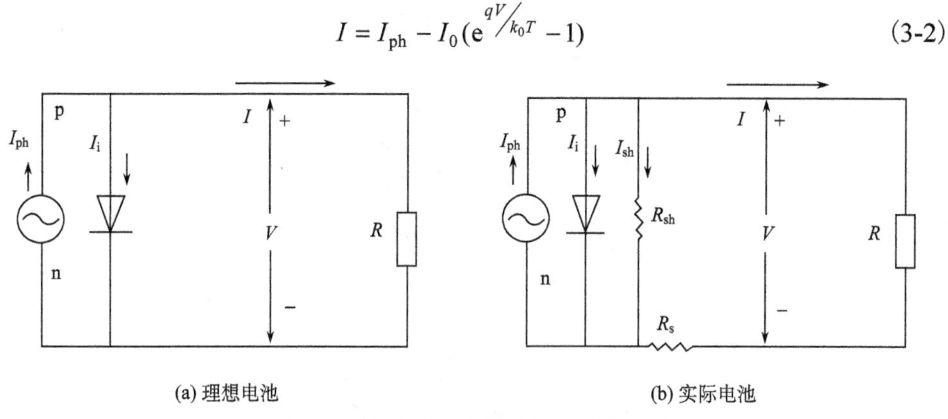


(a) 理想电池　　(b) 实际电池

图 3-4　半导体太阳电池等效工作电路图

图中所示为 n 型晶体硅太阳电池

令太阳电池对外短路($R$=0)，此时 $V$=0，使 $I_{\mathrm{i}}$=0，从而 $I = I_{\mathrm{sc}} = I_{\mathrm{ph}}$。所以电池的短路电流 $I_{\mathrm{sc}}$ 与光生电流 $I_{\mathrm{ph}}$ 在数量上相等，这对非理想电池也成立。硅太阳电池在 AM1.5 光谱下可能达到的最大短路电流为：约 46 $\mathrm{mA/cm^2}$，产业化生产的硅太阳电池的短路电流密度一般在 38～42$\mathrm{mA/cm^2}$ 范围内。

令电池对外断开，电池电压为开路电压 $V_{\mathrm{oc}}$，此时恒有 $I_{\mathrm{i}} = I_{\mathrm{ph}}$，其物理意义是：在该正向偏置电压下太阳电池 pn 结的正向电流(暗电流)应恰好与光生电流相互平衡抵消。依此可由式(3-2)得出

$$V_{\mathrm{oc}} = \frac{k_0 T}{q} \ln\left(\frac{I_{\mathrm{ph}}}{I_0} + 1\right) \tag{3-3}$$

由该公式可知，$V_{\mathrm{oc}}$ 与器件的短路电流和反向饱和电流 $I_0$ 有直接关系，由于光生电流变化较小，而反向饱和电流则可发生几个数量级的变化，所以反向饱和电流是决定 $V_{\mathrm{oc}}$ 的关键因素。反向饱和电流主要来自于太阳电池中的载流子复合，因此 $V_{\mathrm{oc}}$ 也是太阳电池中载流子复合率的一种表征。目前在最好的材料和实验室条件下，晶体硅太阳电池 $V_{\mathrm{oc}}$ 可达到 720mV (pn 同质结，AM1.5)，而生产上常规太阳电池产品只能达到～640mV。

现在来分析光生电流 $I_{\mathrm{ph}}$，仍以电流密度，即单位电池面积上的输出电流 $J_{\mathrm{ph}}$ 来衡量。因电流是连续一致的，我们以跨越 pn 结的电流来代表 $J_{\mathrm{ph}}$。由于无光照时 pn 结已达成平衡无电流，所以我们只需考虑光照造成的增量。按 2.7 节讨论，光照基本不造成跨越 pn 结的扩散电流增量，扩散贡献可忽略不计，因此所求电流就等于光激发非平衡载流子在内建电场 $E$ 驱动下的漂移电流，设非平衡载流子浓度为 $\Delta n_{\mathrm{ph}}$、$\Delta p_{\mathrm{ph}}$，则有

$$J_{\text{ph}} = qE(\mu_{\text{n}}\Delta n_{\text{ph}} + \mu_{\text{p}}\Delta p_{\text{ph}}) \tag{3-4}$$

考虑一个跨越 pn 结的单位截面积的体积微元，示于图 3-5，其中 $\Delta n_{\text{ph}}$、$\Delta p_{\text{ph}}$ 由光激发载流子产生率 $G$、载流子复合率，还有流入和流出该体积微元的两种载流子数量守恒决定，稍作推导可得如下公式：

$$G\text{d}x - \frac{\Delta n_{\text{ph}}}{\tau_{\text{n}}}\text{d}x + E\mu_{\text{n}}\frac{\text{d}\Delta n_{\text{ph}}}{\text{d}x}\text{d}x = 0 \tag{3-5}$$

$$G\text{d}x - \frac{\Delta p_{\text{ph}}}{\tau_{\text{p}}}\text{d}x - E\mu_{\text{p}}\frac{\text{d}\Delta p_{\text{ph}}}{\text{d}x}\text{d}x = 0 \tag{3-6}$$

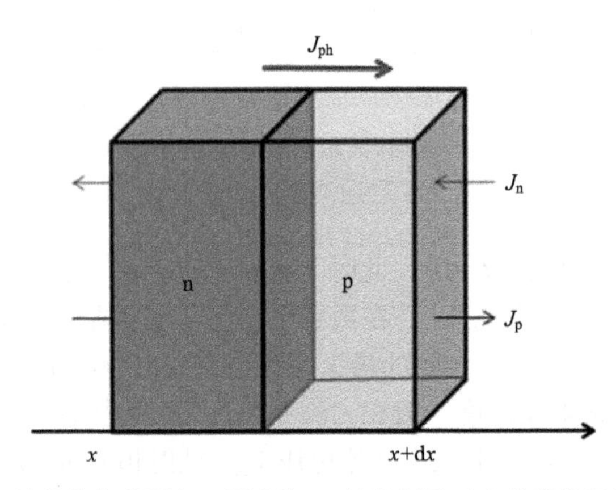


图 3-5　一个跨越 pn 结的单位截面积、厚度为 d$x$ 的体积微元中的载流子平衡情况及式(3-4)～式(3-6)所依坐标示意图

式中，$\Delta n_{\text{ph}}/\tau_{\text{n}}$、$\Delta p_{\text{ph}}/\tau_{\text{p}}$ 分别为单位体积内电子的复合率(见本书 2.5 节)。

此类方程的求解一般需靠数值计算方法完成。马丁·格林在忽略耗尽层复合损失，假定电池内部光生载流子产生率完全均一和假定 p 区与 n 区厚度可看作无穷大(无表面复合)的条件下，得出

$$J_{\text{ph}} = qG(L_{\text{n}} + W + L_{\text{p}}) \tag{3-7}$$

这个结果似乎意味着光生电流来自 pn 结耗尽层和两侧扩散长度范围之内的材料中产生的载流子，有助于直观记忆，但并不能真的就认为它证实了光生电流与材料间有这样的来源关系，例如，认为比电子扩散长度 $L_{\text{n}}$ 小得多的 n 区厚度意味着失去了近一半的光生电流；认为 p 区超过空穴扩散长度 $L_{\text{p}}$ 的厚度部分就是浪费。

实际太阳电池的等效电路示于图 3-4(b)。其偏离理想之处主要体现在两方面：一是电池材料或工艺缺陷难免导致一些漏电，以一个并联电阻 $R_{\text{sh}}$ 代表，其值越小代表漏电越严重；二是串联电阻，电池正负极上金属与半导体的接触、栅线、还有对外接触，都难免引入电阻，以一个串联电阻 $R_{\text{s}}$ 代表，其值越大，电池输出

损失就越大。

太阳电池等效电路图使我们定量分析太阳电池运行参数十分直观便利，但是必须指出，理想太阳电池等效电路图本身也是严格的理论分析产物，实际情况是先有式(3-2)，然后有式(3-1)，再有等效电路图 3-4(a)。因为等效电路图颇合我们的直觉想象，所以本章直接拿它来帮助我们在定性理解原理的基础上定量分析电池输出参数，以一张等效图代替了复杂冗长的推导，合乎本书宗旨。但读者需知它是来自理论推导，不是来自想象。

### 3.3.2　太阳电池 *I-V* 特性与其他性能参数

前面已介绍的基本参数包括：开路电压 $V_{oc}$；短路电流 $I_{sc}$；漏电电阻 $R_{sh}$；串联电阻 $R_s$。以下我们围绕电池 *I-V* 输出特性曲线介绍：最大功率 $P_m$；能量转换效率 $\eta$；填充因子 FF。还将介绍电池的物理特性参数：温度系数、反向饱和电流密度 $J_0$。

从等效电路图(图 3-4)我们知道太阳电池的输出电流将是一个相对恒定的光生电流 $I_{ph}$ 减去一个二极管的暗电流，再加上漏电电阻 $R_{sh}$ 与串联电阻 $R_s$ 的影响，如图 3-6 所示。在图 3-4 所示回路中令负载电阻 $R$ 在 0 到无穷大之间变化，并记录相应的 *I*、*V* 变化，可得到图 3-6 第一象限部分。这是半导体太阳电池的正常工作范围。光伏业内习惯上将电压 *V* 作为横坐标，电流 *I* 作为纵坐标。但也有将曲线置于第四象限的情况，其实际与放在第一象限并无二致，只是将太阳电池作为一个半导体负载器件表述，导致电流反向而已。图 3-7 示出一条来自太阳电池生产车间的实测 p 型多晶硅太阳电池在标准太阳光辐照条件下的输出 *I-V* 曲线和由测量仪给出的相应输出参数。可以看到晶体硅太阳电池的 *I-V* 输出与基于等效电路和肖克利方程预测的 *I-V* 曲线形状大体一致。

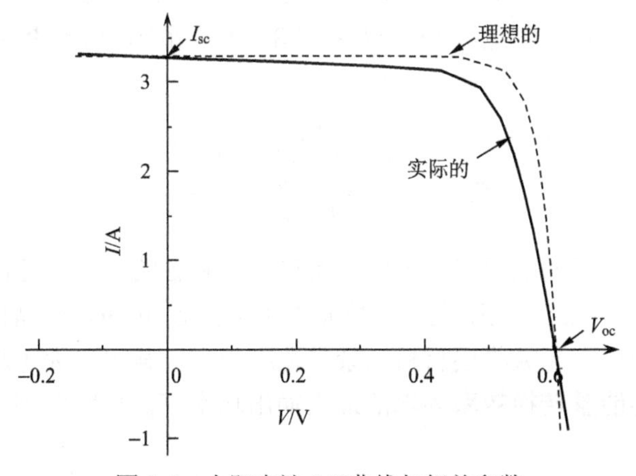


图 3-6　太阳电池 *I-V* 曲线与相关参数

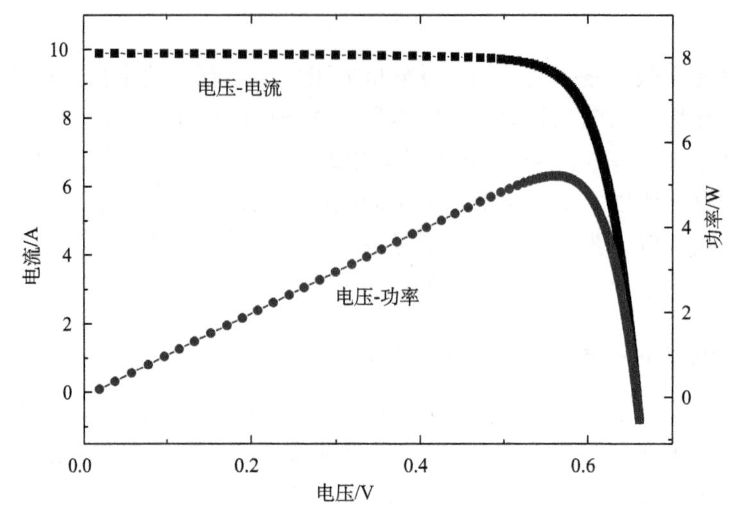


图 3-7　一片 p 型多晶硅太阳电池在标准太阳光辐照条件(AM1.5)下的 $I$-$V$ 输出测量结果

太阳电池输出功率 $P = IV$ 从开路时为 0，随负载电阻降低电流增大，功率逐增，至短路时又复为 0，之间有最大值 $P_m = I_m V_m$，称为**最大输出功率**。光伏发电系统技术的任务之一就是要随时跟踪匹配，令太阳电池在其最大功率点工作，产生最大输出功率。目前此类技术已发展成熟，成为常规技术。

**填充因子** FF(fill factor)的定义很简明

$$\mathrm{FF} = \frac{P_m}{V_{oc} I_{sc}} \tag{3-8}$$

其表观意义相当于 $I$-$V$ 曲线的"直方度"，是电池工艺质量的常用表征参数，因为串联电阻和漏电阻都使 $I$-$V$ 曲线更斜，即更远离直方型，集中体现在使 FF 变小。现在一般较好的硅片太阳电池 FF 值都在 0.8～0.85 范围内。理想情况下，FF 仅由 $V_{oc}$ 决定，为

$$\mathrm{FF} = \frac{qV_{oc} - \ln\left(\frac{qV_{oc}}{k_0 T} + 0.72\right)}{qV_{oc} + k_0 T} \tag{3-9}$$

这应看作是填充因子的上限值。不同体系材料所制备的太阳电池的最优 FF 可有很大变化。例如，GaAs 太阳电池的填充因子可接近 0.89，而晶体硅的一般不超过 0.84。一般来说，光吸收层材料的禁带宽度越大，其填充因子越高。

太阳电池的**能量转换效率**为电池最大输出功率 $P_m$ 与照射到电池表面的光功率 $P_L$ 之比

$$\eta = \frac{P_{\mathrm{m}}}{P_{\mathrm{L}}} \tag{3-10}$$

它可以说是最具代表性的、最突出的太阳电池输出性能指标。当前硅片太阳电池商业产品的能量转换效率在 18.5%～22.5%范围内。能量转换效率是经常用来对比太阳电池之间性能差异的参数。太阳电池的转换效率还与入射太阳光的能量密度、太阳光谱以及太阳电池的温度有关。因此测试时必须要严格控制上述条件，以对太阳电池进行合理的对比。地面用太阳电池的测试条件一般是：AM1.5（$1000\mathrm{W/m^2}$），25℃。太空用的一般是：AM0（$1353\mathrm{W/m^2}$）。

作为一种半导体器件，太阳电池各种性能都会随温度降低而提高，随温度升高而下降，在±40℃的范围这种变化基本保持线性，温度系数即为该线性系数，代表温度每升高 1℃引起的参数变化。最重要的温度系数为转换效率的温度系数，一般温度系数如不加说明即指转换效率的温度系数。对 p 型晶体硅片太阳电池，它一般约为－0.045%/℃，意味着如温度升高 22℃，电池转换效率绝对值就会下降 1%；按现有资料报告，n 型晶体硅片太阳电池和硅薄膜太阳电池的温度系数都相对低些。

反向饱和电流 $I_0$ 与太阳电池输出性能的关系体现在它对 $V_{\mathrm{oc}}$ 的影响，见式(3-3)。反向饱和电流越大，电池的输出性能越低；从其关系式(2-28)来看，它与电池材料中两种载流子的扩散长度都成反比，是材料纯度和结晶质量的重要表征。在太阳电池生产与研发中，它也是被关注和报道的太阳电池基本性能之一。

## 3.4　太阳电池数学模型与应用——PC1D 软件介绍

### 3.4.1　半导体器件物理基本方程与太阳电池边界条件

半导体器件内部各处电场强度 $E$、电荷密度 $\varphi$、电子与空穴浓度 $n$ 和 $p$、电子与空穴电流密度 $J_{\mathrm{n}}$ 和 $J_{\mathrm{p}}$、电子空穴对的产生率与复合率 $G$ 和 $U$ 之间的关系都遵循一定的物理规律，体现为这些物理量之间的多个微分方程，其一维形式列写并扼要注释如下：

$$\frac{\mathrm{d}E}{\mathrm{d}x} = \frac{\varphi}{\varepsilon}, \quad \text{泊松方程，}\varepsilon\text{为介电常数} \tag{3-11}$$

$$J_{\mathrm{n}} = q\mu_{\mathrm{n}}\left(nE + \frac{k_0 T}{q}\frac{\mathrm{d}n}{\mathrm{d}x}\right), \quad \text{电子电流密度} \tag{3-12}$$

$$J_{\mathrm{p}} = q\mu_{\mathrm{p}}\left(pE - \frac{k_0 T}{q}\frac{\mathrm{d}p}{\mathrm{d}x}\right), \quad \text{空穴电流密度} \tag{3-13}$$

$$\frac{1}{q}\frac{\mathrm{d}J_{\mathrm{n}}}{\mathrm{d}x}=U_{\mathrm{n}}-G\text{，}\quad \text{电子数量连续守恒条件} \tag{3-14}$$

$$\frac{1}{q}\frac{\mathrm{d}J_{\mathrm{p}}}{\mathrm{d}x}=G-U_{\mathrm{p}}\text{，}\quad \text{空穴数量连续守恒条件} \tag{3-15}$$

一维简化适合于各物理量在 $y$、$z$ 方向都均匀无变化的情况。对于太阳电池来说，取电池片厚度方向为 $x$ 方向，而将电池平面方向各处看作均匀一致，很多情况下是合理的简化近似，适合于计算分析很多基本问题。

电荷密度应包括各种贡献，所以 $\varphi=p-n+N_{\mathrm{D}}-N_{\mathrm{A}}$。对于太阳电池，电子或空穴的产生率 $G$ 应与电池材料对光的吸收性能和所处深度 $x$(以表面处 $x=0$)有关，有

$$G=\alpha Q(1-R)\exp(-\alpha x) \tag{3-16}$$

对复合率我们已有，$U_{\mathrm{p}}=\dfrac{\Delta p}{\tau_{\mathrm{p}}}=\dfrac{p-p_0}{\tau_{\mathrm{p}}}$，$U_{\mathrm{n}}=\dfrac{n-n_0}{\tau_{\mathrm{n}}}$ 。将它们代入方程(3-11)～(3-15)，最终得到含 5 个未知数($p$、$n$、$J_{\mathrm{p}}$、$J_{\mathrm{n}}$、$E$)、5 个微分方程的方程组。不同一维结构的太阳电池，其 $p$、$n$、$J_{\mathrm{p}}$、$J_{\mathrm{n}}$、$E$ 都服从这组方程，可以通过这个方程组来求解，其不同之处完全体现在其边界条件、材料性能和电池结构上，这些条件不同，解出的结果就完全不同。

边界条件包括表面与背面复合速率、表面与背面电接触情况等；材料性能包括两种载流子寿命、两种载流子迁移率、吸收系数、介电常数等；电池结构则全部包含在施主和受主掺杂浓度分布之中，包括突变 pn 结与过渡渐变 pn 结、深结与浅结等。

方程组和特定太阳电池的边界条件与结构确定后，理论上该太阳电池在稳定光照下运行输出就可以解出来了。但一般需要靠数值计算方法用计算机计算才能做到，这样的计算常被称为模拟。新南威尔士大学光伏与可再生能源工程学院从 20 世纪 80 年代开始免费发布他们开发的基于差分法求解一维太阳电池问题的计算模拟软件 PC1D，多年来在世界范围得到广泛应用和认可，并且经过不断修订完善，版本更新十余次(目前版本为 5.9)，是一个比较可靠和方便实用的太阳电池分析与设计优化软件。以下我们对其操作和应用作进一步介绍。

### 3.4.2　PC1D 操作和应用介绍

这一节学习需要动手操作。请读者先下载 PC1D5.9，下载网址为：https://www.engineering.unsw.edu.au/energy-engineering/research/software-data-links/pc1d-software-for-modelling-a-solar-cell。该软件不需安装，点击文件 pc1d.exe 即可运行。它可计算分析不同材料不同多层结构的太阳电池，并为用户提供一些材料和辐照参

数或模型，其中晶体硅的特性数据提供得最全。下面我们以晶体硅太阳电池为例具体介绍。

程序开启后，首先呈现的是参数界面。点击每个参数即可打开该参数输入窗口。需要输入的参数不下四十项。一些参数如电池温度、厚度等含义自明；但还有许多参数的准确含义一时难定，或其值一时难以确定。但要启动计算，一个也不能含糊。这往往令人十分泄气而却步。推荐一条捷径：点击文件打开按钮，调入软件包中为用户提供的 p 型太阳电池参数文件例子，Pvcell.prm。该文件打开后即自动载入一种典型 p 型太阳电池的全套参数或选项。其中多数参数对于晶体硅电池而言都基本上固定不变，甚至温度变化的影响都已经在输入的模型中考虑进去了，这样一来需要确定和输入的参数就只剩下我们想考察研究的那些了。下面依参数界面上出现的次序逐一介绍其中重要的但含义不易搞清或需要补充说明的参数。

**器件参数(DEVICE)**

Surface Charge——表面对外电接触条件选项。一般电池都应做到欧姆接触，选 Neutral。表面有势垒(barrier)、积累电荷(charge)的就都属不良情况。

Emitter Contact / Base Contact——接触电阻。全部串联电阻为这两项之和。所以不必拘泥于该参数名称，栅线电阻也应该加到这里来。对太阳电池而言，Base Contact 为背接触， Collector Contact/Base Contact 离表面距离选任何大于电池厚度的值即可。

Internal Shunt Elements——内部漏电单元选项。对硅片电池，基本只需考虑“导漏”(internal conductor)，以**电导**表示，其单位为 S(西门子)。

**材料参数(REGION 1)**

该程序可以处理不同材料分区的情况(异质结)，对硅片电池而言，就只有一个区。

Front Diffusion / Rear Diffusion——正面/背面扩散掺杂选项。该程序提供了双扩散层选项。一般无须设(disable)第二层。有兴趣的读者可用它研究一下双层效果，但实际生产和研发中尚无此类实践。

Bulk Recombination/Surface Recombination——体内复合/表面复合参数。该程序采用 SRH 模型计算复合率，窗口上部所输入的 Et 为复合中心(载流子陷阱)能级，模型中假定体系中复合陷阱能级全部归为一个，以它相对于材料本征费米能级(接近带隙中点)的差别表示，一般输入 0，代表最深的陷阱；所输入的两种载流子的寿命 tau-n、tau-p 或复合速度 S-n、S-p 都属“本征”的，即无施主或受主掺杂、无非平衡激发时的寿命，此时无多数载流子与少数载流子之分；窗口下部相应计算出 300K 下，在所设定的背景掺杂类型和浓度条件下(衬底掺杂浓度)计算出来的少子寿命，或表面少子复合速率。用户可反过来在窗口下部输入后者，程序将会算出并在窗口上部显示前者。

**激发参数(EXCITATION)**

辐照条件一般接受该例子加载的标准 AM1.5 辐照参数或选项即可。Excitation Mode 和 Base Circuit 实际属数值模拟算法中的一些配套选项，遵循程序作者在该典型例子中加载的推荐参数即可。

参数齐备后点击运行(页面右上方“单人跑”按钮)，瞬间即得计算结果：最重要的参数 $I_{sc}$、$V_{oc}$、$P_m$ 立即显示在页面最底部；如欲观察一些参数，如载流子浓度分布、$I$-$V$ 特性，甚至量子效率，可点击“四图”界面，其中每张图内容皆可自选；如欲深入考察某一张图，可在上述界面中点击该图进入“单图”界面。

最后介绍一下 PC1D 最重要的功能，批处理计算功能。点击“三人跑”标识的功能按钮，进入批处理参数输入窗口，选择一个欲考察的参数、其变化范围、是否用对数表示和平均取点的数目。选中后点击“OK”回到页面，然后点击“单人跑”按钮，计算结果表就全部列在参数界面下部了。点击“Graph”菜单中的“copy batch data”，即可将它们粘贴到作图软件中分析了。本章提供的实例都是用批处理方法完成的。

下面讲几个应用 PC1D 的例子。先分析两个我们基本知道答案的例子，看 PC1D 是否给出合理的计算结果，以切实增强我们对它的信心，也了解模拟中潜在的问题，然后分析一个重要的、有前沿研究与发展背景的问题。

**例一　少数载流子寿命对太阳电池转换效率的影响**

从原理可以预期，少数载流子寿命如果较低，将是太阳电池转换效率等性能的重要限制因素，但如该寿命已经较高，其影响就会下降。现在让我们来看看 PC1D 的计算分析结果。图 3-8 为少数载流子寿命在 1～1500μs 范围变化，而在其他条件不变的情况下，一种 p 型晶体硅太阳电池的转换效率等性能变化的计算结果。

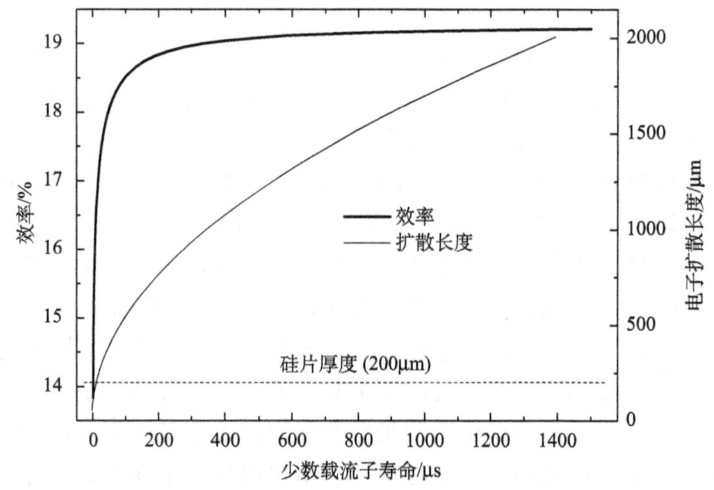


图 3-8　用 PC1D 计算得到的少数载流子寿命对一种 p 型晶体硅太阳电池转换效率的影响关系曲线

可以看到，计算结果很好地量化显示了理论预期。它还可纠正一个光伏业不少同行中存在的一个误区：认为少子寿命达到使扩散长度等于硅片厚度之后就够了，再提高少子寿命作用不大。现在我们看到，情况远非如此。要使扩散长度达到三倍硅片厚度以上，才到这个阶段。

**例二　温度对太阳电池转换效率的影响**

我们已经知道，太阳电池转换效率随温度升高而线性下降。现在让我们来看看 PC1D 给我们算出什么结果。图 3-9 为对一种 p 型晶体硅太阳电池和一种 n 型晶体硅太阳电池分别计算模拟得出的结果。可以看到计算结果再现了已知现象，但温度系数值比实际报告的要高，接近其两倍；计算结果也预测出 n 型晶体硅太阳电池的温度系数将比 p 型晶体硅太阳电池的温度系数低，但降低程度低于业界实测的结果。这个偏差的主要原因是温度的不利因素降低，如掺杂元素的电离概率下降与扩散率的下降等，在 PC1D 中未考虑进来。这个偏差提醒我们，PC1D 乃至任何计算模拟工具都不是完美无缺而无须审视其结果的。

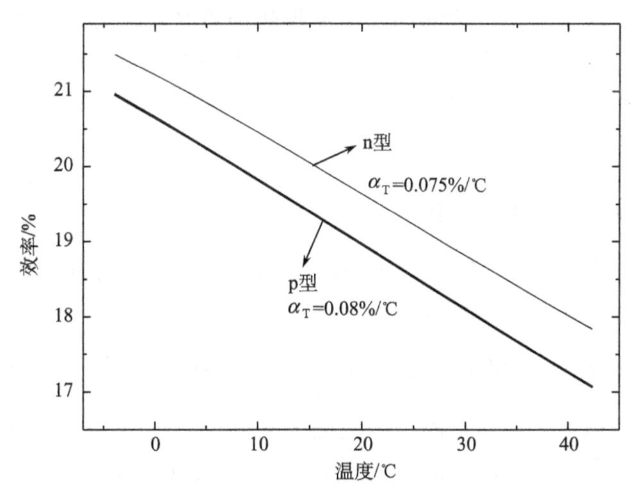


图 3-9　用 PC1D 计算得到的温度对一种 p 型晶体硅和一种 n 型晶体硅太阳电池转换效率的影响

**例三　突变 pn 结太阳电池的优势分析**

硅片太阳电池多年来采用扩散工艺制作 pn 结，所得属于渐变过渡结。近年来离子注入掺杂技术开始引入光伏业，该工艺所得应属突变结，另外还有外延生长制结工艺处于研究之中，它所得 pn 结也属突变结。突变结应该得到最窄的势垒区，而势垒 $V_D$ 已由禁带宽度和 p、n 两区的掺杂浓度决定，所以突变结应有最强的内建电场；渐变过渡结势垒更宽，固然使内建电场强度降低，但内建电场作用区域亦增大了。基于这两类 pn 结的太阳电池性能如何？突变结有无优势，或优势有多大，需要计算分析。以下以 p 型晶体硅太阳电池为例来进行计算。在 PC1D 中选取两种分布掺杂，一种为均匀分布突变结(uniform)；一种为误差函数分布渐变结(erfc)，扩散形成的浓度分布一般均为误差函数分布。突变结工艺能够获得较浅的结，取结深为 0.1μm；扩散工艺相对难于控制深度，取峰值平均深度为 0.2μm，向内渐变过渡后，结深延伸到 0.5μm。其他参数都保持完全相同，用 PC1D 对两种 pn 结的太阳电池进行掺杂浓度影响的批处理计算，得到后文图 3-20 所示结果。可以看到，理论计算确实能为预期突变结带来一定的优势，但增益很小，最高效率绝对增加约 0.03%而已；其工艺窗口更宽应为更重要的优势，在偏离峰值点的较高浓度区间，两种 pn 结太阳电池转换效率差值可达到绝对 0.1%。

## 3.5　太阳电池转换效率的局限与损失

这里所称太阳电池转换效率的“局限”与“损失”分别指自然、不可改变的因素给太阳电池效率水平带来的局限与非理想但可努力改善的技术性因素给太阳电池效率带来的损失。换句话说，自然局限指理想太阳电池也难免的效率局限；技术损失指实际太阳电池材料与工艺技术非理想因素带来的效率损失。区分二者有助于我们在学习和工作中厘清思路。

### 3.5.1　光生载流子的产生与收集

太阳电池中光生电流 $J_L$ 由太阳电池中每个区域的光生载流子的产生率和收集率共同决定，如式(3-17)所示。

$$J_L = q\int_0^w G(x)\mathrm{CP}(x)\mathrm{d}x = q\int_0^w \left(\int \alpha(\lambda)H_0 \mathrm{e}^{-\alpha(\lambda)x}\mathrm{d}\lambda\right)\mathrm{CP}(x)\mathrm{d}x \tag{3-17}$$

其中，$J_L$ 为光生电流，$x$ 为光程，$w$ 为最大光程(一般代表电池片的厚度)，$G$ 为光生载流子的产生率，$\alpha(\lambda)$为波长为 $\lambda$ 的光子的吸收系数，$\mathrm{CP}(x)$为光程 $x$ 处的光生载流子收集率，$q$ 为电子电荷。如图 3-10 所示，随着光的入射深度递增，光生载流子的产生率急剧下降，根据材料吸收系数和波长的不同，下降的速率会各有差异；而光生载流子的收集率则在 pn 结的空间电荷区内最大，如图 3-10 所示，因为此处有强大的内建电场，可将产生的光生载流子迅速分开，此处电流以漂移电流为主，随着与空间电荷区距离的增加，光生载流子的收集率逐渐下降，此时扩散电流占据的比例逐渐增大。

如图 3-11(a)所示，太阳电池内部和表面的各种性能均会影响光生载流子的收集率。一般来说，界面、表面处缺陷越少，少子寿命越高，光生载流子的收集率越大。由于太阳电池的发射极中掺杂浓度一般高于基极很多倍，所以其中的光生载流子收集率相比较而言会低很多。一般将发射极的厚度设计得很薄，原因即在

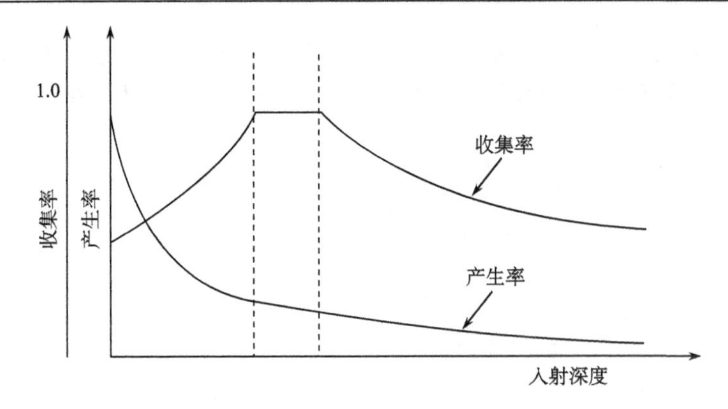


图 3-10　太阳电池内部光生载流子产生率和收集率示意图

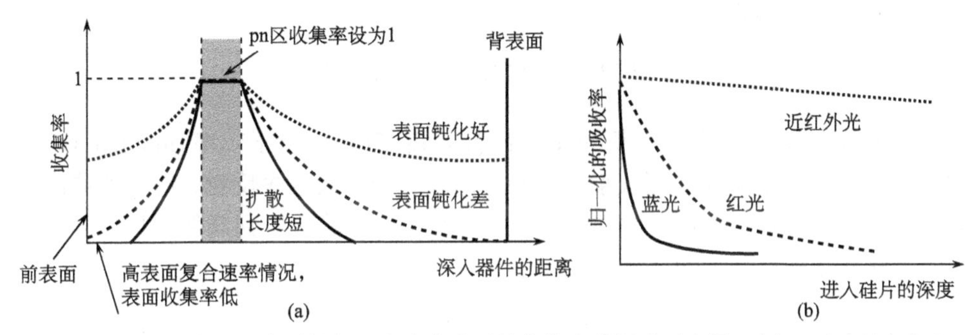


图 3-11　(a) 太阳电池的各种性能对光生载流子的收集率的影响示意图；(b) 不同波长光在太阳电池内部被吸收的情况示意图

于此。如果光生载流子的产生区域离表面远于一个扩散长度，那么收集率就会相当低，所以太阳电池有效吸收部分的厚度一般都比较薄，晶体硅片太阳电池的厚度也不足 200μm，而所有薄膜太阳电池的厚度仅为几个微米甚至更薄。如果载流子产生在一个高复合的区域(如表面)，那么就很容易被复合掉，收集率很低，所以太阳电池的表面一定要进行钝化。

不同区域收集率的差异会导致光生电流随入射波长的变化差别很大。例如，对于晶体硅太阳电池，如果前表面复合速率很大，将导致蓝光对光生电流的贡献很小。因为蓝光几乎在表面层被完全吸收；而红光的吸收却基本都发生在器件的体内部分，可有很好的收集率；红光因为吸收系数很低，大部分将穿透整个器件，贡献也小。据此，不同波长产生的光生载流子的收集率可侧面反映器件结构中每一部分的质量。不同波长的光产生光生电流的效率可用量子效率来表示。

### 3.5.2　量子效率

量子效率(quantum efficiency，QE)是指太阳电池收集的光生载流子的个数与入射光子个数的比值，通常表示为随入射光子波长（或能量）变化的曲线，如图 3-12 所示。对于能量低于电池材料禁带宽度的光子，其 QE 一般为“0”。

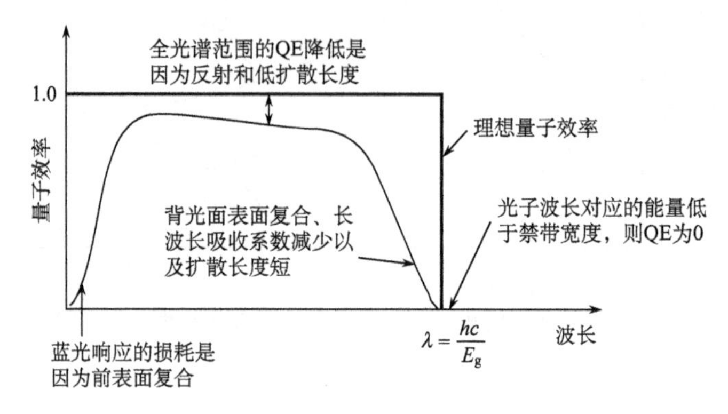


图 3-12　太阳电池量子效率示意图

量子效率分为外量子效率（external QE，EQE）和内量子效率（internal QE，IQE）（图 3-13）。前者包含了反射的损耗，即入射光子数包含反射、透射和被器件吸收的光子。后者不含反射的损耗，即入射光子仅计算入射到器件中且被器件吸收的那部分光子。二者的计算公式如下：

$$\mathrm{IQE}=\frac{J_{\mathrm{ph}}}{qQ(1-R)} \tag{3-18}$$

$$\mathrm{EQE}=\frac{J_{\mathrm{ph}}}{qQ} \tag{3-19}$$

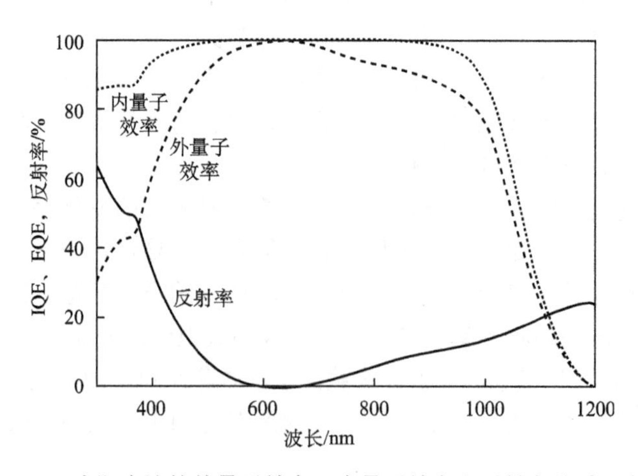


图 3-13　太阳电池的外量子效率、内量子效率和反射率关系示意图

式中，$Q$ 为单位时间、单位面积入射光子数，$R$ 为光反射率。显然量子效率与入射光的波长密切相关，因此也被称为太阳电池的频率响应。内量子效率便于研究者排除外界因素，直接考察电池本身对各波段光的光伏发电响应；而外量子效率则将表面反射这一重要因素包括进来，体现为电池对外来光照的总光伏响应。不同波段量子效率来自电池内部不同区域的贡献。一般来说，越短波长光的量子效率越体现太阳电池迎光面的特性；越长波长光的量子效率越体现太阳电池背光面的特性。因为越短波长的吸收系数越大，在接近前表面的区域越能被最大量吸收。

图 3-14 显示对一种 p 型晶体硅衬底太阳电池内量子效率的理论计算分析结果。可以看到，在较短波长范围，内量子效率主要来自表面层 n 区；在较长波长范围，量子效率主要来自衬底 p 区；耗尽层虽然很薄，其贡献比例也很可观。这里我们也可清楚地看到，称太阳电池正表面掺杂层为“发射区”，似意只有此处对外发射输送载流子，其实不妥，因其他区同样“发射”甚至贡献更大。

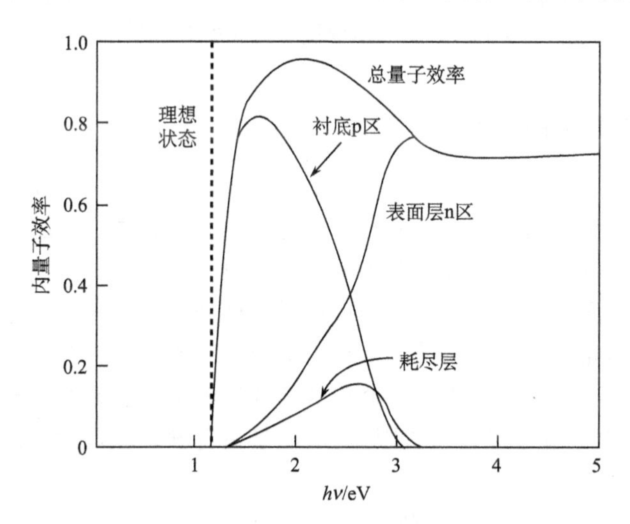


图 3-14　一种 p 型晶体硅衬底太阳电池内部各区域(衬底 p 区、表面层 n 区、耗尽层)对内量子效率的贡献，以及太阳电池总量子效率的理论计算结果[7]

虚线代表理想的内量子效率曲线

太阳电池的量子效率现在可以较容易地实测。对于太阳电池性能优化与问题诊断研究来说，它们是十分重要的信息。图 3-15 给出了一组从实验室获得的调整表面掺杂分布改善硅晶太阳电池内量子效率的例子：常规掺杂的电池短波部分内量子效率(蓝光响应)不佳，降低掺杂浓度则能有效地提高其蓝光响应，在所示的三种掺杂工艺下都得到了这个效果。图中同时给出了电池表面反射率，它们对掺杂工艺并不敏感。

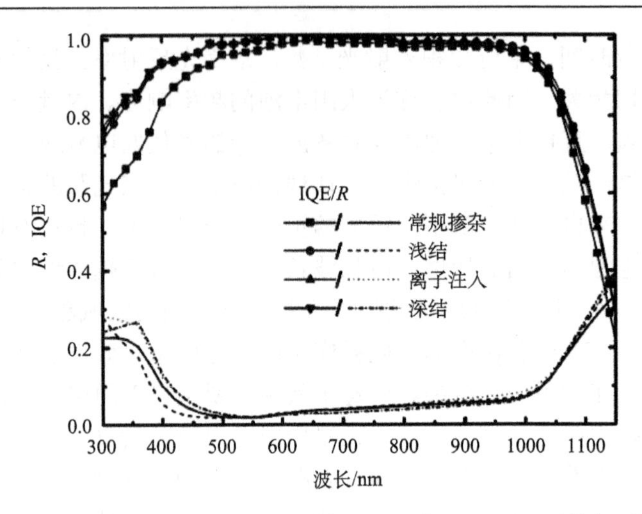


图 3-15 常规掺杂工艺硅晶太阳电池及三种工艺(浅结、离子注入、深结)得到的同类但低掺的太阳电池的内量子效率谱和反射率谱[8]

### 3.5.3 太阳电池效率的自然局限

依靠半导体 pn 结的太阳电池将太阳光能量转换为电能的效率受到几项自然因素的局限。最突出的两项相互关联：一是太阳光有其固有光谱；二是半导体材料有其固有禁带宽度。这两大因素使得太阳光中波长大于吸收限$\lambda_0$的部分对光伏发电完全无效；而太阳光中波长小于吸收限的部分，即使其每个光子都激发产生一对载流子，其光子能量大于禁带宽度的部分，一般通过热振动释放，或者说转变为热，也是全部多余无效的。剩余有效部分的能量占总的太阳光入射能量的比例 $\eta_{\text{s-g}}$，可以针对具体半导体吸收限 $\lambda_0$(对应禁带宽度 $E_g$) 和入射光谱 $P(\lambda)$ 进行计算，依前述含义有

$$\eta_{\text{s-g}}=\frac{\int_0^{\lambda_0}\frac{P(\lambda)}{hc/\lambda}E_g\mathrm{d}\lambda}{\int_0^{+\infty}P(\lambda)\mathrm{d}\lambda}=\frac{\int_0^{\lambda_0}P(\lambda)\frac{\lambda}{\lambda_0}\mathrm{d}\lambda}{\int_0^{+\infty}P(\lambda)\mathrm{d}\lambda} \tag{3-20}$$

式中，$c$ 为光速，$hc/\lambda$为光子能量，$P(\lambda)/(hc/\lambda)$ 即为太阳光中波长为$\lambda$的光子的流量密度。

图 3-16 画出标准太阳光谱(AM1.5)[10]，和计算得出的入射光谱中对晶体硅太阳电池($\lambda_0$＝1107nm)的有效部分的范围(图中阴影部分)，其面积为该有效部分的能量，计算得到其 $\eta_{\text{s-g}}$＝49%。

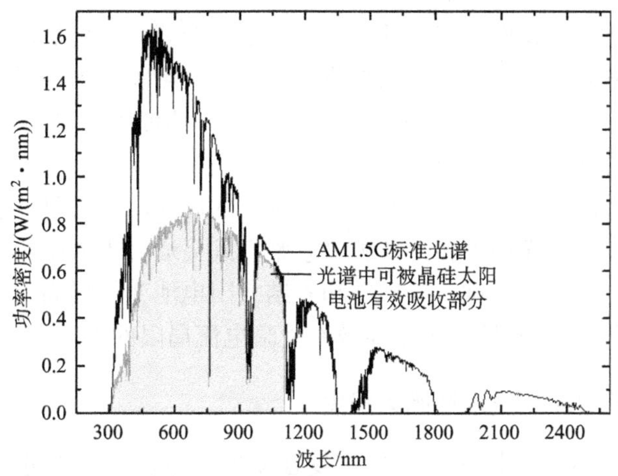


图 3-16　标准太阳光谱(AM1.5)[10]及其对晶体硅同质 pn 结太阳电池的有效部分(灰色阴影部分)

但是这部分有效光能还是未能全部转变为输出电能。光激发时，每个光子给每个光生电子提供了有效能量 $E_g$，使之跨越了禁带，然而电池输出光生电流时的电压却明显低于禁带的电势差 $E_g/q$。对晶体硅太阳电池而言，禁带电势差为 1.12V，而电池开路电压在最理想情况下亦只能达到 0.75V，按上限水平估计最大输出功率点电压，$V_m=90\%V_{oc}=0.675V$。这部分能效为 0.675/1.12≈60%。这样一来，从入射太阳光起计的能量效率就降到了 60%$\eta_{s\text{-}g}$，约为 29.4%。

第三项自然局限可称为 pn 结暗电流损失，它来自电池 pn 结本身，无论其材料和工艺质量如何理想，它都不免面临这样一个境况：它在光照下产生的输出电压同时成为加在它自身的正偏压——再看一下理想太阳电池等效电路(图 3-4(a))就清楚了。它导致一个与光生电流方向相反的净扩散电流。正偏压抵消一部分内建电势，打破了原有漂移与扩散的平衡，故有此净扩散电流 $I_i$。其大小可由肖克利方程近似给出，为 pn 结二极管暗电流。它给效率带来的相对损失应为 $I_{im}/I_m$，下标 m 代表最大输出效率点。对理想电池，其值可按输出功率极值条件求解，但得不到表达式，需输入具体数值(如饱和电流与光生电流之比 $I_0/I_{ph}$ 等)计算作图求解，对硅晶太阳电池，上述相对损失为 6%～10%。取其下限 6%，则效率上限降低为 94%×29.4%，约 27.6%。

用 PC1D 计算，输入完全理想条件(无反射、无漏电、无串联内阻、无杂质缺陷复合中心、无表面复合)下，得到地面标准太阳光谱(AM1.5)照射条件下，温度为 25℃时，晶体硅电池理想条件下效率为 26.8%，开路电压为 0.75 V。与以上估计颇为接近。

马丁·格林对自然局限下硅太阳电池效率上限的一种半理论半经验分析得出 29%的结论；同时他所做的一种基于黑体辐射平衡的理论分析得出效率上限在 30%以上。有兴趣的读者可参阅本章所列其所著参考书。总体来看，30%应是对常温下硅晶太阳电池转换效率上限的较为稳妥的估计。

前面的分析中，我们未将光的反射、表面复合等列入自然局限因素。因为它属于业界不断努力克服的因素，虽然我们知道它不可能消失为零，但没有理论能给出一个下限。而温度、扩散、太阳光谱与半导体禁带特性这些都属于不可避免、相当"本征"的自然因素，至少到今天还是如此。

当然，技术发展无界，今天看来"本征"的局限，明天可能会被撼动。太阳光谱或可被某种上转换和下转换薄膜"修整"到更适合于太阳电池接受，实际上十多年前已有此类研究尝试；异质结和多结太阳电池亦能提高太阳光利用率，当然它没有改变半导体 pn 结太阳电池效率受暗电流局限的本质。

### 3.5.4　太阳电池效率的技术性因素损失

这些因素很多，可按光学损失、复合损失和电路损失来分类，也可从材料和工艺两大方面来归类，针对铝背场结构和工艺的常规硅片太阳电池的总结列入表 3-1，包括各因素类属、对电池效率造成的损失估计和影响或控制它的因素，并列出了当前实验室与产业水平情况。之后再择其重要且有助于深入理解和运用原理的因素作进一步说明。

**表 3-1　铝背场结构和工艺的硅片太阳电池转换效率技术性损失因素一览表**

| 损失因素 | | 主要直接受损性能 | 当前产业技术水平下效率损失估计*(相对百分比) | 控制因素 |
|---|---|---|---|---|
| 光学损失 | 表面反射 | $I_{sc}$ | 4%～8% | 表面刻蚀制绒，减反射膜 |
| | 背面与正面透射 | $I_{sc}$ | 不详(一般<2%) | 电池厚度、制绒与背面铝膜 |
| | 栅线遮蔽 | $I_{sc}$ | 2%～5% | 栅线高宽比与栅线间距 |
| | 非激发吸收 | $I_{sc}$ | 一般<2% | 减反射膜厚度与透光性 |
| 复合损失 | 金属杂质复合中心 | $V_{oc}$，FF | 4%～8% | 原材料纯度；吸杂效果；杂质状态 |
| | 晶体结构缺陷复合中心 | $V_{oc}$，FF | 3%～7% | 材料结晶质量 |
| | 表面或界面复合 | $V_{oc}$，FF | 5%～10% | 表面钝化膜质量，包括氢注入效果；铝背场效果 |
| 电路损失 | 栅线电阻 | FF，$I_{sc}$ | 5%～8% | 银浆及其烧结 |
| | 正面栅线接触电阻 | FF，$I_{sc}$ | | 银浆及其烧结 |
| | 背接触电阻 | FF，$I_{sc}$ | | 铝浆及其烧结 |
| | 边缘漏电 | FF，$V_{oc}$ | 3%～6% | 去边缘刻蚀 |
| | 缺陷漏电 | FF，$V_{oc}$ | | 材料夹杂与隐裂纹控制 |
| 总体损失参考 | 理想电池效率极限：26.8%～30%；<br>晶硅同质结电池实验室最高水平：25%；<br>生产水平(普通铝背场结构电池)：18%～20% | | | |

* 指当前产业技术水平下相对于理想情况的差距，以单项非理想因素造成的电池效率的相对下降表示。所提供数据为粗略估计或采用 PC1D 估算，以供读者大致了解当前技术水平和发展空间。

对电路损失造成的填充因子(FF)减小，前人已有较系统的定量分析，在此补充介绍。栅线及两面接触电阻合并为电池串联内阻 $R_s$，边缘和内部缺陷漏电合并为电池漏电电导，以其倒数漏电电阻 $R_{sh}$ 表征。$R_s$ 增大使得电池 $I$-$V$ 曲线之电压随电流增大而下落；$R_{sh}$ 减小(漏电导增大)则使得电池 $I$-$V$ 曲线之电流随电压增大而减小。二者都使电池 $I$-$V$ 曲线更偏离直方，从而降低电池的填充因子 FF。其间有以下近似关系。

$R_s$ 单独影响下：

$$\mathrm{FF}=\mathrm{FF}_0(1-R_s/R_{cc}) \tag{3-21}$$

$R_{sh}$ 单独影响下：

$$\mathrm{FF}=\mathrm{FF}_0\left(1-\frac{v_{oc}+0.7}{v_{oc}}\cdot\frac{\mathrm{FF}_0 R_{cc}}{R_{sh}}\right) \tag{3-22}$$

式中，$R_{cc}=V_{oc}/I_{sc}$，称为电池特征电阻；$v_{oc}=qV_{oc}/(k_0T)$；$\mathrm{FF}_0$ 指无串阻与漏电时的填充因子，由式(3-9)给出。

当 $R_s$ 与 $R_{sh}$ 两者共存且都不可忽略时，可用式(3-21)先求 $R_s$ 单独影响下的 FF 值，以得出的 FF 值代替 $R_{sh}$ 单独影响式(3-22)中的 $\mathrm{FF}_0$，即得两者共同影响下的填充因子。

对金属杂质复合中心造成的太阳电池效率损失，前人对不同杂质元素的单一作用已有系统归纳总结，分别针对 p 型晶体硅太阳电池和 n 型晶体硅太阳电池，见图 3-17(a)和(b)。

### 3.5.5　太阳电池效率优化分析

表 3-1 中所列栅线遮蔽因素、栅线及其接触电阻因素以及载流子复合因素三者相互关联，还涉及电池正面掺杂浓度与深度的优化选择，从加深理论认识和加强技术掌握角度的方面都十分值得对它们作进一步分析介绍。

栅线包括细栅线和主栅线，后者只有两条或三条，其宽度由组件连接封装要求决定，这里只讨论细栅线宽度与密度的选择。栅线遮蔽程度，或栅线粗细与疏密程度的选择，显然是一个与栅线相关串联内阻大小相互平衡优化的问题，还需考虑栅线间空隙表层中电流向栅线横向输送中的功率损失，分列如下。

栅线遮蔽所致效率相对损失：

$$\Delta r_s=\frac{a}{a+b} \tag{3-23}$$

栅线及其接触电阻所致效率相对损失：

$$\Delta r_R=\frac{R_s}{R_{cc}}=\frac{K}{\Delta r_s} \tag{3-24}$$

栅间电阻所致效率相对损失：

$$\Delta r_{ig}=\frac{\rho_s b^2 J_m}{12V_m} \tag{3-25}$$

其中，$a$、$b$ 分别为栅线宽度、间距；$R_{cc}=V_{oc}/I_{sc}$；$\rho_s$ 为电池表层方块电阻；$J_m$、$V_m$ 为电池输出功率峰值点电流密度与电压；$K=\dfrac{\rho l/h+\rho_c}{AR_{cc}}$ 为一常数，其中 $\rho$ 为栅

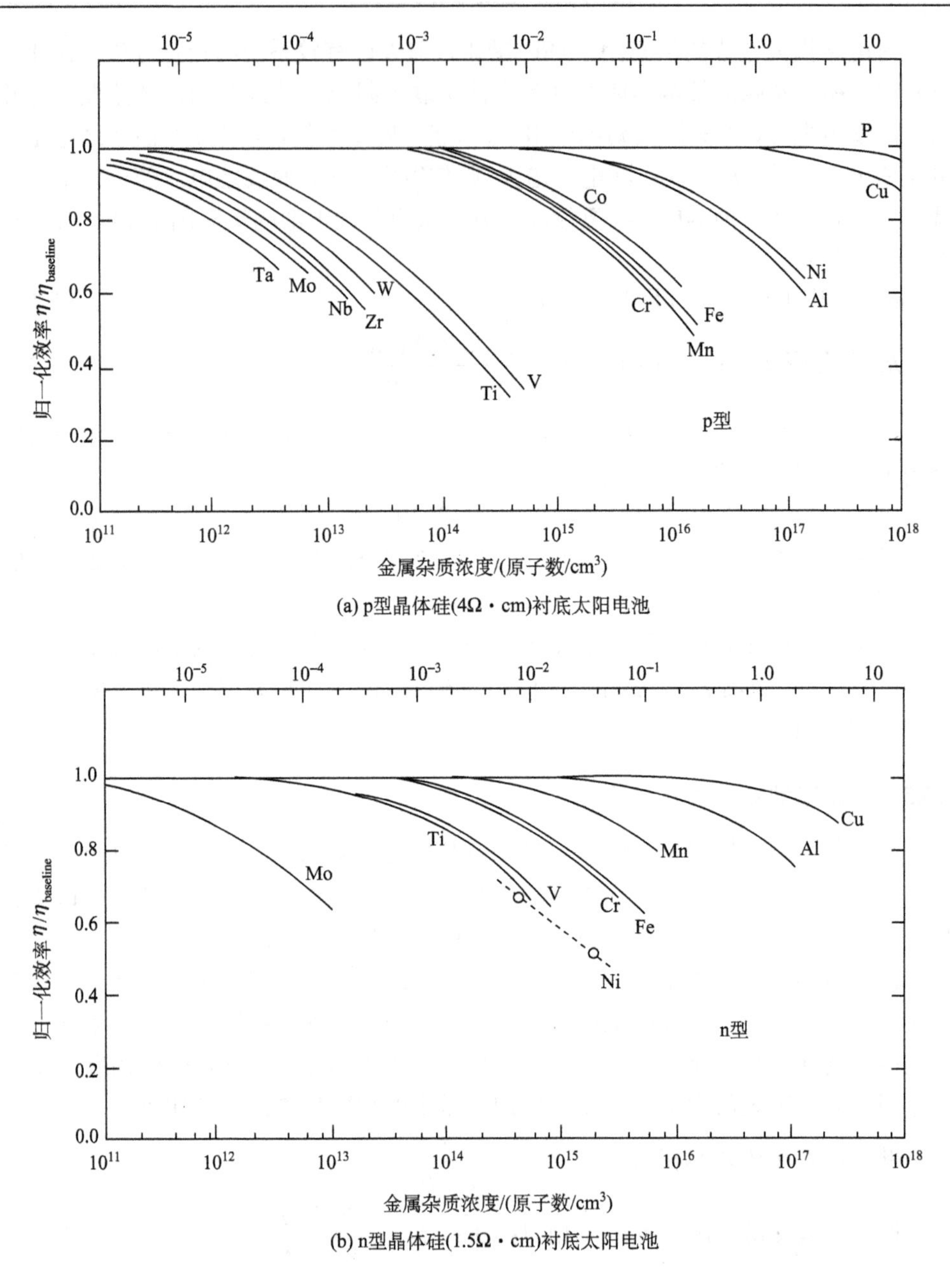


(a) p型晶体硅(4Ω · cm)衬底太阳电池



(b) n型晶体硅(1.5Ω · cm)衬底太阳电池

图 3-17 各种杂质单一存在时其浓度对晶体硅太阳电池转换效率的相对影响[11]

线材料电阻率，$\rho_c$ 为栅线与电池表面接触电阻率，$l$ 为计量栅线电阻时的有效栅线长度，$h$ 为栅线平均高度，$A$ 为电池面积。

最终的选择应使 $(1-\Delta r_s)(1-\Delta r_R)(1-\Delta r_{ig}) \approx 1-(\Delta r_s+\Delta r_R+\Delta r_{ig})$ 最大，或使

$\Delta r_s + \Delta r_R + \Delta r_{ig}$ 最小。对 $a$、$b$ 的优选结果将与式中电池表层方块电阻(sheet resistance) $\rho_s$ 有关，而它则由表面掺杂浓度 $N_D$(假定衬底为 p 型)和深度 $d$(pn 结深度)决定：

$$\rho_s = \frac{1}{q\mu_e N_D d} \tag{3-26}$$

显然高掺和深掺是有利于减小方块电阻 $\rho_s$ 的；此外高掺还将改善表层与栅线的欧姆接触，从而减小 $\rho_c$。仅从以上问题考虑，掺杂浓度和深度应该尽可能大(高掺和深结)，使得表面横向电流欧姆损失尽可能小。但高掺和深结又都有其另一面不利因素，分述如下。

高掺将会使得载流子复合率提高，过高的掺杂(>$10^{20}$cm$^{-3}$)甚至使表面出现“死层”，即在此层内光激发产生的载流子立刻被复合，完全没有机会被 pn 结收集。因此表层掺杂浓度 $N_D$ 应存在一个最佳值。用 PC1D 可以计算 p 型晶体硅太阳电池转换效率随表层掺杂浓度 $N_D$ 的变化情况，结果示于图 3-18。扩散渐变结和均匀突变结都显示了这个最佳值的存在。该计算中实际还未考虑掺杂浓度对接触电阻的影响，如考虑这个影响，最佳值还应稍向右移。

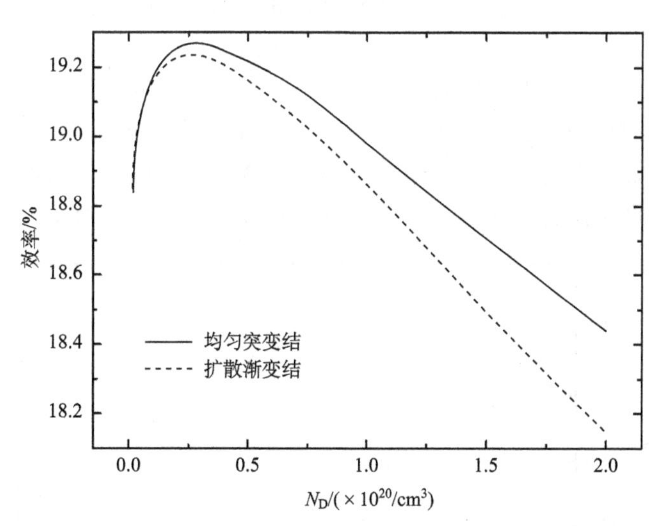


图3-18　均匀突变结与扩散渐变结p型晶体硅太阳电池转换效率随掺杂浓度的变化(PC1D计算结果)

深结的不利因素与入射光的吸收衰减分布及光激发非平衡载流子的被 pn 结所收集的概率分布有关，示意如图 3-19。这样的分布组合使表层激发的大量载流子不能被 pn 结收集而损失。所以在工艺许可的条件下，应尽可能地使 pn 结向表面靠近，这是 20 世纪 80 年代就已由理论和实践确立的原则，迄今没有改变。

图3-20示出对扩散渐变结与均匀突变结电池效率随结深变化的PC1D计算分析结果。可以看到如无工艺问题，浅结的优势可一直持续到十纳米量级；同时结合图3-18还可推测，离子注入的优势可能并不在于其pn结为突变型，而在于其深度控制能力，能够获得更浅的结。

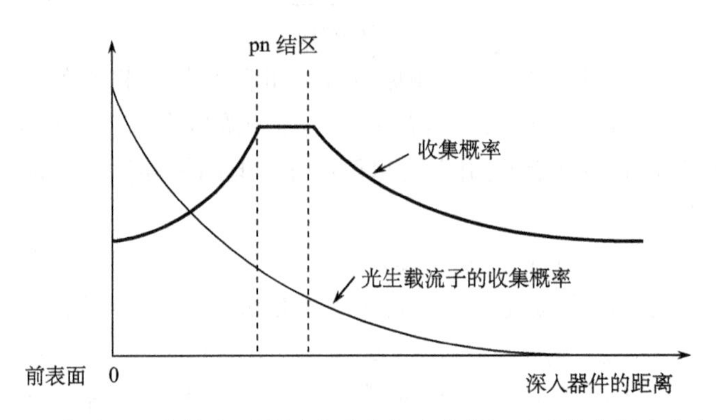


图3-19　晶体硅太阳电池表面附近光吸收与光生载流子的收集概率分布示意图

全面的优化应该是将掺杂浓度与结深的影响定量描述后与前述三项(式(3-18)～(3-20))一并作系统优化。但实践中在结深上尚有工艺限制，不是想要多浅就可多浅，因此实践中优化问题变得更简单了：优先尽量做浅结，而后选择最优掺杂浓度，这样就确定了电池方块电阻$\rho_s$，针对这个值再就前述三项进行优化。

太阳电池效率的技术性因素非常复杂，受器件结构设计、制备技术、制备工艺参数等多方面的影响。具体细节将在后续章节中一一展开论述。

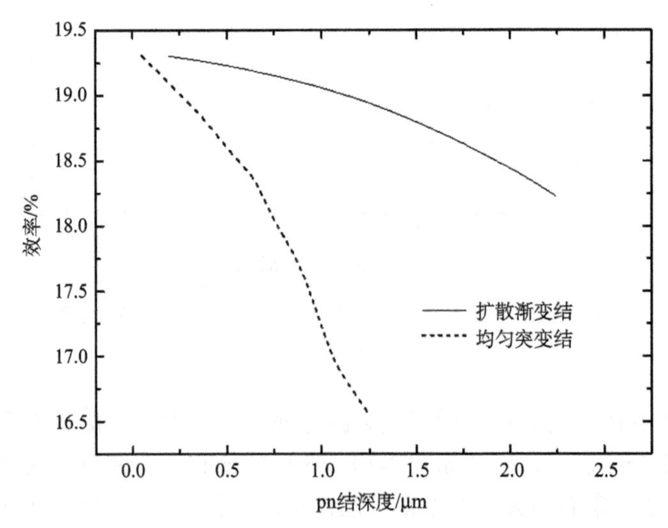


图3-20　均匀突变结与扩散渐变结p型晶体硅太阳电池转换效率随pn结深度的变化

PC1D计算结果，其他电池和辐照条件与图3-18相同，两类电池掺杂浓度各选图3-18所得峰值浓度

## 3.6　本章小结

本章在第 2 章(半导体物理基础)的基础上，先以通俗易懂的定性描述讲述了半导体光伏发电原理，包括其两个关键，内建电场驱动与浓差扩散传输；继而推出太阳电池等效电路与输出参数；解释各种器件内部和外部因素对太阳电池性能的影响；然后介绍了太阳电池数学模型和一种数值求解软件，包括其操作和应用，力求彻底到位，使读者可以自己动手实施，享受计算机带给学习和工作应用的便利；最后审视了理想太阳电池效率的自然限制与理论极限，概括总结了在当前技术条件下太阳电池非理想因素带来的效率损失，分析了太阳电池效率优化中的问题。

## 思考练习题

(1) 请画出理想晶体硅太阳电池的结构示意图。

(2) 概述太阳电池中光生载流子的收集概率与哪些因素有关。

(3) 画出太阳电池的光、暗 *I-V* 曲线示意图。

(4) 请说明太阳电池的四个表征参数之间的相互关系。

(5) 请画出太阳电池的串联、并联电阻的示意图；简述其对太阳电池性能的影响。

(6) 请说明太阳电池的温度对太阳电池输出特性的影响。

(7) 请说明光照强度对太阳电池输出特性的影响；光照强度大于或者小于一个太阳强度，会使太阳电池的性能如何变化？

## 参考文献

[1] Green M A. Solar Cells—Operating Principles, Technology and System Applications. Sydney: The University of New South Wales, 1982.

[2] 施敏,伍国珏. 半导体器件物理. 3 版. 耿莉，张瑞智，译. 西安：西安交通大学出版社，2008.

[3] Nelson J. Physics of Solar Cells. London: Imperial College Press, 2003.

[4] Green M A. Silicon Solar Cells—Advanced Principles and Practice. Sydney: The University of New South Wales, 1995.

[5] 包诞文. 物理电源(第一篇). 北京：电子工业出版社，1985.

[6] Fonash S J. Solar Cell Device Physics. 2nd Edition. Oxford: Elsevier, 2010.

[7] Hovel H J. Photovoltaic materials and devices for terrestrial applications. Tech. Dig. IEEE IEDM, 1979, 2(3): 3-13.

[8] Clugston D A, Basore P A. PC1D Version 5: 32-bit Solar Cell Simulation on Personal Computers. Proceedings of 26th IEEE Photovoltaic Specialists Conference, Anaheim,

September 1997. New York: IEEE, 1998: 207-214.

[9] 美国 ASTM 标准: G173-03.

[10] Davis J R, Rohatgi A, Hopkins R H, et al. Impurities in silicon solar cells. IEEE Transactions on Electron Devices, 1980, 27: 677-687.

# 第 4 章　太阳电池设计

## 4.1　引　　言

“学以致用”是本章学习的终极目标。第 2 章和第 3 章全面讲解了基于无机材料体系太阳电池相关的半导体材料和器件物理的基本知识，剖析了相关器件的工作原理、性能评价指标和影响因素。本章的内容则是如何利用这些基础知识来理解和分析具体的太阳电池器件结构和性能，如何设计和优化太阳电池器件结构和各组成部分的性能指标。

此处所述的理解和分析、设计和优化不仅限于“形而上”的器件物理方面，还要落实到具体的器件构成材料中，落实到器件的制备技术路线和生产技术中。在对一个器件结构和制备技术设计优化时，不仅要考虑其性能的优越性，还要考虑其生产的可行性、经济性等。因为我们设计的是 “产品”，而非 “样品”。

## 4.2　太阳电池器件结构设计原则

太阳电池的基本工作原理是光能到电能的转换——光伏效应，可实现光伏效应的材料或器件的工作原理除了基于无机半导体材料的 pn 结外，还有很多种。例如，基于“激子”导电理论的有机半导体材料和器件体系；基于金属/半导体结构的肖特基结；基于杂质能级半导体、热载流子等新理论的光伏器件等。但本章节及本书以后章节中如无特殊说明，所涉及的太阳电池理论及器件结构均是基于第 2 和第 3 章所述的一般半导体物理所覆盖的无机半导体材料和 pn 结体系，所涉及太阳电池的工作原理均符合第 3 章所讲述光伏物理相关内容。

### 4.2.1　太阳电池器件结构设计的基本原则

使用太阳电池是为了廉价地获得可利用的能源，因此其设计的最基本原则是：尽可能地提高转换效率，并尽可能地降低各项成本，获得“性价比高”的产品，不断降低度电成本。度电成本是指太阳电池的全寿命周期内每发一度电所需的成本。但根据产品具体用途的不同，经常需要在产品的高转换效率和低成本之间进行取舍。因此，太阳电池器件结构设计是指：对太阳电池结构参数进行设定，以使其在特定限制条件下的转换效率最高。

这些限制条件是由太阳电池的应用目的和使用环境所决定的。比如说作为地面大型发电站用，要重点考量发电成本；而应用于光伏建筑一体化，则还需考虑美观、透光率等因素；而作为卫星供电，转换效率是第一重要的且必须保证太空极端条件下的稳定，成本则成了次要因素。

地面上太阳电池光电转换效率的卡诺极限是95%，但在一个太阳光照条件下，晶体硅太阳电池比较实际的转换效率极限是在 29%～32%。卡诺极限和实际转换效率产生巨大差异的主要原因是：达到卡诺极限所要满足的极限条件假设在实际操作中不可能达到，至少目前从对器件物理和制备技术水平来看是这样的。这些极限假设条件包括：第一，转换效率的极限预测假定每一个光子能量的利用都是最优的，所有的光子都被吸收，而且都是被禁带宽度恰好等于光子能量的半导体材料吸收。第二，需要非常高的聚光倍数，且要忽略高聚光倍数造成的器件温度上升等负面影响。

### 4.2.2 太阳电池器件结构设计步骤

太阳电池器件结构设计可分为：核心光电转换材料的性能设计与材质选择、器件结构中其他构成部分的设定、器件结构中各构成部分的参数优化和材质选择三个层面的内容。

太阳电池的最核心部分是其构成中实现光电转换的材料，该材料的属性决定了太阳电池光电转换效率的上限以及未来在技术、市场等方面的发展前景，在 4.3 节中将对该部分进行详细阐述。

太阳电池的最核心部分——光电转换材料选定以后，必须要围绕其进行一系列器件构成的设计，以充分发挥其特性。例如，①选定 p 型多晶硅片作为主要光电转换材料，为了可以产生光生电势并将其中光照产生的光生载流子导出，首先应该选定一种 n 型材料与其构成 pn 结，然后要有正负电极将汇聚到器件表面部分的光生载流子导出到外电路中去。而为了减少器件表面的复合损耗以及增加光入射，还设计了钝化减反射膜的结构。②选定碲化镉作为主要的光电转换材料，因为其高光吸收系数的特点，所以将其设计为薄膜太阳电池。因此，必须有一种材料作为基底以承托薄到无法单独存在的碲化镉层；因为碲化镉先天易于做成 p 型，所以要选择一种合适的 n 型材料与其搭档做成 pn 结，目前普遍选用的是 n 型硫化镉薄膜，而表面要减反射并将载流子导出，目前一面选择的是 TCO 薄膜(因为要透光)，另一面选择的是一种金属，等等，诸如此类，器件结构的设计都是围绕光电转换材料展开的。

在确定了器件的核心光电转换材料及主要结构构成之后，要对各部分构成的具体光、电参数等进行设计和优化。例如，p 型晶体硅太阳电池中发射极、n 型晶体硅层的厚度、掺杂浓度分别为多少合适？非晶硅薄膜太阳电池中本征非晶硅材料的禁带宽度、p 型层的掺杂浓度、n 型层的厚度应该为多少？这里所谓的光学性能包括材料的禁带宽度、吸收系数；所谓的电学性能包括材料的掺杂类型、掺杂浓度、载流子迁移率等，当然也包括材料的光电转换效率等性能指标。

除上述三个层面的内容外，太阳电池结构设计还必须考虑其制造技术的可行性。该可行性是指器件结构中每部分的制造可行性及器件整体制造技术路线的可行性，当然进一步还包括制造成本的可行性。例如，对于晶体硅太阳电池中的氮化硅钝化减反射膜，如果设计为磁控溅射法制备是不可行的，因为磁控溅射的薄膜只能达到所要的减反射效果，无法在薄膜中引入适量的氢原子来钝化硅片表面。目前可行的方案只能是 CVD 法，再考虑成本、均匀性等，优选 PECVD 法。再比如碲化镉薄膜太阳电池，因为其整个制备流程均是在较低温度下进行的，所以设计时采用如晶体硅太阳电池所用的印刷烧结法制备的银或者铝作为金属电极显然是不合适的，因为这两种金属电极的制备需 600℃以上高温，会破坏已经做好的太阳电池器件的其他部分。

### 4.2.3　太阳电池设计因素考量

以单结太阳电池为例，在核心光电转换材料确定后，其效率损失机制主要有 5 种(图 4-1(a))：

(1)激发后能量超过导带底和价带顶的光生载流子与晶格的热碰撞造成的能量损失。光子被吸收后产生的光生载流子，绝大多数的能量高于导带底或价带顶，这部分多出来的能量使得光生载流子处在更高的能级上，状态不稳定，光生载流子会通过迅速与晶格热碰撞损失的方式将这部分能量释放掉，“降落到”导带底或价带顶，达到相对稳定的状态。绝大多数光生载流子达到这一相对状态后，将会通过复合或迁移出太阳电池内部等方式将多余的能量释放掉，回归平衡态。但这些过程中的速度相比于晶格热碰撞慢很多，导致晶格热碰撞损失无法完全避免。

(2)pn 结处载流子迁移导致的势能变化。

(3)电极接触处能级不匹配造成的能量损失。电极接触处只有在所用电极金属的功函数和与之接触的半导体材料的功函数匹配的情况下才可能做到无能量损失。但能够达到功函数匹配要求的金属与半导体材料组合极少，所以现行技术主要靠“隧穿效应”来实现欧姆接触，尽量减少电极接触处的能量损失。

(4)载流子的复合损耗。载流子的复合损耗是半导体材料中一种不可完全消除的能量耗散机制，只能通过各种方法尽量减少。

(5)部分光子未能被吸收。太阳电池中低于器件中半导体材料禁带宽度的光子是无法被有效吸收的，这部分光子会透过，造成了能量浪费；对于能量高于器件中半导体材料禁带宽度的光子，由于材料厚度不可能无限厚或结构设计得不完美(图 4-1(b))，总会有部分光子无法被有效吸收，造成了部分能量的浪费。

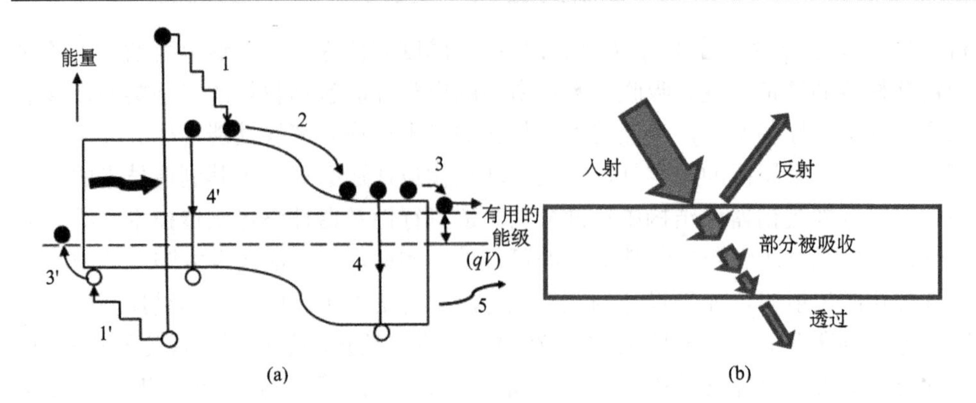


图 4-1　(a)单结太阳电池效率损失的 5 种机制示意图；(b)入射光照到太阳电池上的吸收、反射、透过示意图

因此，设计一个单结太阳电池，使效率最大化所需考虑的因素有：

(1)选择合适的光电吸收的核心材料。这是决定一种太阳电池所能达到最高转换效率的最基本、最核心要素。

(2)光学方面：增加入射光的收集率；减少光的反射和透过损失。

(3)电学性能方面：增加 pn 结对光生载流子的收集、减少反向饱和电流、尽量减少电流导出的电阻损耗。

## 4.3　太阳电池材料属性与器件结构关系

此处的太阳电池材料指的是前面一直强调的“光电转换的核心材料”，而不是其他金属电极材料、钝化减反射材料等。比如说是晶体硅太阳电池中的晶体硅而不是银电极或者氮化硅，碲化镉薄膜太阳电池中的碲化镉而不是铜或者氧化铟锡薄膜，铜铟镓硒薄膜太阳电池中的铜铟镓硒而不是镍或者硫化镉，等等。

该光电转换的核心材料属性决定或限定了该类太阳电池的器件结构甚至组件结构、理论转换极限、最终组件的特性和发电量的潜力、器件结构的制备技术路线甚至还包括组件结构的制造技术路线，等等。此处所指的材料属性包括材料的结构特性、光学和电学特性，以及工艺特性等。下面将对此进行论述和解释。

### 4.3.1　光电转换的核心材料决定太阳电池的理论转换极限

太阳电池的转换效率可简单地表达为：(电流×电压)$_{max}$/入射功率，入射功率由入射面积和太阳光的入射强度决定，可认为是固定值。从而(电流×电压)$_{max}$决定了太阳电池的转换效率。

太阳电池的开路电压上限，从最根本上说是由光电转换核心材料的禁带宽度决定的：禁带宽度越大，器件的工作电压上限也就越大(图 4-2(a))；但另一方面，太阳电池的短路电流上限也是由光电转换核心材料的禁带宽度决定的：禁带宽度越大，器件的短路电流上限就越小(图 4-2(b))。随着禁带宽度的增加，电流(↓)×电压(↑)会存在一个最大值，此时对应的禁带宽度约为 1.4eV。这是太阳电池光电转换核心材料最优禁带宽度的由来。

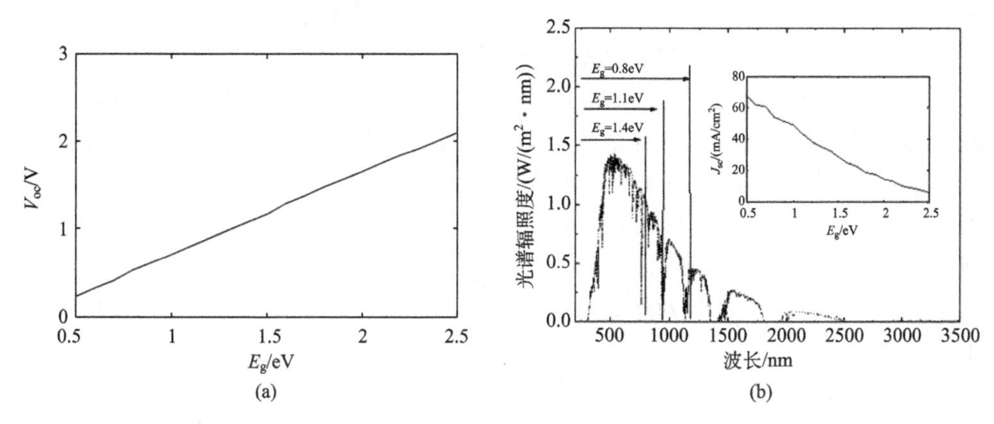


图 4-2　(a)禁带宽度对太阳电池开路电压上限的影响规律；(b)禁带宽度对可吸收太阳光谱波长部分以及太阳电池短路电流(插图)的影响

### 4.3.2　光电转换核心材料决定太阳电池器件甚至组件的结构

吸收系数是太阳电池光电转换核心材料的一个非常重要的性能指标。如图 4-3 所示，半导体材料之间的吸收系数差别非常大。根据光吸收的基本定律：

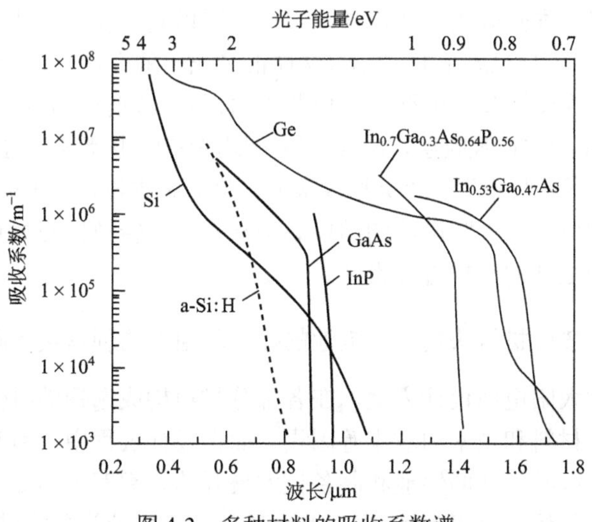


图 4-3　多种材料的吸收系数谱

$I = I_0\exp(-\alpha d)$，其中 $\alpha$ 为材料的吸收系数，$d$ 为光在材料内部的光程(可等效为材料的厚度)。由此可知材料厚度必须达到一定值才可能吸收绝大部分的太阳光。晶体硅材料可见光波段的吸收系数大概只有 $10^3\text{cm}^{-1}$，吸收大多数太阳光所需厚度约为 100μm；而碲化镉材料可见光波段的吸收系数约为 $10^5\text{cm}^{-1}$，吸收大多数太阳光所需厚度仅约为 2μm。这导致制作太阳电池采用不同的核心材料所需要的厚度差异巨大，所以晶体硅必须要做成晶体硅“片”，而碲化镉需要做成“薄膜”。一般来说，间接带隙材料的吸收系数小，直接带隙材料的吸收系数大。

因为晶体硅材料可很容易制成 p 型或者 n 型，且两种导电类型的硅片都具有较好的材料特性，所以其器件结构可以 p 型晶体硅片作基底，n 型材料作发射极制成 pn 结；也可以 n 型晶体硅片作基底，p 型材料作发射极制备 pn 结。作为发射极的材料可为晶体硅，形成 pn 同质结；也可为非晶硅或者其他合适的材料，形成 pn 异质结。而碲化镉材料先天易于实现 p 型掺杂，很难做成 n 型，所以其器件结构只能以 p 型碲化镉作为基底，用 n 型的其他材料，如硫化镉，作为发射极，形成异质结结构。

又因晶体硅片材料的厚度较厚(目前制备成太阳电池的厚度～160μm)，具有较好的强度，可独立存在，可进行各种加工，所以称为晶体硅“片”太阳电池；在组件制备时将多片独立的太阳电池片用焊带、EVA、玻璃等材料连接封装在一起，制成最终的组件。而碲化镉厚度只有几 μm，无法独立存在，必须采用强度足够的基底材料给予支撑，一般是做成玻璃+薄膜的结构。其太阳电池部分完成后不能在空气中长时间暴露，必须尽快完成封装，即电池制备完成后直接进行封装做成组件。

又如非晶硅材料，其禁带宽度较大，为 1.7～1.9eV，吸收系数与碲化镉相近，但材料中缺陷很多导致载流子的迁移率很低，所以其吸收层设计时不能做到如碲化镉薄膜那么厚，只能做到 1～2μm(这样很多光子就会透过，造成浪费)；为了提高光生载流子的收集率，其器件基本结构不能设计成前述的 pn 结结构，而是设计成 pin 结构。i 为本征吸收层，p、n 层之间均为空间电荷区，这样可增大 i 层中产生的光生载流子的收集率。因其厚度很薄，只能做成与碲化镉类似的组件结构。

由上述示例可知，太阳电池的结构必须从其光电转换核心材料的特性出发，对器件的结构和组件的结构进行设计。

### 4.3.3　光电转换核心材料决定太阳电池的器件和组件的制造技术路线

一个成功的太阳电池设计方案，在各部分材料构成选择的时候即应该考虑其制备的可行性、材料和技术的成本等因素。而在设计过程中，所有的设计一定是围绕着光电转换核心材料的性能和制备技术展开的。举例说明如下：

**例一**　对于晶体硅太阳电池，根据晶体结构的不同分为单晶硅和多晶硅两种。

为了达到良好的表面减反射效果，在制备器件过程中二者采用了不同的制绒技术路线：单晶硅片因其晶体取向一致，采用的是碱溶液——各向异性刻蚀制绒技术；而多晶硅片因其晶体取向不一致，为达到较好的均匀性和减反射效果，采用的是酸溶液——各向同性腐蚀制绒技术。

**例二**　仍是对晶体硅太阳电池，因为晶体硅的制成温度很高，其耐温性能也较好，基本可保证在 1000℃以下的热过程中性能不发生破坏性的变化。因此，晶体硅“片”太阳电池的器件设计中可选择较高制成温度的材料以达到良好的器件性能。例如，其表面钝化减反射膜材料——氮化硅制成温度~400℃，而为了进一步提高钝化效果，很多单位已经在研发 800℃左右热氧化硅片表面，预先制成一层二氧化硅薄膜以进一步提高钝化效果的技术。但若为非晶硅薄膜太阳电池，则不可用上述两项技术，因为非晶硅薄膜是在约 200℃条件下制备出来的，其耐温不可超过 300℃。高温下其结构中的氢原子会大量挥发，使得薄膜缺陷增多，造成致命破坏。

**例三**　对于组件制造技术，如前所述，晶体硅片可独立存在，所以晶体硅太阳电池的组件制造可与电池片制造作为两个完全独立的工段来完成。而如碲化镉、非晶硅薄膜太阳电池因为其电池的制造是在玻璃基底上完成的，相当于已经完成了部分的组件封装，而且所制备完成的电池不能长时间暴露在空气中，其组件制造与电池的制造必须在一个工段完成。

本小节的论述应该足以使大家理解太阳电池的光电转换核心材料对器件性能和制备技术路线的影响，对以后在器件和组件技术路线设计中与之相关的考量因素应该有了比较清楚的认识。当然除此之外的器件结构中其他部分的材料构成对太阳电池的器件和组件制造技术也有很大影响，这也是经常被我们忽视的。比如说我们在介绍太阳电池材料与器件的书籍中见到的多数是晶体硅、非晶硅、碲化镉、铜铟镓硒等太阳电池的核心光电转换材料的性能和制备技术。而与之紧密配套的氮化硅薄膜、TCO(透明导电氧化物薄膜)、银浆、硫化镉等的介绍却很少。深以为憾！我们在本书的后面涉及具体太阳电池类别的章节中将对相关配套材料的性质和制备技术也进行详细的介绍。

## 4.4　太阳电池设计的光学特性考量

太阳电池在核心光电转换材料确定后，其光学特性方面考量的目标是：增加光的有效吸收。如图 4-4 所示，光入射到太阳电池表面后可能发生的情况有：反射、透过、无效吸收和有效吸收。其中有效吸收的意思是器件内部吸收光子后激发出光生载流子(注意：产生的光生载流子可能仍会复合损耗掉，但这种复合损耗是电学方面的问题，将放在 4.5 节中讨论)；反之，在器件内部不能激发光生载流子的光吸收称为无效吸收(比如说晶体硅太阳电池中的氮化硅、薄膜太阳电池中的

TCO 层等所吸收的光均无法产生光生载流子，为无效吸收）。所以，主要技术调整方向有：增加光入射、减少光反射、减少器件内部的无效吸收、减少光的透过损失。各类太阳电池均会沿上述方向采用多种技术手段调整改进，以获得良好的光学效果。下面举例进行说明。

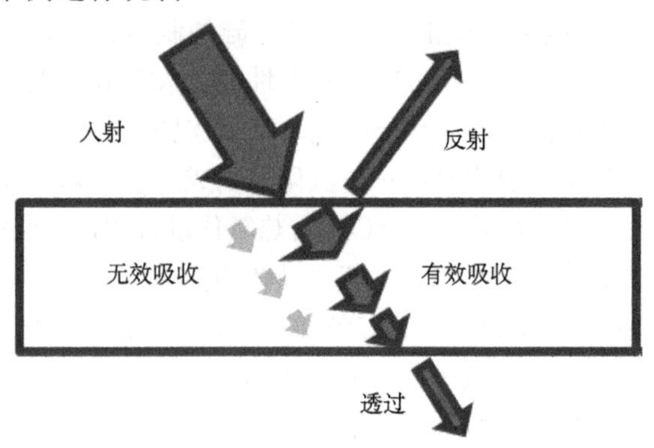


图 4-4　光入射到太阳电池表面后可能发生的情况：反射、透过、无效吸收和有效吸收

### 4.4.1　增加光入射

对于地面用太阳电池增加光入射强度的技术手段较少，因为光的入射主要是由太阳、地理位置、天气等环境因素所决定的，这些因素都不是太阳电池器件或组件设计所能改变的。但仍有一些器件方面的创新设计做到了增加光的入射：

(1) 双面太阳电池。双面太阳电池的设计通过将太阳电池的背面电极等结构改为可以进光的结构(单面、双面进光的区别如图 4-5 所示)，这样相比于单面太阳电池可额外获得 5%～30%(与应用环境有关)的入射光，大大提高了太阳电池的发电量，是一项非常有创造性的设计理念。打破了设计和制造过程中以“标准情况下的转换效率作为衡量太阳电池性能的最重要指标”的观念桎梏，使太阳电池的目标是“发电量”的认识更加普及。

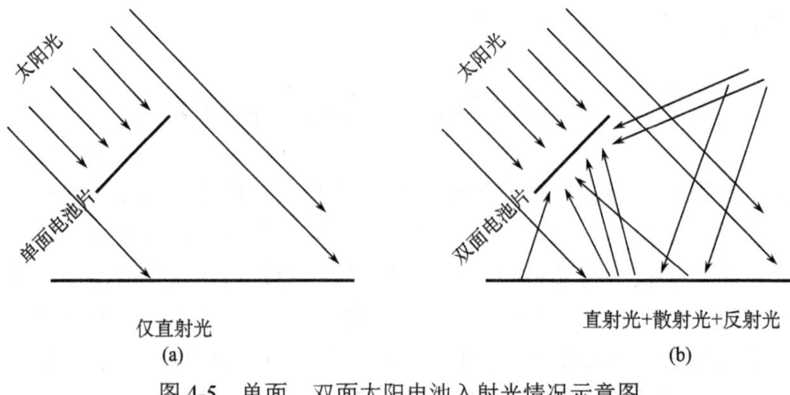


图 4-5　单面、双面太阳电池入射光情况示意图

(2) 聚光太阳电池。聚光太阳电池也算是增加了光的入射强度，但这种增加比较牵强。因为它其实并没有增加太阳电池实际可利用光能的总量。聚光太阳电池的设计确实会增加太阳电池的转换效率，此点在本书第 3 章中已有解说，此处不再赘述。

(3) 太阳追踪系统。这一设计不是太阳电池器件和组件结构的设计，而是系统应用端的设计。采用一些特殊设计的太阳追踪系统，保证太阳光能最大程度地直射到太阳电池表面，以增加太阳电池的受光强度，增加发电量。

### 4.4.2　减少光反射

减少光反射的设计理念可归结为物理减反和几何减反两种。

物理减反，主要是指在太阳电池迎光面添加减反射膜，通过减反膜折射率、厚度等的匹配实现入射光的增透减反射。比如说如图 4-6 所示晶体硅太阳电池表面的氮化硅减反射膜，碲化镉薄膜太阳电池迎光面的 TCO 膜等，均是如此。近年来等离子激元相关研究发展很快，有望用于太阳电池减少反射光损失。

(a)

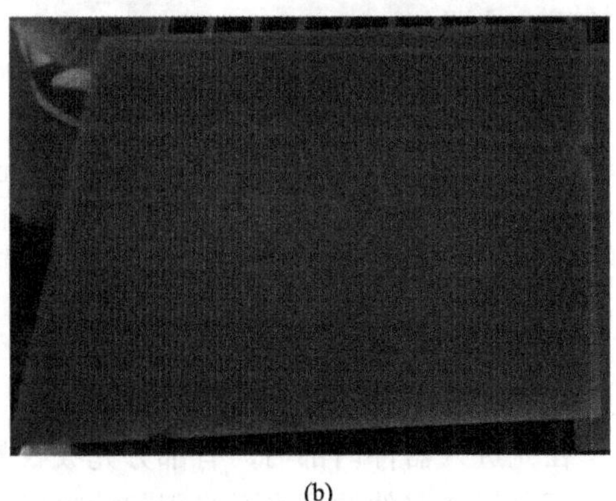

(b)

图 4-6　(a) 硅片与 (b) 镀了氮化硅减反射膜的硅片表面颜色对比

几何减反是指在太阳电池的迎光面设计特殊的几何结构，增加入射光照射到太阳电池表面被反射后再次入射到太阳电池表面的概率和次数，以此增加光入射到器件内部的概率。图 4-7 所示的单晶硅太阳电池表面的金字塔绒面结构、多晶硅太阳电池表面的无规则凹坑结构等是典型的此类设计。

由金属纳米颗粒构成的等离子激元置于晶体硅太阳电池的表面，当其材料及尺度合适时就会获得奇异的减反射效果，如图 4-8 所示。也有将其置于器件表面下的设计，有兴趣的读者可查阅相关资料。等离子激元减反射的机理至今尚未被完全理解，可以说它是一种超过普通物理和几何光学界限的新奇现象。

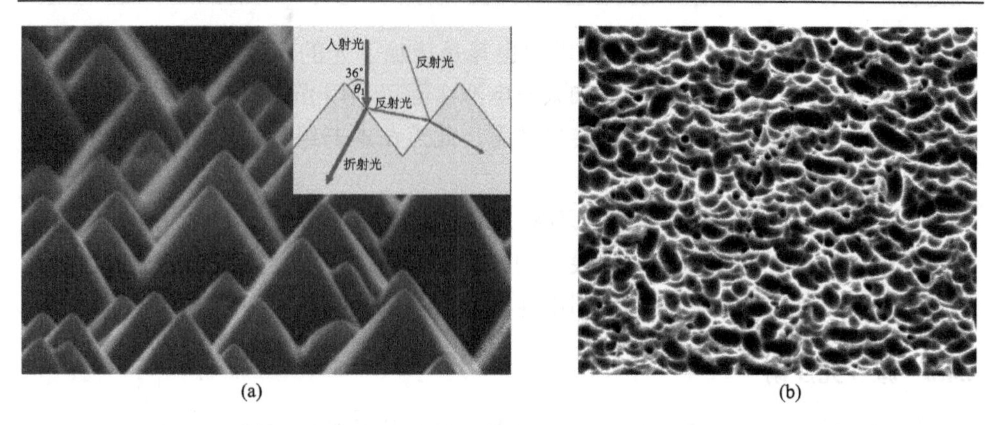


图 4-7　(a) 单晶硅太阳电池表面的金字塔绒面结构和 (b) 多晶硅太阳电池表面的无规则凹坑结构

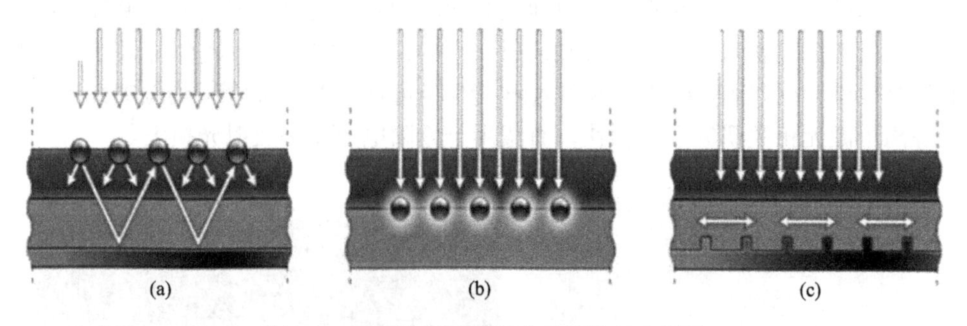


图 4-8　表面等离子激元减反射原理示意图

(a) 多重散射主导的光俘获；(b) 局域表面等离子激元共振主导的光俘获；(c) 吸收层/金属薄膜界面表面等离子激元主导的光俘获

### 4.4.3　减少器件内部的无效吸收

在光进入器件内部后，有部分光吸收是无效的，即不产生光生载流子。这部分主要发生在器件的迎光面光程起始阶段的非光电吸收核心层中，比如说晶体硅太阳电池的氮化硅层、各类薄膜太阳电池中经常存在的 TCO 层、组件封装所需的玻璃和 EVA 层等。器件内部的无效吸收不可能完全消除，但可通过结构和技术改进降低。举例说明如下：

**例一**　如图 4-9 (a) 所示，对于非晶硅薄膜太阳电池，其迎光面的 TCO 层、重掺杂非晶硅层均会造成较大的吸光损失。为减少这种损失，可采用以下技术方法：①将 TCO 换成禁带宽度更大的材料，比如说 AZO 材料 (掺铝氧化锌)；②将重掺杂非晶硅用更宽带隙的非晶碳化硅、非晶氧化硅等代替；③将重掺杂非晶硅层做得尽量薄。如此，则可大大减少非晶硅薄膜太阳电池内部的无效光吸收。

**例二**　如图 4-9 (b) 所示的晶体硅异质结太阳电池结构虽然效率可达 25.0%，

但其短路电流却相对较小，只能达到 39.5mA/cm$^2$。原因就在于其迎光面的 TCO、重掺杂非晶硅和本征非晶硅的无效光吸收。而如图 4-9(c)所示太阳电池结构中，以氮化硅本征钝化层结合重掺杂晶体硅“前电场”的设计作为迎光面，如此相对于图 4-9(b)所示结构则可大大减少其吸光损失，理论分析其短路电流可增加约 1mA/cm$^2$。

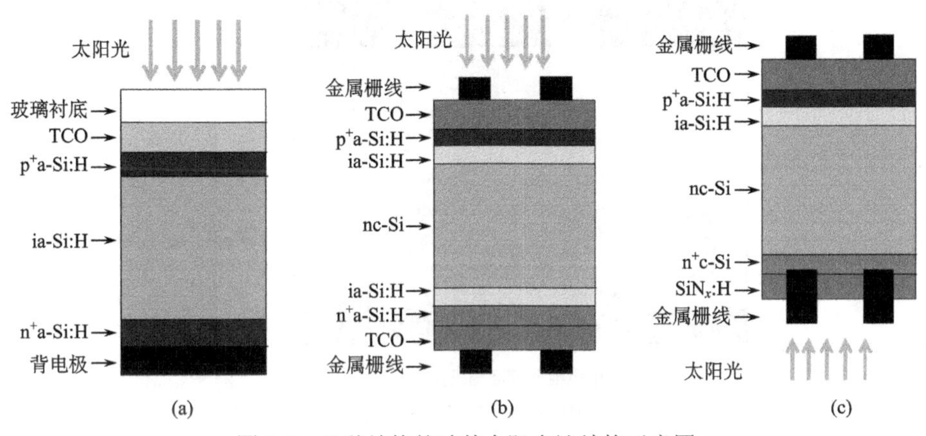

图 4-9 几种结构的硅基太阳电池结构示意图

各种利用非晶硅、重掺杂的硫化镉等材料作为迎光面结构的太阳电池都要尽量减少这些膜层厚度均是为了这个目的。这几类膜层光吸收损耗严重的原因主要是这些膜层中缺陷很多、载流子的迁移率和少子寿命很低，导致载流子的扩散长度很短，光生载流子中的少子难以迁移出去。

### 4.4.4 减少光的透过损失

由前面 4.2.3 部分的介绍可知，透过损失的光可分为两部分，一部分为光子能量低于太阳电池中光电转换核心材料禁带宽度的，这部分光子理论上就无法得到利用，只能放弃。另一部分是能量大于材料禁带宽度的，根据光在介质中传播衰减的基本公式 $I=I_0\exp(-\alpha d)$ 可知：被吸收的量与光在材料中的光程有关，光程越大被吸收的越多。

由图 4-10 可见，增加吸收层的厚度可明显增大光程；背表面反射结构可让光线反射回硅片中，增加光程；背表面设计成特殊的反射结构结合前表面对应的设计可使光线在吸收层中发生多次反射，再次增加光程。所以，增加有效吸收的方式有：增加光电吸收层厚度、太阳电池的背表面设计特殊结构以增加反射率，太阳电池前表面设计特殊结构以增加器件内部的反射。但在实际器件中，光电吸收层厚度的增加受很多其他条件的限制。比如说，厚度增加会增加载流子的复合概率，造成器件漏电流增加，开路电压下降；厚度增加会消耗更多材料，增加成本；

而且随着厚度的增加，光程增加对光吸收的增益效果逐渐减弱。所以并不能无限地增加厚度。

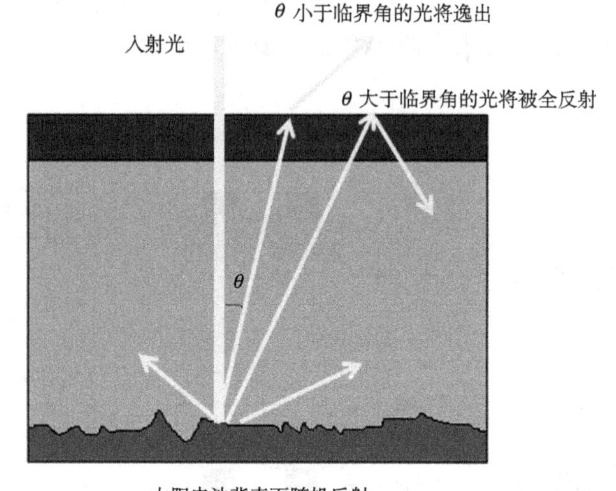


图 4-10　太阳电池内部结构中光的吸收与散射

通过前后表面几何结构的优化设计，可以在厚度不增加的情况下大大增加光进入光电吸收层后的光程，可使实际光程达到材料厚度的几倍甚至几十倍，这是太阳电池非常重要的一个设计方向。例如，如图 4-10 所示，晶体硅太阳电池背表面的 Al 背场，起到了很好的反射作用，可明显增加太阳电池的电流；而将其背表面做成粗糙结构，可使硅片内部的反射表现为漫反射形式，如此可大大增加光在吸收层中的光程。在多种薄膜太阳电池中也有类似的设计，比如说对于非晶硅薄膜太阳电池和碲化镉薄膜太阳电池，其 TCO 玻璃常用到“雾化处理”的技术：将 TCO 薄膜的表面变得粗糙，如“毛玻璃”一般，如此则也可增加膜层中的漫反射，增加光程(图 4-11)。

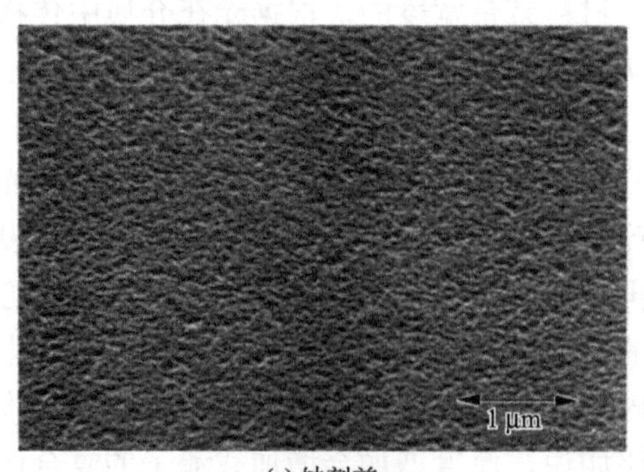


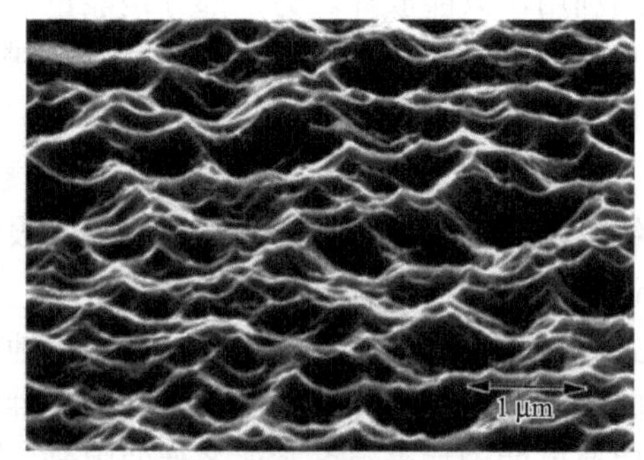


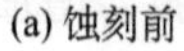
(a) 蚀刻前　　(b) 蚀刻后

图 4-11　TCO 的雾化处理后的微观形貌等(雾化处理的氧化锌薄膜)[1]

# 4.5　太阳电池设计的电学设计考量

## 4.5.1　pn 结设计的考虑因素

pn 结的重要性毋庸多言。因为光电吸收层的核心材料的材质已经确定，所以在设计时考虑的主要因素有：发射极的导电类型(与基极材料相反)、材质、掺杂浓度、厚度，以及由这些所限定的制备技术路线和制备方法。

(1) 材质：发射极的材质是第一要素。当一种光电吸收层的核心材料确定后，真正能够与之匹配作为发射极的材料很少。比如说对于晶体硅片太阳电池，目前生产中采用的发射极材质只有扩散法制备的 c-Si 和 CVD 法沉积制备的 a-Si:H 两种；对于碲化镉和铜铟镓硒材料，目前普遍采用的也只有 CdS 材料一种。

(2) 掺杂浓度和厚度：根据 pn 结电势的基本原理，太阳电池发射极所需要的掺杂浓度和与之匹配的最小厚度是成反比的。如图 4-12(b) 所示，如果掺杂浓度或厚度不足，会造成内建电势无法达到最高极限值，造成电势的损失。但在实际材料构成中，一般来说掺杂浓度的增加会带来缺陷浓度的增加，导致发射极中载流子的复合概率变大。所以最终掺杂浓度的选定需平衡前述两个因素的影响；一般发射极的厚度都会高于所必须的最小厚度，主要是考虑材料制备的可实现性。仅从半导体物理的角度考虑，重掺杂发射极的最小极限厚度一般只需几 nm，如此薄的膜层对制备技术的要求非常高，尤其是均匀性控制方面。例如，CdS 薄膜在此厚度下甚至难以形成连续薄膜，只能做得厚一些，以损失一部分器件性能的代价而换来制备的可行性。

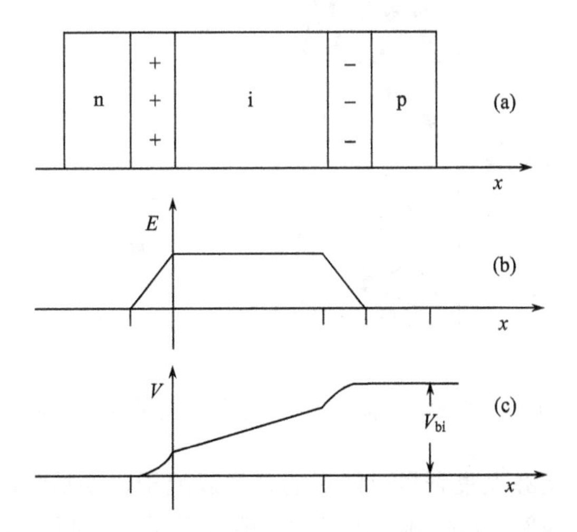


图 4-12　(a) 空间电荷，(b) 电场强度和 (c) 电势分布

(3) 制备技术路线和制备方法：制备技术路线的设计必须考虑前后道工艺之间的相互影响，考虑之前制备的结构在之后工序过程中是否会受到影响，甚至破坏。而每一道工序制备方法的确定也要考虑其对已经制成器件结构的影响。以扩散 c-Si 发射极和沉积 a-Si:H 发射极的晶体硅太阳电池为例进行说明。对于前者，考虑到批量生产的成本及可行性，通常采用扩散法。扩散法温度很高，扩磷需800℃以上，扩硼一般要高于 900℃，而该太阳电池结构的其他部分的构成材料，例如，最常见的 Al 背场、PERC 结构中的氧化铝钝化层等均不能耐受如此高温，所以扩散制备发射极要在制备流程的前段完成。对于后者，a-Si:H 薄膜发射极只能由 PECVD 或 HWCVD 制备完成，考虑到高性能掺杂 a-Si:H 薄膜性能要达到最优，必须在其与晶体硅片之间制备性能优异的本征 a-Si:H 钝化层才行。显然该太阳电池结构中多种 a-Si:H 薄膜必须优先制备。但该薄膜制备完成后耐受温度不能超过～250℃，所以该器件结构后继 TCO、Ag 栅线制备的温度均不能超过这一温度上限，导致 Ag 栅线只能采用低温浆料制备。

### 4.5.2 减少复合损耗

复合损耗既会减少太阳电池中载流子的收集(短路电流减少)，又会增加器件的反向饱和电流(开路电压降低)。载流子复合一般根据其发生的区域进行命名。如图 4-13 所示，典型的有：发生在体内的体内复合、发生在表面的表面复合和发生在界面处的界面复合。

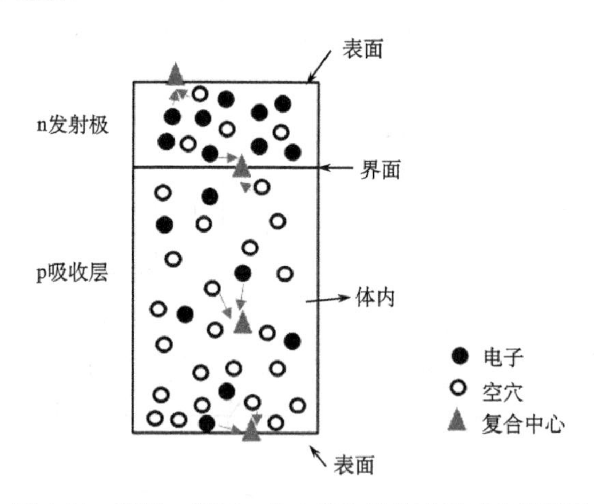


图 4-13 表面、界面、体内发生的载流子复合示意图

为了使 pn 结能够收集到尽可能多的光生载流子，要尽量减少各类复合。以晶体硅片太阳电池为例，为达到上述目的一般要满足以下两种情况：①光生载流子尽量在结附近一个扩散长度的范围内产生，这样才能保证绝大多数在复合前被

收集起来。②在有局域的高复合速率的区域(例如，在未钝化表面处或者多晶硅的晶界处)，载流子最好在到 pn 结区比到复合位置区域更近的地方产生。③在较低表面复合速率的区域(如钝化的表面)，载流子即使在接近复合位置产生多数也仍能够扩散到结区被收集起来。

太阳电池因为结构设计、制备工艺等各种原因的影响，易导致其不同位置的复合速率存在差异，这导致不同能量的光子激发的光生载流子的收集概率不同。例如，晶体硅对蓝光的吸收系数很高，因此蓝光在非常接近晶体硅太阳电池迎光面的位置被吸收，如果此处复合速率很大将导致光生载流子大量复合，则蓝光吸收的量子效率较低。同理，高的背表面复合速率主要影响红光产生的光生载流子收集概率。如图 4-14 所示，可用太阳电池的量子效率表征器件不同区域发生的载流子复合对光生电流的影响。

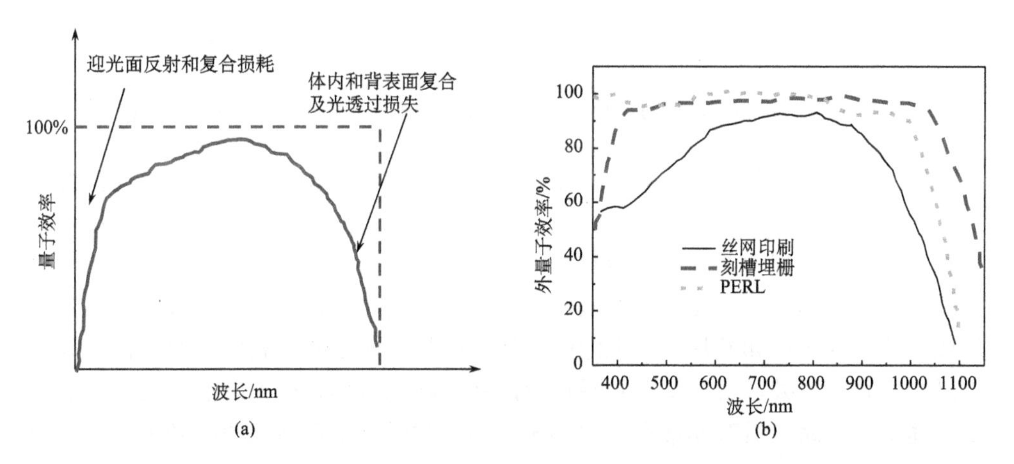


图 4-14　(a) QE 表征不同位置的复合；(b) 三种不同类型的晶体硅太阳电池外量子效率的差别

反向饱和电流密度取决于 pn 结中载流子的迁移和复合，载流子的迁移是由材料和器件结构的基本特性决定的(可对应于半导体物理中所讲的扩散电流、漂移电流和隧穿电流)，复合多是由材料和结构中的各种缺陷导致的。复合增多会增加反向饱和电流(对应于半导体物理中所讲的复合电流或部分漂移电流)。所以，反向饱和电流密度和开路电压是由下述太阳电池参数决定的。

(1) 结边缘处的少数载流子浓度。由本书半导体物理部分所讲暗 *I-V* 曲线的基本推导公式可知，减少平衡态少数载流子浓度会减少复合。减少平衡态载流子浓度可由增加掺杂浓度获得，也可由降低器件的工作温度获得(这是光伏电池在高温下漏电流增加导致功率损失的根本原因，也是太阳电池温度系数的来源，在本书第 3 章中已论述)；如果 pn 结的构成材料更换为更高禁带宽度的材料，则太阳电池的温度系数值会大大下降(这是宽带隙材料太阳电池高温性能好、弱光效应好的根本原因)。

(2) 材料的载流子扩散长度。如图 4-15 所示，低的扩散长度意味着少子在结边缘处由于复合而消失的概率增加，会导致更多的载流子“通过”从而增加反向饱和电流。扩散长度取决于材料的材质、掺杂浓度，受制备工艺过程影响也很大。高掺杂浓度会减少材料的扩散长度，因此在设定掺杂浓度时通常要平衡其对扩散长度和开路电压的影响。

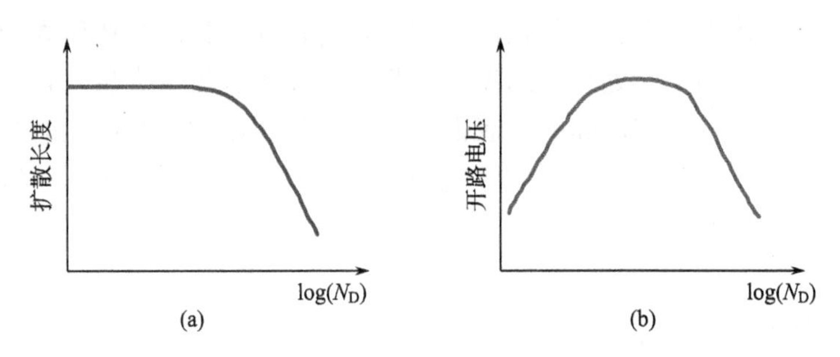


图 4-15　(a) 掺杂浓度对扩散长度和 (b) 太阳电池的开路电压的影响示意图

(3) 在结区附近一个扩散长度范围内的复合中心。结区附近的高浓度复合中心会使得载流子快速移动到该区域并且迅速复合，因此会明显增加复合电流。材料和器件制备过程中要尽量减少复合中心的形成，或者通过“钝化”等方法来减少或消除它们的影响。比如说多晶硅切片垂直于晶体生长方向，可减少长晶时所生成的位错影响；如硅片太阳电池的扩散发射极表面，通过高质量的氮化硅钝化以减少复合。另外，表面复合对短路电流和开路电压均有很大影响。迎光面的高复合速率对短路电流有非常不利的影响，因为太阳电池在迎光面的光生载流子产生率最高。

如图 4-16 所示，对于晶体硅太阳电池，由于其钝化层一般为绝缘层，所以有欧姆接触的区域通常不能有钝化层覆盖。相反的是，在迎光面金属接触的下面，表面复合可通过增加掺杂浓度的方法减少。虽然典型的此类高掺杂会使得扩散长度显著减少，但电极区域不参与光生载流子的生成，因此对载流子收集的负面影响不明显。如果背表面与结的距离小于一个扩散长度，类似的效应也可用来减少背表面的复合速率对电压和电流的影响。背电场 (back surface field，BSF) 是由太阳电池背表面较高掺杂浓度与体内较低掺杂浓度形成的浓度梯度区域构成的，形成的内建电势会将流向背表面的少数载流子反射回体内，有类似“化学钝化”的效果，称为“场钝化”。另外，也可以通过钝化层携带的高浓度固定电荷获得场钝化效果，还可以通过在表面覆盖具有特殊能带结构的薄膜，形成“选择性”接触的方式获得表面钝化效果来减少表面复合损耗。

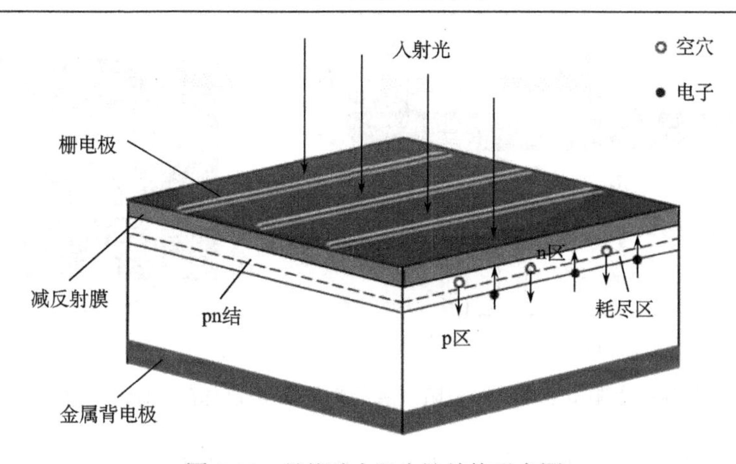


图 4-16　晶体硅太阳电池结构示意图

### 4.5.3　减少串联电阻

在最大化吸收和最小化复合之外，最后一类可增加太阳电池转换效率的方法是减少寄生电阻造成的能量损耗。寄生电阻包括并联电阻和串联电阻，并联电阻减小或串联电阻增大均会减少太阳电池的填充因子和转换效率。

太阳电池的并联电阻大小主要取决于制备过程中造成缺陷的量。缺陷量越少，并联电阻越大，器件性能越好。增加太阳电池并联电阻的主要方法有：改善器件制备技术路线、工艺方法和优化工艺参数。而串联电阻主要是由太阳电池的器件结构及各构成部分材料属性决定的。减少串联电阻应主要从结构和材料的设计入手。太阳电池的串联电阻主要是其各构成部分本身的电阻以及各构成部分之间的接触电阻的累加。

以图 4-17 所示一个简单的晶体硅太阳电池模型为例，其串联电阻的构成主要有：细栅线和主栅线的电阻、发射极的横向传输电阻、基极硅片本身的电阻等。其中发射极和迎光面栅线(包括细栅线和主栅线)的电阻占据了串联电阻值的绝大部分，因此也是太阳电池优化设计中最需注重的。

其迎光面细栅线的作用是收集电流并传递给主栅线；主栅线的作用是与外电路连接。大概自 2000 年以后，随着晶体硅太阳电池组件技术的进步，主栅线的作用发生了很大的变化，也导致其结构发生了明显的变化。目前其作用主要是与组件封装时起汇流作用的“焊带”相连接，将细栅线的电流导入“焊带”上去，而载流子在主栅线中横向传输的作用几近消失。所以对其导电性的要求降低了很多。迎光面栅线的设计关键是要平衡栅线的阻值损耗与金属遮挡导致的光反射损失。

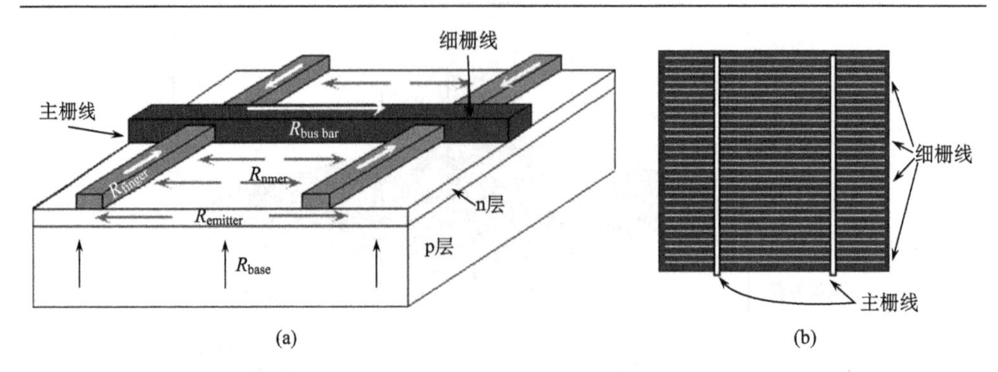


图 4-17　(a) 晶体硅太阳电池中串联电阻来源示意图；(b) 晶体硅太阳电池栅线结构示意图

一般情况下，产生的电流从太阳电池内部垂直向表面传递，到了表面重掺杂区后横向传递到表面电极收集起来。太阳电池的体内对电流的阻碍称为“体电阻”。因为电流流动对应的横截面积很大，传输的距离却很短，所以体电阻值一般很小，可以忽略。

对于发射极的电阻，可基于薄层电阻的概念进行分析。对于 p 型晶体硅太阳电池，目前其发射极的典型薄层电阻为 80～100Ω/□。如图 4-18 所示，发射极中电流的大小在每个区域是不同的。电流可从基极直接流向栅线区域，这样阻碍很小；也可垂直流入发射极中，然后再横向流向栅线被收集起来，这样载流子需流过的路径就是栅线间距的一半。

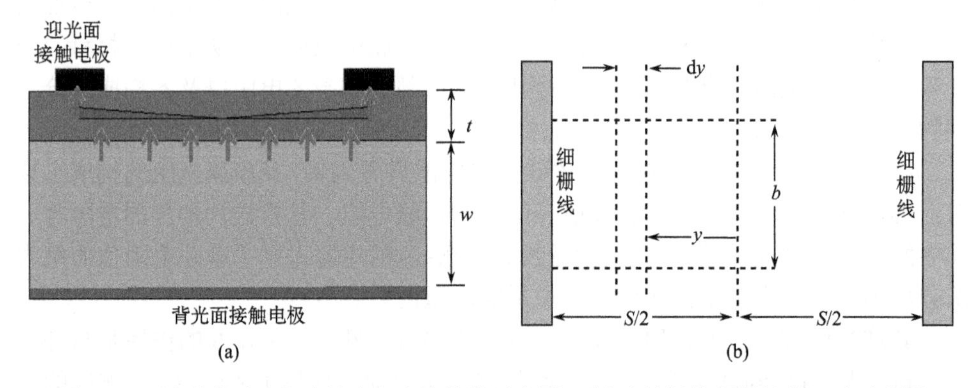


图 4-18　(a) 晶体硅太阳电池内部电路传输示意图；(b) 电池阻值损耗计算尺寸示意图

据此，则可计算得到如图所示 dy 区域的功率损失为 $\mathrm{d}P_{\mathrm{loss}}=I^2\mathrm{d}R$，其中 $\mathrm{d}R=\dfrac{\rho_{\square}}{A}\mathrm{d}y$。全部的效率损失为

$$P_{\mathrm{loss}}=\int I(y)^2\mathrm{d}R=\int_0^{S/2}\frac{J^2b^2y^2\rho_{\square}\mathrm{d}y}{b}=\frac{J^2b\rho_{\square}S^3}{24}$$

在硅太阳电池与金属接触的界面区域会有接触电阻损失。为使接触电阻较低，必须尽可能地提高发射极层表面区域的掺杂浓度。但是，高掺杂浓度会造成其他问题，如过高浓度的磷元素扩散进硅中，那么过量的磷就会停留在表面区域，造成 “死层”(dead layer)，该层中光生载流子的收集率非常低，造成太阳电池的蓝光响应差。

因此，在栅线接触区域的发射极层采用高浓度掺杂(图 4-19)，而在这个区域以外的区域，就需要在保持发射极的低饱和电流密度和高扩散长度之间进行平衡。该“局域重掺杂”的设计理念在晶体硅太阳电池的许多结构中均有应用，既用于发射极面的接触，也用于背电场面的金属电极接触设计。在后文涉及相关器件结构的章节中将进行详细介绍。

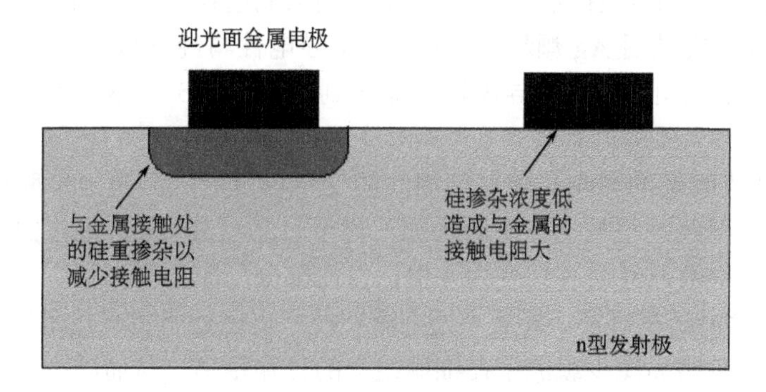


图 4-19　为减少接触电阻的局域重掺杂示意图

晶体硅太阳电池迎光面栅线接触的设计不仅是指最小化细栅线和主栅线的电阻，还要考虑发射极的阻值造成的损耗、金属栅线阻值造成的损耗和遮挡造成的光学损失等方面。

前表面接触设计中最关键的决定这些损失大小的因素包括：

(1) 发射极阻值和细栅线间的距离。由前面的分析可知，减少细栅线之间的距离可显著减少发射极的阻值。尤其是随着技术发展，晶体硅太阳电池发射极的方块电阻值越来越大，其栅线间距必须相应缩小。有个经验关系：细栅线的根数约等于发射极的方块电阻，即如果发射极的方块电阻是 90Ω/□，则细栅线应为 90 根左右。但此关系并非定论，仅供参考。

(2) 金属栅线的高宽比：栅线越细，其遮光面积越小；栅线越高，其阻值越低。所以细栅线需做到尽量大的高宽比(图 4-20(a))，但是在实际生产中受限于制备技术，并不能做到设计栅线的理想状态。目前晶体硅太阳电池栅线的制备全部采用丝网印刷技术，其栅线实际截面如图 4-20(b) 所示。

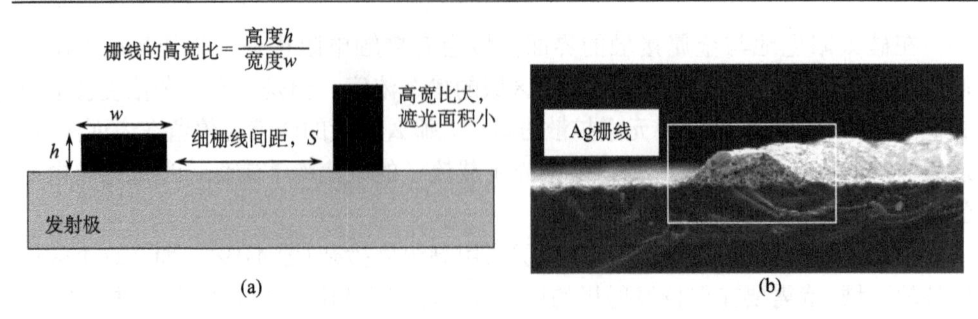


图 4-20　(a)栅线高宽比示意图和(b)实际丝网印刷技术所得栅线 SEM 图

(3)最小化栅线宽度和金属电阻：目前对于晶体硅太阳电池，其栅线的最小宽度受限于丝网印刷的网板技术及银浆技术，目前只能达到 30～40μm。对于栅线的电阻率，高温浆料烧结后 Ag 颗粒连接在一起，导电性与纯银接近；但低温浆料(晶体硅异质结太阳电池用)，其导电性只能达到纯银的 1/5～1/3，尚有很大的提升空间。

(4)主栅线间距的影响：随着细栅线的变窄以及对太阳电池串联电阻降低要求的提高，主栅线的根数也在不断增加，对于(156×156)mm$^2$ 规格的硅片，主流产品主栅线的根数已经由 3 根变为 4 根，目前部分厂家已经在推广 5 主栅技术，12 根主栅技术也已在研发，甚至“无主栅”技术也已处于生产技术研发阶段。主栅间距减少，可明显减少载流子在细栅线上的传输距离，从而减少太阳电池的串联电阻；但为保证主栅线的遮光面积不变，其宽度必须减少，这对配套的焊带、电池片串焊技术等都提出了更高要求。

对于迎光面栅线的图案，虽然设计方案有很多种，但考虑到可操作性，绝大多数前表面金属栅线的图案都是相对简单和高度对称的(图 4-21)。

对于背光面的金属电极，如果不考虑进光的要求，可设计与电池片有更大的接触面积，如此可大大减少串联电阻；如考虑进光要求，则必须与迎光面类似，兼顾导电性与透光率。

以上对常规晶体硅太阳电池的串联电阻的影响因素和设计优化考量进行了说明和分析。对于其他类太阳电池，其分析的思路类似。在此不再一一详述，在后文介绍到相关太阳电池时将进行适度的分析说明。

至此，本章对太阳电池器件结构设计和制备技术路线设计的讲解就结束了。人类对于能源的需求从未停止过，对新的、更高效的能源利用技术的创新追求也永不会停止。太阳能作为一种“永恒”的绿色能源，我们对其开发利用一定会继续下去。光伏技术是一种很好的能源利用方式，随着科学和技术的发展，我们所采用的材料和器件结构、制备技术将一直处于变革发展之中。作为光伏行业的

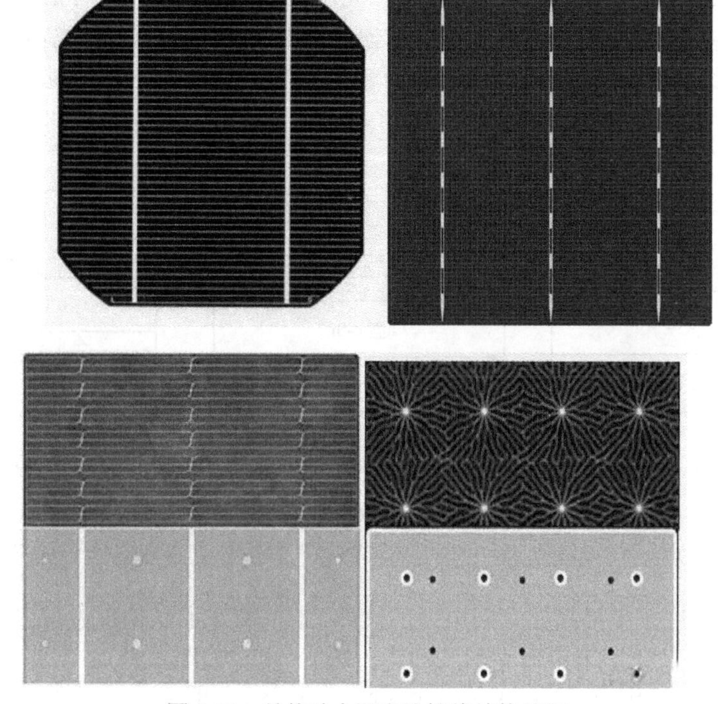

图 4-21　晶体硅太阳电池栅线结构示例

从业人员，我们应该有清醒的认识，不断对光伏技术应用的各个方面进行创新性设计、改进，提高太阳能的利用效率，降低其成本，促进其普及推广。本章所述内容均是以现有主流光伏应用技术为例，但大家应该注意本章中所体现的理念、设计方法，却不局限于所举实例，普适于所有光伏技术。

## 4.6　太阳电池设计示例：a-Si:H/c-Si 异质结太阳电池

在本章前面的讲述中，没有一例完整的太阳电池设计的示例，此处以 a-Si:H/c-Si 异质结太阳电池的发展历史(也是其器件结构设计完善的历史)为例，演示一种太阳电池器件设计的各个方面，希望帮助读者理解本章内容。

首先，a-Si:H/c-Si 异质结太阳电池设计的基本设想来源于提高发射极的禁带宽度，相比于 c-Si/c-Si 同质结太阳电池可进一步增加太阳电池的内建电势，从而提高太阳电池的开路电压和有效工作电压。a-Si:H 的禁带宽度一般在 1.70～1.90eV 范围内，远高于 c-Si 的 1.12eV。

但在 a-Si:H/c-Si 太阳电池(图 4-22(a))研发的最初阶段，该结构仅凭工艺优化无法有效消除 a-Si:H/c-Si 异质结界面上的缺陷，导致性能很差。为解决这一问题，日本科学家发明了在晶体硅片表面预先沉积一层本征（不掺杂）的非晶硅薄膜，以之钝化 c-Si 表面的缺陷，然后再沉积掺杂 a-Si:H 发射极的方法成功解决了这一难题。这一结构由日本三洋公司发明，命名为 HIT 结构（heterojunction with intrinsic thin layer，如图 4-22（b）所示）。

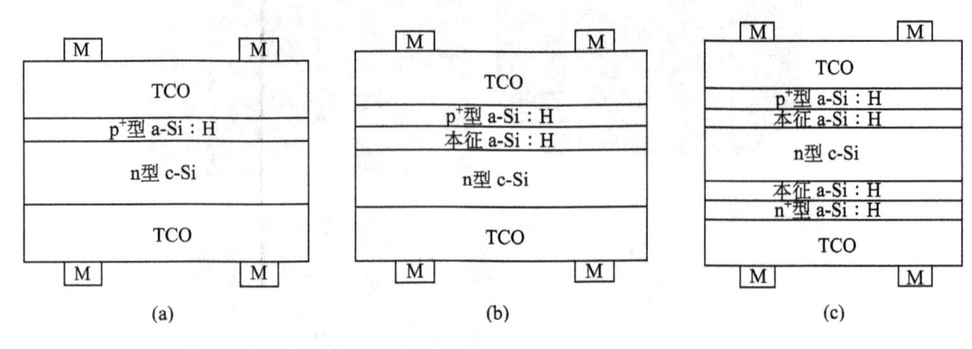


图 4-22　a-Si:H/c-Si 异质结结构

（a）无本征钝化层的单面异质结结构；（b）有本征钝化层的单面异质结结构；（c）有本征钝化层的双面异质结结构

而后，为进一步提高该太阳电池的性能，对其背光面结构也进行了改进设计，将本征非晶硅钝化层用于背光面的钝化，从而产生了如图 4-22（c）所示的双面 HIT 结构。对于该结构如能将其背面做成透明，则可额外获得部分入射光，从而进一步提高太阳电池的发电性能。这便是最终的双面 HIT 结构。为进一步提高其光学、电学特性，研究者们还不断从光学、电学方面的优化入手对其结构或材料构成进行设计改进。比如说双层掺杂 a-Si:H 构成的发射极结构；以 IWO（钨掺杂氧化铟）代替 ITO（锡掺杂氧化铟）作为 HIT 结构中的透明导电氧化物层等。晶体硅异质结太阳电池的效率发展概况如图 4-23 所示，一般来说器件结构的改进带来的是器件

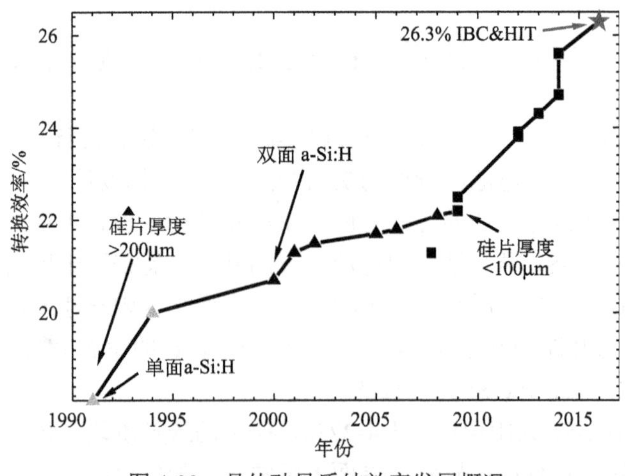


图 4-23　晶体硅异质结效率发展概况

性能的飞跃式提升，而制备技术和工艺参数的优化带来的改进幅度是较小的。

另外，在太阳电池设计时一定要有权衡性能与成本的意识，或者说立足于应用目的的意识。比如说，用光刻掩模结合物理溅射法可获得更高性能的金属栅线，但在生产中却采用丝网印刷银浆结合烧结的方法，其目的就是节省成本。但当将光伏产品作为空间应用时则不能受成本的限制约束，要考虑空间应用的极端环境，对优质性能的无止境追求等特殊要求。

## 4.7　计算机辅助技术在太阳电池设计分析中的应用

软件辅助工具如今在各个领域的设计分析中均扮演着重要的角色，在光伏电池领域也是如此。目前光伏研究者们常用的设计分析软件主要有 PC1D、AFORS-HET 和 AMPS 等。其中 PC1D 由澳大利亚新南威尔士大学编写创造，其主要针对同质结晶体硅太阳电池，预置了多个器件结构模型和各层材料的参数，操作界面简洁明了。其基本特性我们已在本书第 3 章中解释。AFORS-HET 由德国夫琅禾费研究所编写创造，其中预置了多个 a-Si:H/c-Si 异质结太阳电池的结构模型和膜层性能参数，所以在 a-Si:H/c-Si 异质结太阳电池的分析中应用最为广泛。AMPS 是由美国宾夕法尼亚州立大学编写创造的，后由我国南开大学进行了改造升级形成 wx-AMPS 版本，适用于各类太阳电池的模拟分析，尤其是新型半导体材料和结构的太阳电池方面。使用者可根据各自的研究领域和使用习惯进行选择。

在此，我们以 PC1D 为例演示讲解计算机模拟辅助工具在我们光伏器件模拟分析中的应用。

### 4.7.1　高方块电阻发射极 p 型晶体硅太阳电池计算模拟研究

该模拟分析工作摘录自：中国科技论文在线[1]。

在晶体硅太阳电池结构中，其发射极的深度(结深)和其中的掺杂元素的浓度分布对电池的性能具有决定性的影响。但生产中对这两个参数进行检测较为困难，通常以发射极的方块电阻衡量发射极的性能，普遍认为方块电阻的提高有利于太阳电池性能的提高。但同一个方块电阻值可由多种掺杂浓度和结深匹配获得，只有部分匹配是有利于获得高效电池的；且随着方块电阻的变化，其匹配情况也会发生变化。采用 PC1D 软件，对前述问题进行计算模拟分析，以期能对 p 型晶体硅电池的扩散制结工艺提供一定的参考指导。

#### 1. 太阳电池结构模型及参数设置

采用如图 4-24 所示的太阳电池结构。硅片为 p 型；发射极为 n 型，磷元素掺杂，具备绒面和背电场结构。在进行发射极的模拟优化前，我们对器件的体少子寿命、背场厚度及掺杂浓度、表面复合速率等进行了优化分析，并结合产业化中具体的数据，选定如表 4-1 所示的器件结构参数对发射极结构进行模拟分析，光照条件采用地面标准太阳光谱 AM1.5，100mW/cm$^2$，工作温度 25℃。其他均采用软件默认参数。

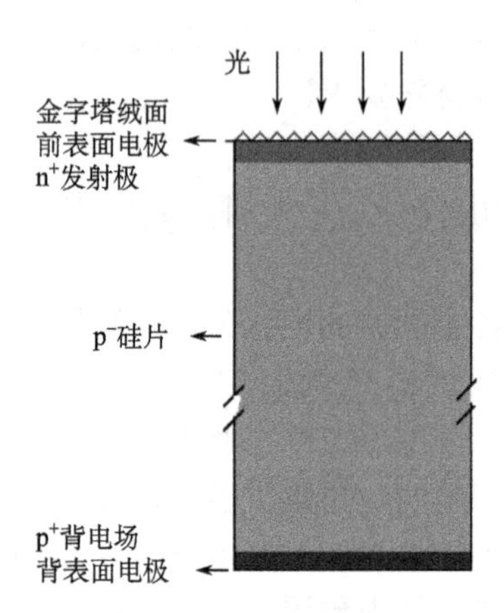


图 4-24　模拟采用的电池结构示意图

**表 4-1　模拟中所采用的太阳电池的主要结构参数**

| 结构参数 | 取值 |
|---|---|
| 电池片面积/cm$^2$ | 100 |
| 金字塔织构角度/(°) | 54.75 |
| 金字塔织构深度/μm | 3 |
| 电子前表面复合速率/(cm/s) | 1000 |
| 空穴前表面复合速率/(cm/s) | 1000 |
| 硅片厚度/μm | 200 |
| 硅片电阻率/(Ω·cm) | 1.57 |
| 电子体少子寿命/μs | 15 |
| 空穴体少子寿命/μs | 15 |
| 背场结深/μm | 0.06 |
| 电子背表面复合速率/(cm/s) | 1000 |
| 空穴背表面复合速率/(cm/s) | 1000 |
| 前接触电阻/Ω | 0.015 |
| 后接触电阻/Ω | 0.015 |

本研究主要对高方块电阻发射极结构进行模拟分析，所以分析过程中选择发射极的方块电阻范围为 65～550Ω/□，对该范围内发射极的结深与掺杂浓度的匹

配对晶体硅太阳电池性能的影响进行研究。

2. 结果与讨论

1) 对发射极相同方块电阻、相同结深但不同浓度分布情况的晶体硅太阳电池性能影响的分析

设定发射极的方块电阻为 72Ω/□，结深统一为 0.5μm，发射极掺杂浓度的分布采用 A1～A4 四种形式的分布形态，如图 4-25(a) 所示。其中 A1、A2、A3 为 Erfc(余误差) 分布，但分布峰值的位置依次加深；A4 为 uniform(突变结) 分布。从 A1 到 A4，pn 结界面越来越陡峭，最终变化为突变结。

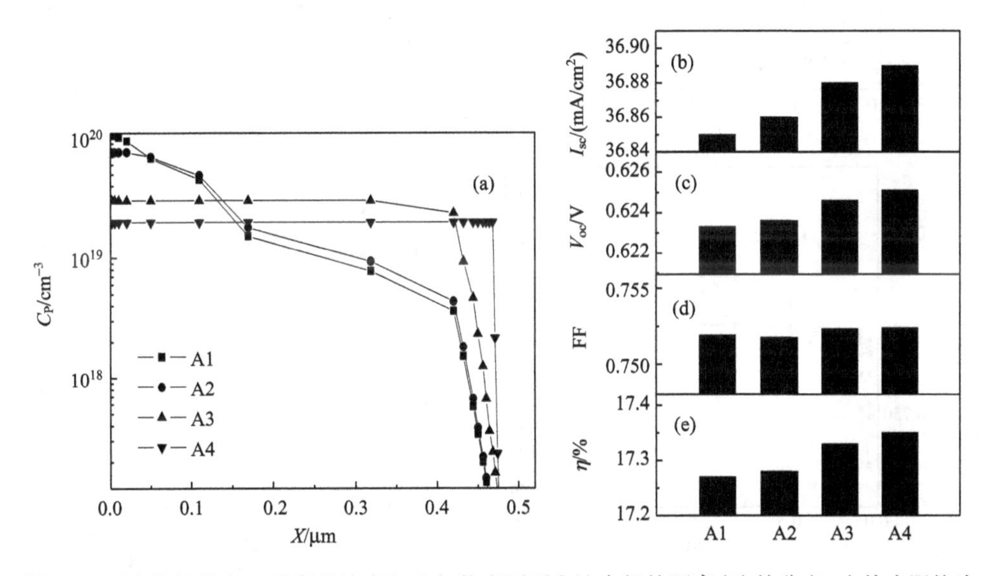


图 4-25　(a) 发射极中 P 元素的浓度 ($C_P$) 与从表面到电池内部的距离 ($X$) 的分布，方块电阻均为 72Ω/□，结深均为 0.5μm。A1～A4 含义见文中说明。图 (b)～(e) 为四个样品对应的 $I_{sc}$(短路电流)、$V_{oc}$(开路电压)、FF(填充因子)、$\eta$(转换效率) 的对比

由计算结果可以看出：pn 结界面陡峭，有利于太阳电池的短路电流、开路电压和填充因子的提高，从而使得太阳电池的效率有所增加，但各项指标增加的幅度并不高。所以我们认为在结深固定的情况下，太阳电池的效率基本可由发射极的方块电阻确定，掺杂元素的分布状况对电池效率的影响不显著。

2) 相同方块电阻情况下结深和掺杂浓度匹配对太阳电池性能影响分析

分析中对发射极掺杂元素的分布选定为 uniform(突变结) 分布，方块电阻的分析范围为 65～550Ω/□，结深变化范围为 0.05～2.00μm。掺杂浓度由 PC1D 软件根据方块电阻和结深自动计算获得，因掺杂浓度由方块电阻决定，所以在以下分析中只出现方块电阻和结深。分析结果如图 4-26 所示，可见发射极方块电阻和结

深对太阳电池的 $I_{sc}$(短路电流)、$V_{oc}$(开路电压)、FF(填充因子)、$\eta$(转换效率)均有明显影响。

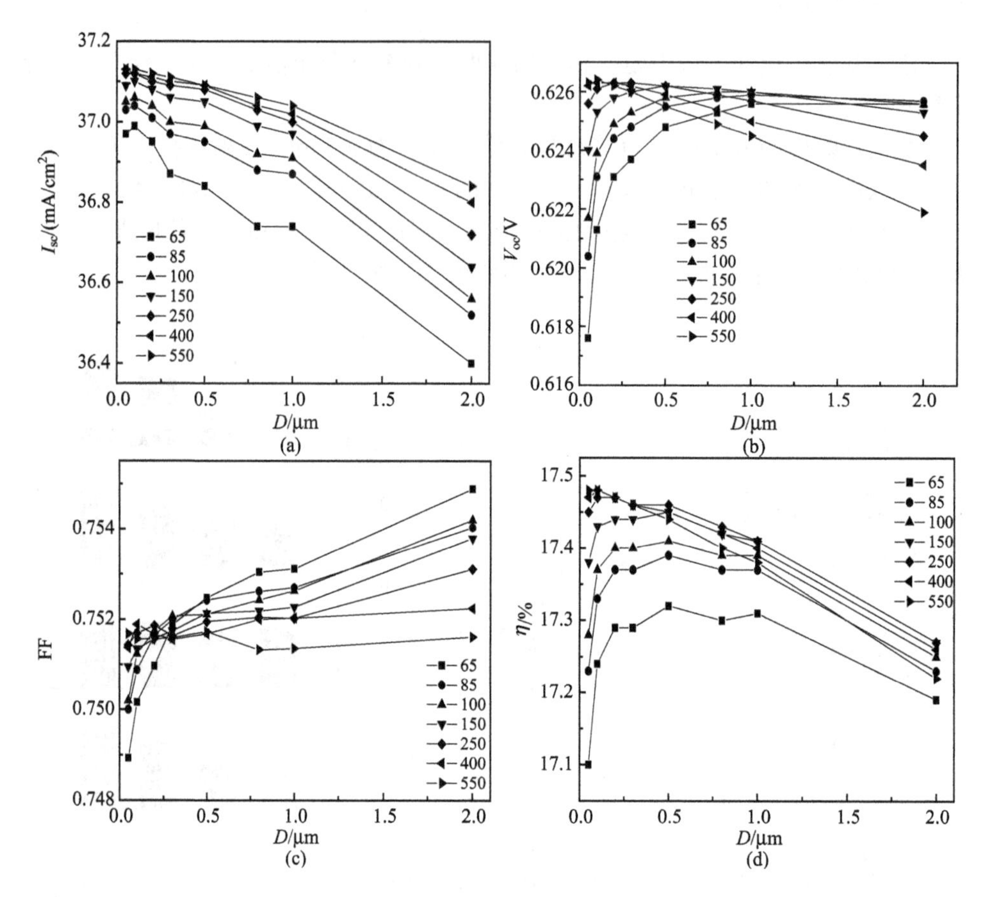


图 4-26　(a)～(d)是不同方块电阻下发射极结深(D)对太阳电池的 $I_{sc}$、$V_{oc}$、FF 和 $\eta$ 的影响

因方块电阻固定情况下结深与掺杂浓度是一一对应的关系，所以此处仅以结深表示

对于短路电流(图 4-26(a))，同一方块电阻情况下，浅结高浓度掺杂有利于晶体硅太阳电池短路电流的提高；但随着方块电阻的增加，这种影响的趋势减缓。由不同方块电阻之间的对比可知方块电阻的提高有利于短路电流的提高，但当方块电阻高于 150Ω/□后，这种提高的趋势减弱，尤其是在浅结情况下。

方块电阻和掺杂元素的分布对开路电压也有明显影响(图 4-26(b))。随着方块电阻增加，发射极结深在 0.05～2.0μm 范围内开路电压的变化趋势发生显著变化。方块电阻低于 150Ω/□时，随厚度增加开路电压先增加后趋于稳定，基本在 0.5～0.8μm 范围内达到最优值；方块电阻大于 15Ω/□时，随厚度增加，开路电压下降。随着方块电阻增加获得的最高开路电压增大，最高开路电压对应的发射极结深变浅。

由图 4-26(c)可得，相同方块电阻条件下，随着发射极结深的增加，填充因子略有增加，但增加的幅度较小；且随着方块电阻的增加，增加趋势更加缓慢，尤其是在较大结深情况下，当方块电阻为 550Ω/□时，随着结深的增加，填充因子甚至出现下降的趋势。

对于太阳电池的转换效率，由图 4-26(d)可以看出，在相同方块电阻的情况下，转换效率在结深一定的范围内时可保持较高的稳定值，这一范围随着方块电阻的增加逐步向较小结深值移动，且维持高转换效率的结深范围变窄。随着发射极方块电阻在 65～550Ω/□范围内增加，太阳电池可获得的最高转换效率一直增加。可认为在这一范围内可通过提高发射极方块电阻来提高电池的效率，但必须对结深和掺杂浓度进行合理匹配。图 4-27 给出了方块电阻和厚度匹配可获得的转换效率的等高线图，可给予实际生产以参考。由图可见，随着转换效率的提高，对结深和方块电阻的可取值范围变窄，生产中对于均匀性和精确性的控制要求提高。虽然目前 P 扩散制结工艺较难获得均匀性良好的方块电阻大于 100Ω/□的发射极，但随着工艺的进步及发射极制备方法的改进，最终可得到优质的高方块电阻发射极结构。

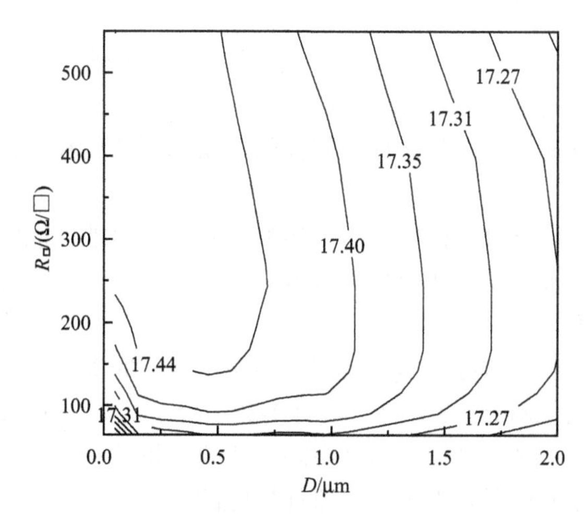


图 4-27　方块电阻($R_{\square}$)和结深($D$)匹配可获得的转换效率分布的等高线图

综合对图 4-26 和图 4-27 的分析我们认为，整体说来，方块电阻的提高有利于太阳电池性能的提高；浅结高浓度掺杂有利于电池性能的提高，且随着方块电阻的提高，浅结高浓度对太阳电池性能的影响更加显著。但随着方块电阻的提高，电池的性能对结深变化的响应更加敏感，这将对发射极制结工艺的均匀性和稳定性提出更高的要求。

3) 结论

采用 PC1D 软件对晶体硅太阳电池的高方块电阻发射极的方块电阻以及发射极中掺杂元素分布对电池性能的影响进行了研究。研究结果表明：①相同方阻，相同发射极深度下，pn 结界面越陡峭，太阳电池性能越优异，主要体现在短路电流、开路电压和转换效率的提高，但该因素对电池性能的影响程度较小。②发射极方块电阻的提高对电池性能的改善效果显著。③方块电阻一定时，太阳电池效率在发射极深度在一定范围内均可维持在较优值；但随着发射极方块电阻的提高，最优效率值对应的发射极结深越来越浅，且可维持高太阳电池转换效率的结深范围变窄，浅结发射极对太阳电池性能的提高效果更加显著。

### 4.7.2 低温气相外延法制备晶体硅太阳电池发射极的可行性分析

低温气相外延法制结简介：该方法的基本设想是采用 PECVD 或 HWCVD 法在硅片表面上 200℃左右外延沉积掺杂 c-Si 薄膜，作为晶体硅太阳电池的发射极。比如说在 p 型晶体硅片上外延沉积 n 型 c-Si 薄膜。该设想是本研究组多年前的一个研究课题。按照当时晶体硅太阳电池制结技术的水平，本技术设想有望在发射极的均匀性、厚度、掺杂浓度等方面相比于当时的技术水准有显著改善，可得到方阻调节范围极大的外延 c-Si 薄膜。

但根据低温气相外延法当时的发展水平，其用于制结可能存在以下问题：①所得晶体硅薄膜的质量差，少子寿命低、扩散长度短、迁移率小等；②界面质量差，前表面、发射极膜层与硅片之间界面的缺陷可能比较多，其对器件性能的影响程度未知。

就上述疑问采用 PC1D 模拟分析上述参量对太阳电池性能的影响规律。对照模拟所获得规律，查阅文献获得相关数据进行对比分析，看该方法所得薄膜是否适用于晶体硅太阳电池。

因为外延发射极层与硅片基底之间的界面不可能完美无缺，所以设置模型时采用的是两个区域(region)的结构，如图 4-28 所示，这样可以设定外延界面处的缺陷态密度等参数并进行分析。器件中除了所要分析的参数外，其他均采用软件中默认参数。具体分析了以下参数对器件性能的影响。

1) 外延界面复合速率的影响

如图 4-29(a)中模拟分析结果所示，发射极背表面与硅片前表面的性能对太阳电池性能的影响完全一样，说明模型中二者本质是相同的，可以只用一个量表示，将另一个设置为“0”。

如图 4-29(b)所示，发射极厚度不同情况下复合速率对器件性能的影响规律是一致的。界面复合速率在 1000cm/s 以下时，其对器件性能的影响可以忽略。

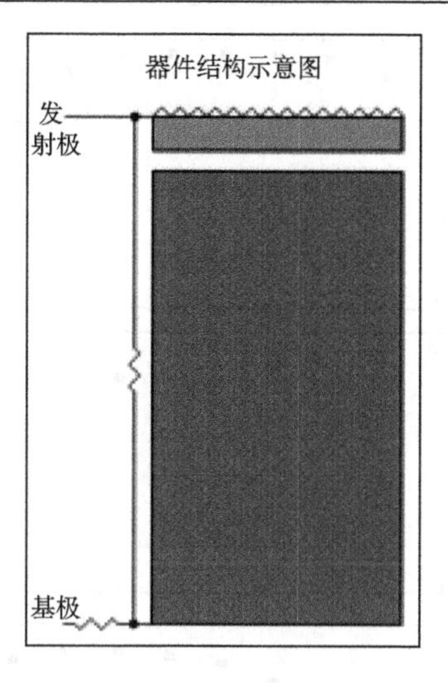


图 4-28　双区域模型示意图

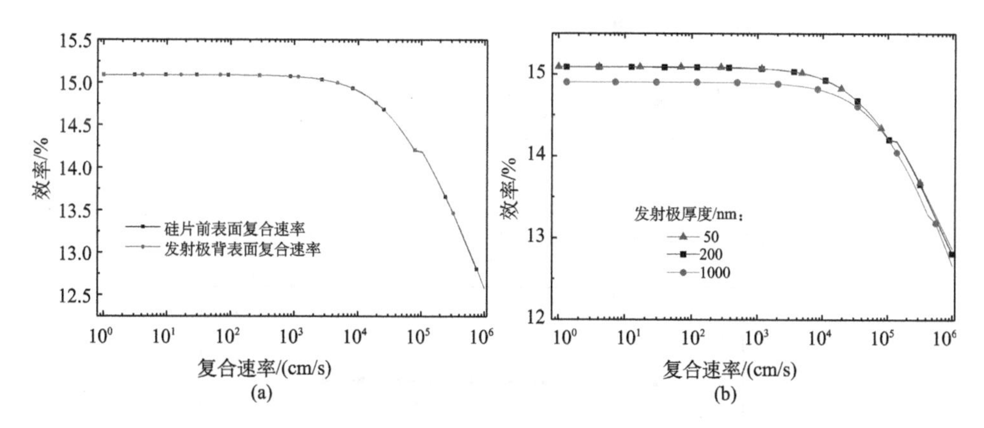


图 4-29　(a)硅片前表面复合速率、发射极背表面复合速率的影响情况对比；(b)发射极厚度分别为 50nm/200nm/1000nm 情况下，硅片与发射极间界面复合速率对太阳电池效率的影响规律

2)发射极掺杂浓度的影响

由图 4-30 中发射极的掺杂浓度对太阳电池的效率、短路电流和开路电压的影响规律可知，控制发射极的掺杂浓度在 $10^{18}\sim10^{19}cm^{-3}$ 内，太阳电池的性能较好。

3)发射极和基区的少子寿命的影响

由图 4-31 可见，0.2μm 时发射极的少子寿命对器件性能的影响非常微弱，基极少子寿命有明显影响。少子寿命代表膜层的质量，说明在该结构的太阳电池中，对发射极的膜层质量要求很低。

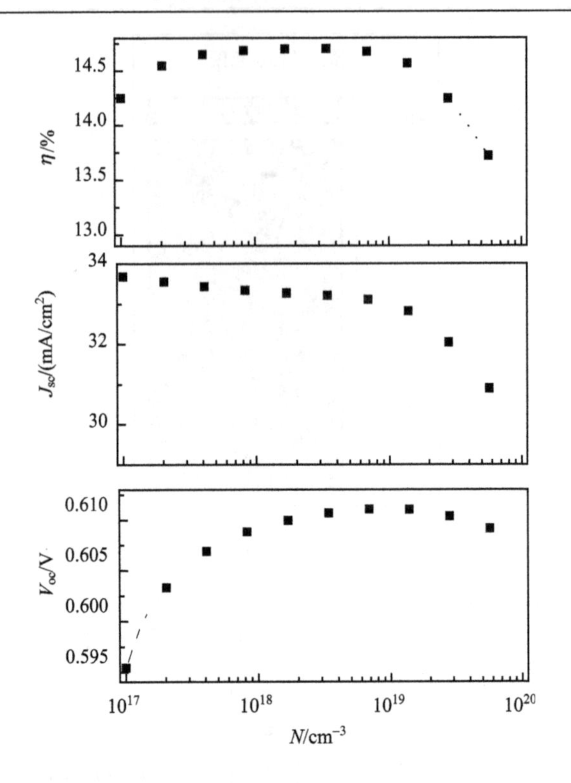


图 4-30　发射极掺杂浓度对太阳电池 $\eta$、$J_{sc}$、$V_{oc}$ 的影响

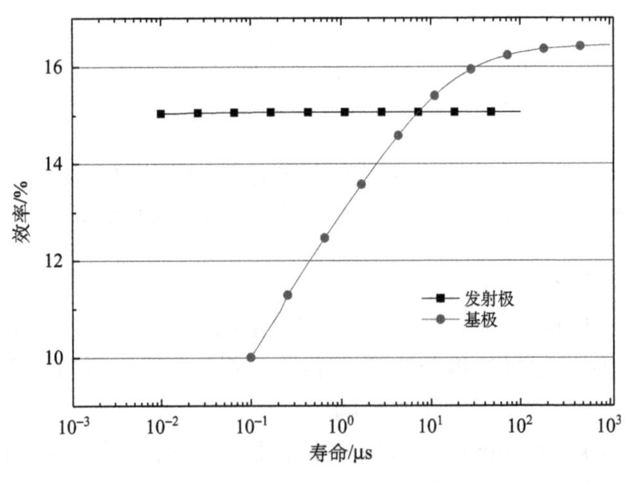


图 4-31　发射极和基极中少数载流子寿命对太阳电池性能的影响规律

4) 发射极的载流子迁移率对转换效率的影响

由图 4-32 可见，迁移率对太阳电池性能影响很小，迁移率也是代表外延层质量的重要指标，这一结果说明该结构对外延层性能的要求很低。

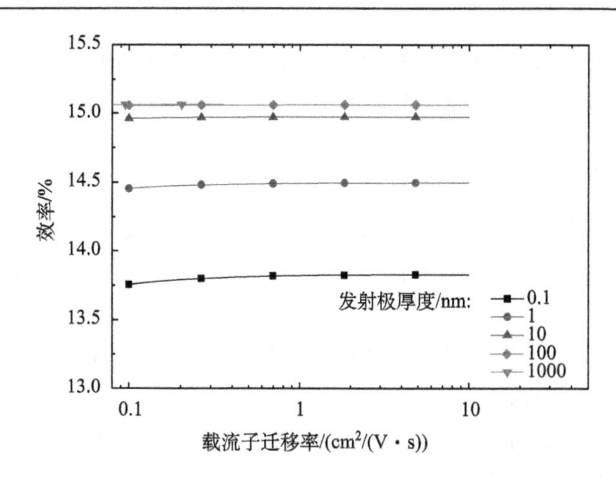


图 4-32　不同厚度情况下发射极中载流子迁移率对太阳电池转换效率的影响

5) 前表面、界面、后表面复合速率的影响

分析发射极的表面、发射极与硅片之间的界面、硅片后表面的复合速率对太阳电池性能的影响，其结果如图 4-33 所示。由图可见：中间界面的影响最大，其次是前表面，后表面几乎无影响。所以在器件制备时关键是控制好外延发射极与硅片之间的界面以及发射极的表面，减少这两部分的缺陷，尤其是界面位置。

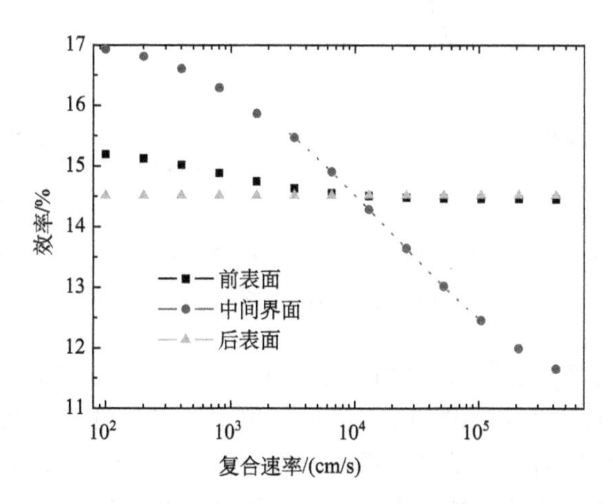


图 4-33　前、后表面及发射极与基极中间界面上的复合速率对太阳电池转换效率的影响

总结前述外延 c-Si 发射极的各种特性对太阳电池性能的影响规律，我们可得到如下结论：①外延 c-Si 作为发射极对其性能指标有较大范围的容忍度，即对其晶体质量的要求不高；②外延的界面是控制的重点，必须尽量减少缺陷，但从结果中看器件性能对缺陷有较高的容忍度；③发射极的掺杂浓度在 $10^{18}\sim10^{19}\text{cm}^{-3}$ 范围内可得到较好的效果。

如此一来，通过 PC1D 的模拟分析，我们就对该方法的可行性有了较为明确的认识，对具体制备时所需重点控制的指标有了明确的方向。

### 4.7.3　制备的太阳电池样品的串、并联电阻拟合分析

本例为一个实验室实际做出来的样品，测出 *I-V* 曲线后发现样品的性能很差，但这其中主要是哪个参数影响不甚明了。于是采用 PC1D 进行拟合分析，寻求可能的影响因素。

器件核心结构为一个 100nm 的 n 型重掺杂多晶硅薄膜与 p 型单晶硅片形成的一个异质结太阳电池。

对软件中发射极的掺杂浓度、串联电阻和并联电阻进行调整，得到了如图 4-34(a)所示的模拟结果，该结构与实际测量的样品的 *I-V* 曲线和功率曲线较为吻合，但其在短路电流方法上有所差异。

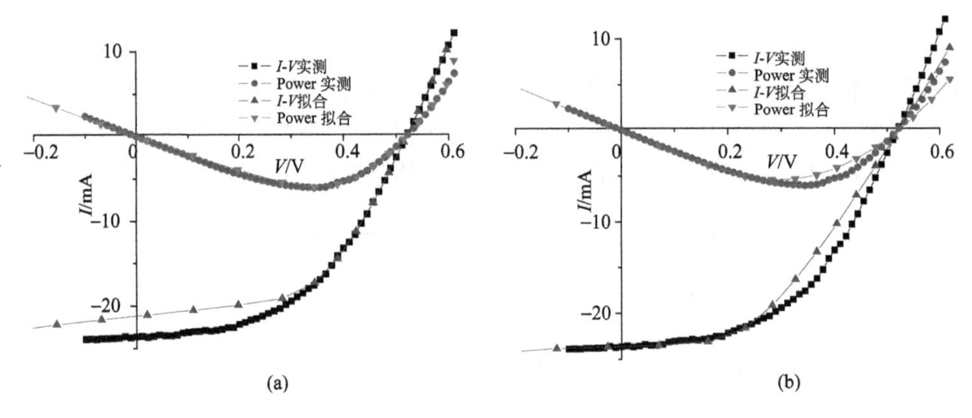


图 4-34　两次拟合的结果与测试结果对比。图中 *I-V* 实测和 Power 实测线是测试的，*I-V* 拟合和 Power 拟合是模拟出来的，面积为 1cm$^2$

再次对样品的性能参数进行修正，在发射极(1.5×17)cm$^{-3}$，串联电阻 0.085Ω，并联电阻 10Ω 条件下得到如图 4-34(b)所示拟合结果，可见模拟所得 *I-V* 曲线、功率曲线与实际测量曲线几乎完全重叠，这一组参数应该与实际情况较为吻合。由此我们得到了样品的部分性能指标，有助于分析器件制备的改进方向。

综上所述，模拟分析工具在我们进行太阳电池器件原型设计、理解器件中各参数对器件性能的影响规律，分析实际所得产品性能的内在决定因素等各个方面都是有很大帮助的。我们要善于利用各种软件工具！

## 思考练习题

(1)请写出设计一个单结太阳电池，使效率最大化所需考虑的主要因素有哪些？

(2) 太阳电池光学损失包括哪几个方面？请写出三种减少光学损失的方法。

(3) 太阳电池表面抗反射涂层厚度的设计原则是什么？为什么晶体硅太阳电池表面制绒可降低反射率？

(4) 太阳电池的电流复合损耗主要有表面复合和体内复合两类，请以晶体硅太阳电池为例，给出各至少两种优化方案以减少复合。

(5) 请解释复合损耗导致太阳电池器件的开路电压降低的原因。

(6) 对于晶体硅太阳电池，其串联电阻的来源主要是其结构中的哪几部分？请画出晶体硅太阳电池的结构示意图，并对上述问题中所涉及的部分进行标识和必要的说明。

(7) 对于晶体硅太阳电池，在设计前表面栅线结构时，需主要平衡哪几个因素？请解释细栅线(finger)和主栅线(busbar)的作用。

(8) 请画出晶体硅太阳电池的结构示意图，并对各部分的作用及性能参数的特殊要求进行标识和说明。

(9) 请描述针对太阳电池中某一个参数的性能进行模拟优化的思路。

## 参 考 文 献

[1] Kluth O, Rech B, Houben L, et al. Texture etched ZnO: Al coated glass substrates for silicon based thin film solar cells. Thin Solid Films, 1999, 351: 247-253.

[2] 黄海宾，周慧敏，丁晶，等. 高方块电阻发射极晶体硅太阳电池计算模拟研究. 中国科技论文在线. http://www.paper.edu.cn/releasepaper/content/201203-647.

# 第5章　新概念太阳电池

## 5.1　引　　言

“高转换效率低成本”永远是太阳电池技术发展的终极目标。虽然太阳电池发电的成本已经接近平价上网，但作为立足未来需求的新能源，其仍需要不断发展进步。从研发的角度看，可行的思路有：一是寻找新材料，降低原材料的成本，二是使用新技术，不断提高太阳电池的光电转换效率。在20世纪80年代，以马丁·格林为代表的光伏研发团队分析了各类太阳电池的特性、历史发展阶段，将光伏技术发展路线划分为三代。虽然到现在技术的发展已经超出了他们当时的预期，三代太阳电池技术的划分已不够准确，但对我们理解太阳电池的发展历史以及思考其未来发展方向仍有重要的意义和参考价值。

马丁·格林曾分析及估算了光伏发电效率与成本的关系，如图5-1所示。图中第一代太阳电池为传统的晶体硅太阳电池，它的技术最成熟，但成本最高；薄膜太阳电池为第二代太阳电池，原材料消耗少、能耗少，成本明显降低；第三代太阳电池为高效新概念太阳电池，随着效率大大提高，有望大幅度地降低太阳电池成本。第三代即新概念太阳电池主要有多结叠层太阳电池、多能带太阳电池、热载流子太阳电池、多激子太阳电池、热光伏太阳电池等。

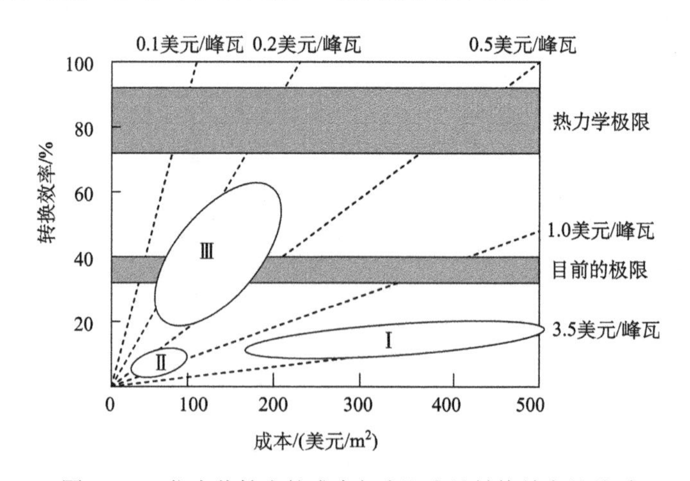


图5-1　三代光伏技术的成本与太阳电池转换效率的关系

各类新概念太阳电池是在对太阳电池光电转换损失机制充分深入分析的基础上提出的。图 5-2 为标准单结太阳电池能量损失分析示意图。光电转换损失主要机制有：①太阳电池吸收能量大于带隙的光子，能量小于带隙的光子不被吸收；②被吸收的光子可产生一对电子空穴对，不论电子和空穴被激发到离价带顶和导带底多远，它们与声子相互作用后均热化到价带顶和导带底，很快与晶格热平衡，高能量光子的光电转换作用受到抑制。③pn 结处压降。④接触电极上的压降。⑤输运过程中的复合损失。上述过程中①和②主要与器件设计相关，过程③～⑤与材料性质有关。为此，提出的新概念太阳电池包括：充分吸收太阳光谱的叠层太阳电池、中间带和杂质光伏太阳电池；改变入射光子的能量分布以利于对光的充分吸收的上转换和下转换太阳电池；提高以输出电压为特点的热载流子太阳电池；提高以输出电流为目的的碰撞离化太阳电池和热光伏太阳电池等。

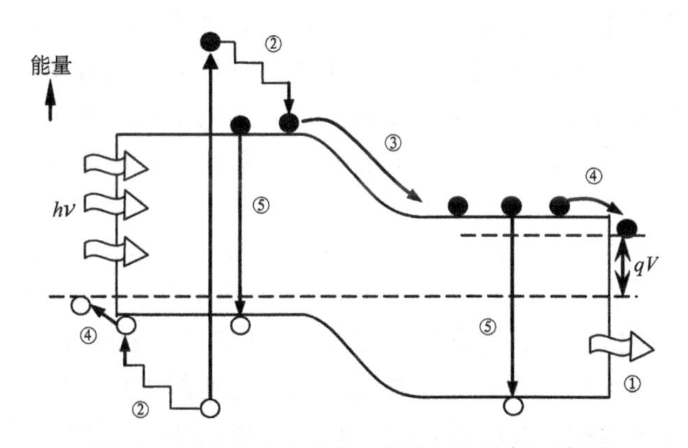


图 5-2　标准单结太阳电池能量损失分析示意图

叠层太阳电池采用不同禁带宽度的“子”太阳电池搭配，组合成新的结构来扩宽太阳电池对太阳光谱的吸收范围，以实现太阳电池的高效率。Brown 和 Green 及 Tobias 和 Luque 分别计算了串联连接叠层太阳电池的转换效率。他们发现，当子太阳电池个数趋于无穷时全聚光条件下极限效率与光谱分离模式太阳电池组合系统的极限效率的计算结果相同，都是 86.8%。对未聚光的太阳电池，最高理论效率可从单结的 31%提升到三结的 49%，或六结的 57%。叠层太阳电池的概念已成功地应用于多种材料的太阳电池制备。叠层太阳电池设计和制备需要考虑各子太阳电池的电流匹配。目前 GaInP/GaAs 叠层太阳电池在聚光下效率达 46.0%，是目前世界上各类太阳电池中转换效率最高的。热载流子太阳电池就是在热载流子冷却(能量回归到导带底和价带顶)之前就被电极收集，以充分利用热载流子能量，获得高的电压输出。实际上这是载流子的热化时间与抽出时间快慢的竞争。可以设法加快载流子的抽出，或减缓载流子与声子相互作用的热化过程，这样载流子就会在处于较高能态时被抽出，太阳电池就有更高的开路电压。在 AM1.5 光照条件下，热载流子太阳电池的最高转换效率可达 66%。碰撞电离太阳电池(impact ionization)是指光激发的高能粒子碰撞晶格原子使其离化产生第二个电子空穴对，增加光生载流子密度，提高太阳电池的电流输出。对于碰撞电离太阳电池，光子的量子效率可能大于 1。与叠层太阳电池一样，上转换及下转换的主要思想也是扩展光谱响应，减少低能光子透过太阳电池导致的损失和高能光子的热化损失。上转换材料相当于吸收两个红光光子，发射一个能量大于太阳电池带隙的光子，拓展了太阳电池对红光的响应，可提高太阳电池的光电流。下转换器是高能光子激发出具有高能量的电子，电子先从导带跃迁到中间能级然后再跃迁到价带，这是辐射复合的过程，然后通过辐射复合发射出能量等于或大于太阳电池禁带宽度的两个光子，再被太阳电池吸收，从而提高高能量光子的光电转换效率。上转换太阳电池在全聚光条件下最高理论效率为 63.2%，在非聚光条件下可达 47.6%。下转换太阳电池在非聚焦条件下最高理论效率为 38.6%。热光伏太阳电池的基本思想是，太阳并不直接辐照到太阳电池上，而是辐照到一个吸收体，吸收体受热后，以特定的波长向外辐射，将能量发射到太阳电池，实现光电转换。

虽然采用叠层结构可以使太阳电池转换效率提高，但随着叠层数目的增加，太阳电池设计的复杂性、工艺难度及制备成本都将急剧上升。如果能将多能带的结构在一个 pn 结内实现，将有利于设计成本和工艺成本的降低。杂质光伏太阳电池正是源于此种设想而提出的。杂质光伏太阳电池的工作原理是杂质光伏效应(impurity photovoltaic effect, IPV)，即通过禁带中的杂质能级使价带电子跃迁到导带，杂质能级起到一个“台阶”的作用，使得一些小于材料禁带宽度的太阳光子也能够被利用，增大了电流输出，从而提高太阳电池的转换效率。

当掺入的杂质浓度很高因而产生了 Mott 相变时，禁带中的杂质能级将会形成杂质带。相应的太阳电池被 Luque 等命名为中间带太阳电池(intermediate band solar cell, IBSC)。除了利用杂质重掺杂形成中间带太阳电池外，还可采用能带剪裁或量子尺寸效应，利用多量子阱或多量子点来产生中间带，以及采用适宜组分配置的半导体合金(如 ZnTe:O、InGaAsN)等方法。当然，利用杂质掺杂形成中间带的办法与其他方法相比，实现的方式相对简单，可以避免复杂的外延材料制备，这对太阳电池的成本优势更有利。

以上对新概念太阳电池作了些简单介绍，接下来将对几类典型的新概念太阳电池作进一步的详细说明，包括基本原理、具体器件举例等。

# 5.2　叠层太阳电池

## 5.2.1　叠层太阳电池基本原理

由于太阳光谱的能量分布较宽，通常一种半导体材料只能吸收其中能量比其禁带宽度高的那部分光子。太阳光中能量比其禁带宽度小的那部分光子将透过太阳电池的光吸收层，而高能光子中那些超出禁带宽度的多余能量，则通过光生载流子的能量热化作用传给太阳电池材料本身的点阵原子，使材料本身发热。这些能量都不能通过光生载流子传给负载，变成有效电能。因此对于单结太阳电池，即使是晶体材料制成的，其转换效率也相当有限。太阳光谱可被分成连续的若干部分，如果用禁带宽度与这部分有最好匹配的材料做成太阳电池，并按禁带宽度从大到小的顺序从外向里叠加起来，让能量最高的光被最外边的宽隙材料太阳电池利用，能量较小的光能够透射进去让较窄禁带宽度材料太阳电池利用，这就有可能最大限度地将光能变成电能，这样结构的太阳电池就是叠层太阳电池。图 5-3(a)是根据光谱分裂制成的子太阳电池，每个子太阳电池作为独立的器件运转。图 5-3(b)是子太阳电池叠加在一起，高能光子被前面的宽带隙子太阳电池吸收，低能光子被窄带隙子太阳电池吸收。

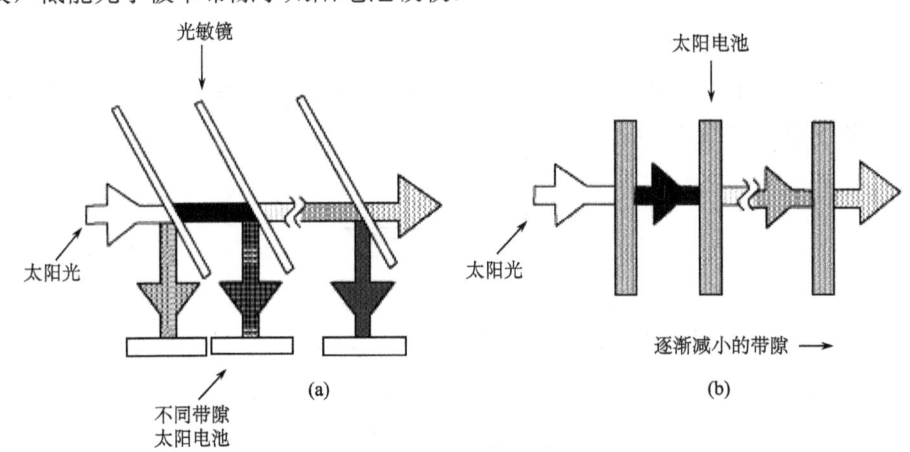


图 5-3　叠层太阳电池示意图

(a)光谱分裂型；(b)层叠型

## 5.2.2　a-Si/μc-Si/β-$FeSi_2$ 三结叠层薄膜太阳电池举例

叠结太阳电池性能最优的是III-V组化合物材料体系的，详细内容将在本书第 11 章中详细讲解。除此之外，以非晶硅(a-Si)/微晶硅(μc-Si)双叠结为代表的硅基薄膜叠结太阳电池研究得也非常广泛，并且部分产品已经成功走到了生产阶段，本章将以这一材料体系中的一种：a-Si/μc-Si/β-$FeSi_2$ 三结叠层薄膜太阳电池为例来对叠结太阳电池的相关知识进行讲解分析。

因为非晶硅的带隙为 1.7eV 左右，微晶硅的带隙在 1.1～1.6eV，目前有很多商用太阳电池采用了 a-Si/μc-Si 叠层结构，可将太阳电池光谱响应的长波吸收限从非晶硅太阳电池的 720nm 扩展到 1100nm。如果在 a-Si/μc-Si 叠层结构的基础上再叠加一层带隙为 0.87eV 的 β-$FeSi_2$ 薄膜太阳电池，即形成 a-Si/μc-Si/β-$FeSi_2$ 叠层太阳电池，则对太阳光谱的响应极限扩展到了 1420nm 左右，这样就可能显著地提高太阳光谱的利用率。同时，β-$FeSi_2$ 光吸收系数很大，特别是对近红外光的吸收能力也很强，只需很薄的材料就能吸收绝大部分近红外光。而且，叠层结构太阳电池也被广泛地认为是减少非晶硅太阳电池中光致衰减效应的一种很好的解决方法。另外，从工艺上看也能行得通，可以先制备需高温环境的 β-$FeSi_2$ 太阳电池，再在 β-$FeSi_2$ 太阳电池上叠加只需低温环境的 μc-Si 太阳电池和 a-Si 太阳电池。整体来看，发展 a-Si/μc-Si/β-$FeSi_2$ 叠层太阳电池兼有了低成本和高效的优点。

本节主要介绍用非晶硅、微晶硅和 β-$FeSi_2$ 三种材料构成的薄膜叠层太阳电池和 a-Si/μc-Si/β-$FeSi_2$ 叠层太阳电池中各子太阳电池参数对太阳电池性能的影响，以及 μc-Si 子太阳电池带隙、不同光谱辐照和工作温度与器件性能的关系，并评估该叠层薄膜太阳电池可能达到的转换效率。

1. 器件物理模型

叠层太阳电池采用的结构由 pin 型的 a-Si、μc-Si 和 β-$FeSi_2$ 三种子太阳电池组成，结构示意图如图 5-4 所示。

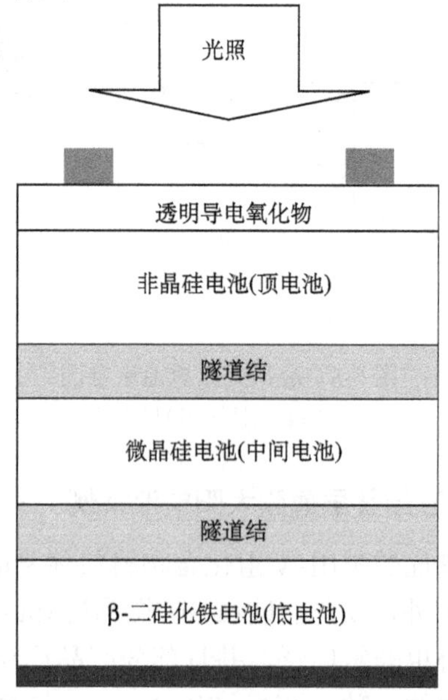


图 5-4　a-Si/μc-Si/β-$FeSi_2$ 叠层太阳电池的结构示意图

图 5-5 为采用的叠层太阳电池的等效电路图。从电路图中可以得出，各子太阳电池串联在电路中，按照叠层理论，叠层太阳电池的短路电流密度$J_{sc} \approx \min(J_{sc1}, J_{sc2}, J_{sc3})$，其中 $J_{sc1}$，$J_{sc2}$，$J_{sc3}$ 分别为各子太阳电池的短路电流密度。叠层太阳电池的开路电压 $V_{oc}=V_{oc1}+V_{oc2}+V_{oc3}$，其中 $V_{oc1}$，$V_{oc2}$，$V_{oc3}$ 分别为各子太阳电池的开路电压。

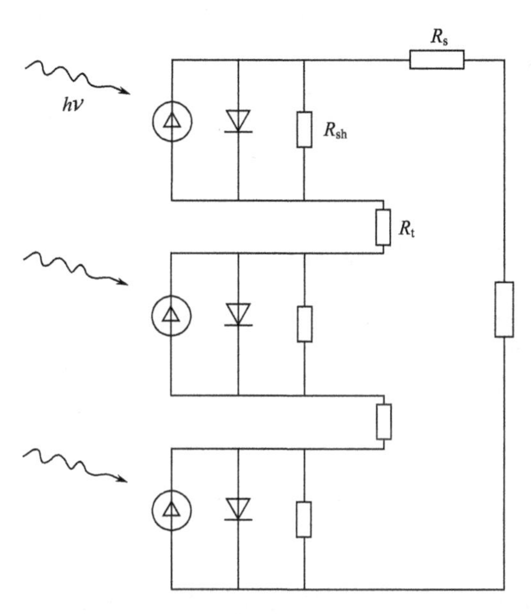


图 5-5　叠层太阳电池的等效电路图，图中 $R_s$ 表示串联电阻，$R_{sh}$ 为并联电阻，$R_t$ 为隧穿电阻

在硅基叠层太阳电池中，如果各子太阳电池直接串联在一起，由于子太阳电池界面形成的 np 结相对太阳电池内建电场为反偏结，则会使太阳电池的 *I-V* 特性变差，要解决这一问题可以采用隧道结结构。隧道结在叠层太阳电池中通过复合完成各子太阳电池间的电荷交换，在子太阳电池间起着电学连接的作用。隧道结质量的好坏对太阳电池特性参数($V_{oc}$、$J_{sc}$、FF 和 $\eta$)均有至关重要的影响。本章在计算叠层太阳电池性能时，隧道结采用 Pennstate model 和 Delft model 的改进模型，即在子太阳电池间加入一层 2nm 厚度的高密度($10^{22}cm^{-3}$)掺杂层(x-layer)，同时 x-layer 设置较大的迁移率，以利于载流子快速有效地复合。

### 2. 子太阳电池吸收层对太阳电池性能的影响

叠层太阳电池结构设计的原则是使各单结太阳电池吸收光谱分配合理，以使各单结太阳电池的光电流相等，从而获得最大的输出电流。子太阳电池电流的大小与各子太阳电池的光吸收层(i 层)厚度密切相关，因而本节计算了叠层太阳电池中各子太阳电池 i 层厚度对太阳电池的影响，找出各子太阳电池的最佳 i 层厚度。具体方法是首先初步选定各子太阳电池 i 层厚度，计算出各子太阳电池的短路电流密度，然后看哪个子太阳电池的电流密度最小，就调整该子太阳电池 i 层厚度，使该子太阳电池短路电流密度达到最大，按此方法反复调节即可获得最优的各子太阳电池 i 层厚度：260nm(a-Si 子太阳电池)，900nm(μc-Si 子太阳电池)，40nm($\beta$-$FeSi_2$ 子太阳电池)，得到的太阳电池转换效率为 19.80%，太阳电池的 $J$-$V$ 曲线如图 5-6 所示。

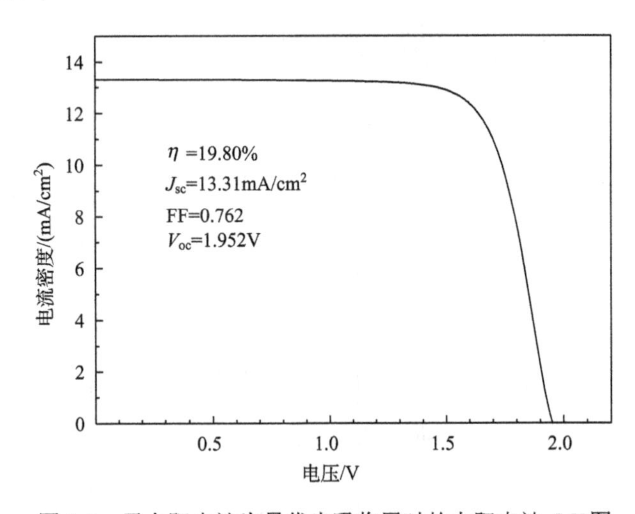


图 5-6　子太阳电池为最优光吸收层时的太阳电池 $J$-$V$ 图

图 5-7 为改变顶太阳电池(即 a-Si 子太阳电池)光吸收层厚度时太阳电池性能的变化关系。由图可以看出，当顶太阳电池 i 层从 220nm 增大时，太阳电池短路电流密度 $J_{sc}$ 也增大，增大的原因主要是随着 i 层厚度增大，太阳电池可以产生更多的光生载流子。当增大到 260nm 时，$J_{sc}$ 达到最大值，然后随着 i 层的增大，$J_{sc}$ 缓慢减小。而开路电压 $V_{oc}$ 则是随着 i 层的增大一直减小，但减少幅度不大。填充因子 FF 则是先减小再增大，在 i 层为 260nm 时(即电流匹配时)，FF 为最低值。综合 $J_{sc}$、$V_{oc}$ 和 FF 的变化，得到太阳电池转换效率 $\eta$ 先是随着 i 层的增大而增大，在 i 层为 260nm 时 $\eta$ 为最大值，然后随着 i 层增大而减小。

图 5-8 为改变中间太阳电池(即 μc-Si 子太阳电池)光吸收层厚度时太阳电池性能的变化关系。由图可以看出，中间太阳电池的性能随 i 层厚度变化而变化的趋势与顶太阳电池类似，当 i 层从 500nm 增大时，$J_{sc}$ 也增大，当增大到 900nm 时，$J_{sc}$ 达到最大值，然后随着 i 层的增大，$J_{sc}$ 缓慢减小。而开路电压 $V_{oc}$ 则是随着 i 层的增大一直缓慢减小。填充因子 FF 则是先减小再增大，在 i 层为 900nm 时 FF 为最小值。综合 $J_{sc}$、$V_{oc}$ 和 FF 的变化，得到太阳电池转换效率 $\eta$ 先是随着 i 层的

增大而增大，在 i 层为 900nm 时 $\eta$ 为最大值，然后随着 i 层增大而减小。

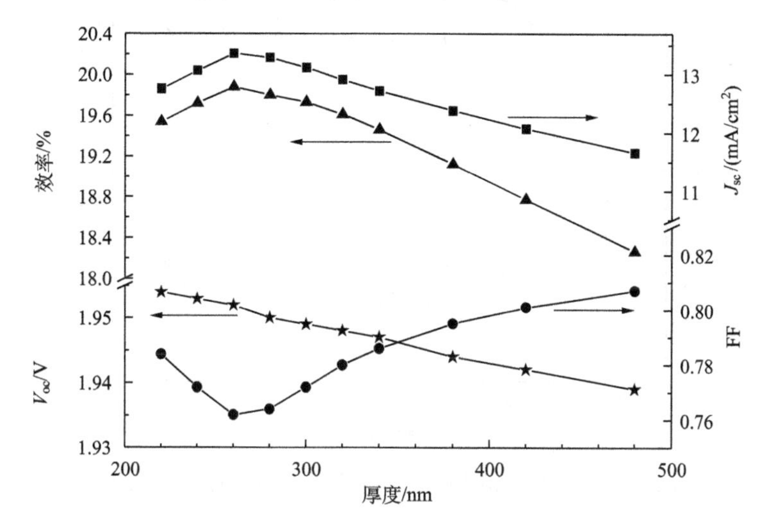


图 5-7　顶太阳电池吸收层厚度对太阳电池性能的影响

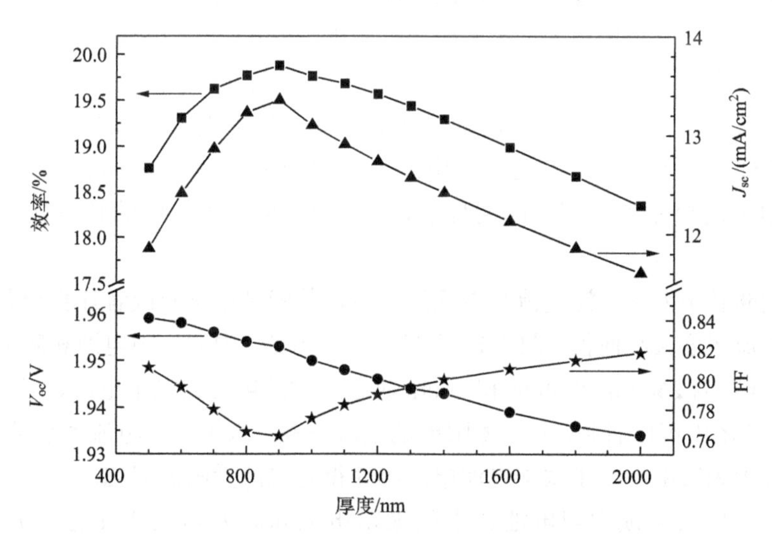


图 5-8　中间太阳电池光吸收层厚度对太阳电池性能的影响

图 5-9 为改变底太阳电池(即 β-$FeSi_2$ 子太阳电池)光吸收层厚度时太阳电池性能的变化关系。由图可以看出，当 i 层从 20nm 增大时，$J_{sc}$ 也增大，当增大到 40nm 时，$J_{sc}$ 基本达到饱和值，i 层再增大 $J_{sc}$ 基本保持不变。而开路电压 $V_{oc}$ 则是随着 i 层的增大一直增大，在 i 层 40nm 以后增加幅度不大。填充因子 FF 则是先减小再增大，在 i 层为 40nm 时 FF 为最低值。综合 $J_{sc}$、$V_{oc}$ 和 FF 的变化，得到太阳电池转换效率 $\eta$ 先是随着 i 层的增大而增大，在 i 层为 40nm 时 $\eta$ 基本为饱和值。

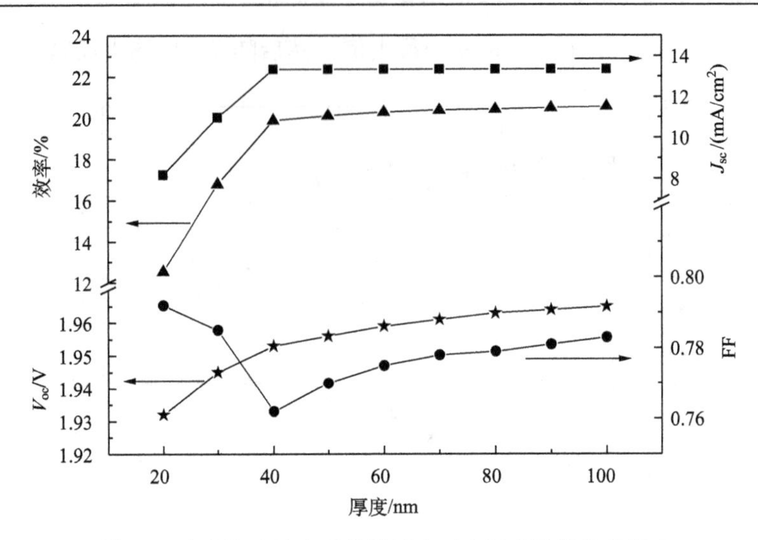


图 5-9　底太阳电池光吸收层厚度对太阳电池性能的影响

图 5-7～图 5-9 中，叠层太阳电池性能的变化趋势主要与各子太阳电池的短路电流密度匹配程度密切相关。由于叠层太阳电池的短路电流密度等于最小的子太阳电池短路电流密度，各子太阳电池短路电流越接近，匹配程度越高，对光谱的利用程度也就越高，太阳电池效率也就越高。当每次改变每个子太阳电池的 i 层厚度时，该子太阳电池的短路电流密度会产生变化，进而可能影响到三个子太阳电池的短路电流密度匹配程度，对整个叠层太阳电池的转换效率也将产生影响。

要判断各子太阳电池电流是否匹配，可以从能带图推断或者计算出各子太阳电池的电流密度大小而得。图 5-10 为当顶太阳电池、中间太阳电池和底太阳电池 i 层厚度分别为 260nm、900nm 和 40nm 时各子太阳电池的电子电流、空穴电流及总电流。从图中可以看到，各子太阳电池电流与叠层太阳电池电流大小基本一致，没有出现因为其中一个子太阳电池电流小使得总电流受限的问题。

图 5-11 为当顶太阳电池、中间太阳电池和底太阳电池 i 层厚度分别为 260nm、900nm 和 60nm 时各子太阳电池的电子电流、空穴电流及总电流，即只增加底太阳电池的 i 层厚度。从图中可以看到，太阳电池电流主要受限于顶太阳电池和中间太阳电池电流。在具体优化顶太阳电池和中间太阳电池的 i 层厚度时，发现当顶太阳电池和中间太阳电池 i 层分别为 260nm 和 900nm 时电流密度已是最高值，不能提高顶太阳电池和中间太阳电池电流密度的原因在于它们本身的材料特性参数。当增加底太阳电池 i 层厚度时，太阳电池性能没有恶

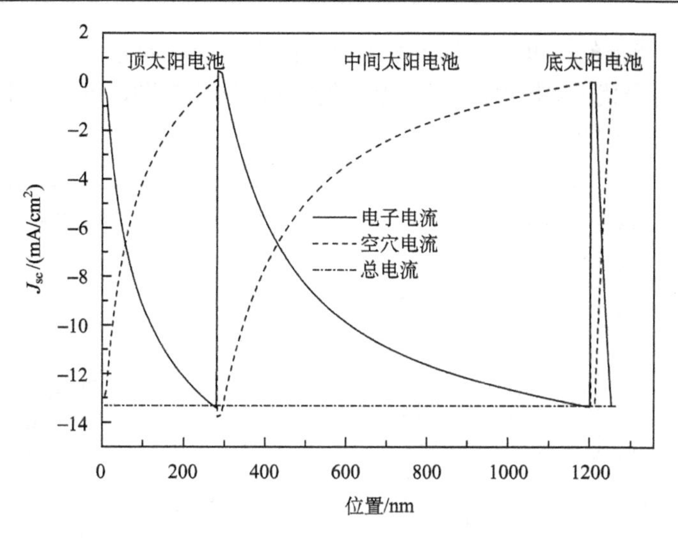


图 5-10 匹配时各子太阳电池的电流密度

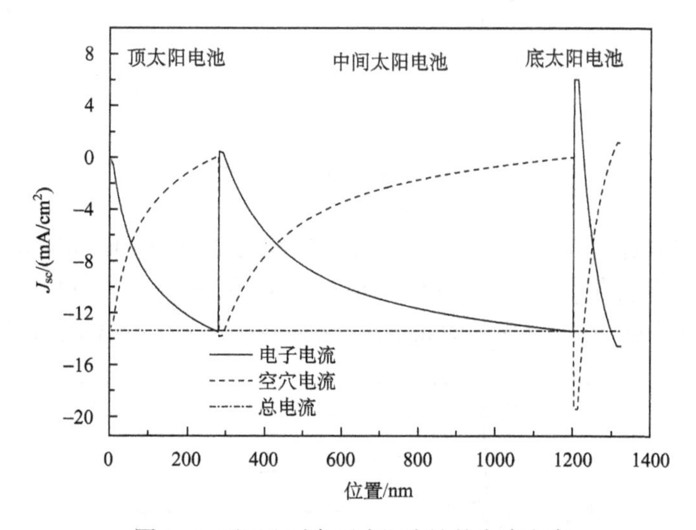


图 5-11 不匹配时各子太阳电池的电流密度

化，但太阳电池的转换效率也基本没有提高，这一点可以从图 5-9 得到验证。因此，为了节省材料和制造成本，β-$FeSi_2$ 子太阳电池的光吸收层厚度为 40nm 即可。如果要进一步提高叠层太阳电池的转换效率，必须对 a-Si 和 μc-Si 子太阳电池的生产工艺进行优化，以提高材料品质，减少材料缺陷，从而提高 a-Si 和 μc-Si 子太阳电池的短路电流密度。此时如果再增大 β-$FeSi_2$ 子太阳电池的光吸收层厚度，则整个叠层太阳电池的电流密度会提高，从而提高叠层太阳电池的转换效率。

接下来从能带的角度来观察子太阳电池的电流受限问题。

图 5-12 为最优 i 层厚度时太阳电池的热平衡态能带图，可以看出，叠层能带图没有畸变，费米能级平直。

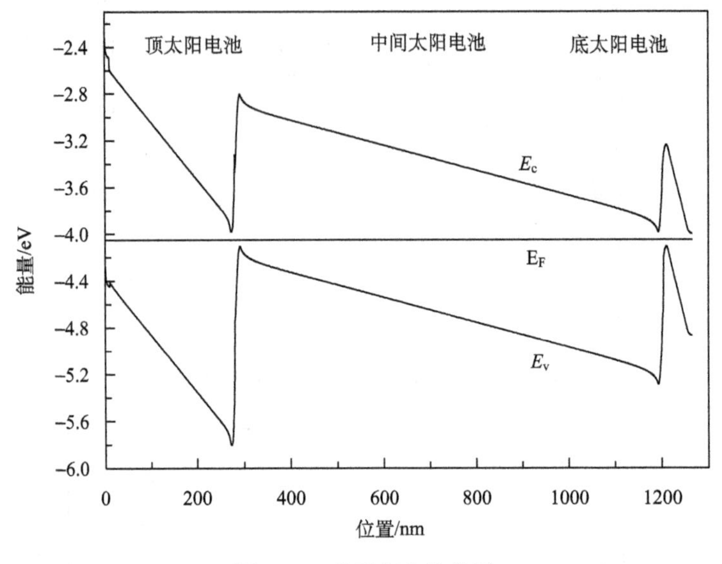


图 5-12　热平衡态能带图

图 5-13 为电流匹配时(子太阳电池 i 层厚度为 260nm/900nm/40nm)太阳电池短路情况下的能带图，图 5-14 为电流不匹配时(子太阳电池 i 层厚度 260nm/900nm/100nm)太阳电池短路情况下的能带图。观察两个图的差别，发现底

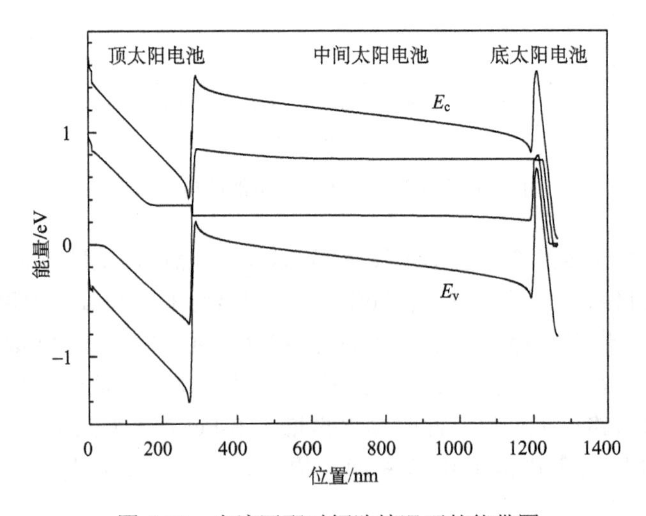


图 5-13　电流匹配时短路情况下的能带图

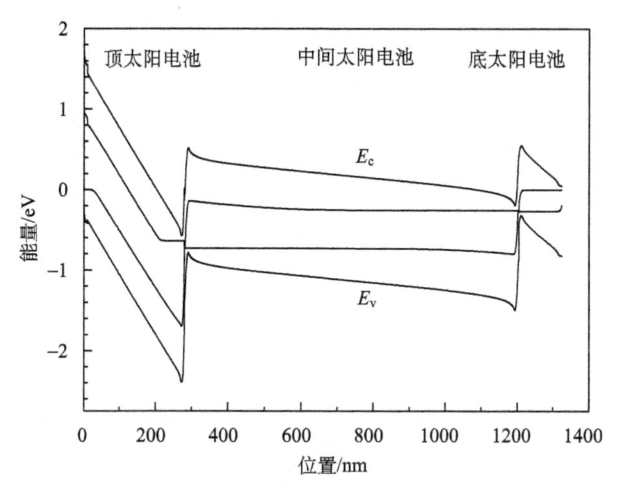


图 5-14 电流不匹配时短路情况下的能带图

太阳电池在电流匹配时导带边和价带边非常陡峭，而电流不匹配时导带边和价带边相对更平缓；相反地，顶太阳电池与中间太阳电池的导带边和价带边相对本身而言更加倾斜。这种现象说明，底太阳电池 i 层变厚会产生更多的光生载流子，底太阳电池电势差应该变小从而使底太阳电池电场变小，而受限的顶太阳电池和中间太阳电池电势差应该增大使得电场变大，如此一来才能保证叠层太阳电池为一恒定大小的总电流。

接下来计算每个子太阳电池贡献的开路电压以及验证设置的隧道结的合理性。

图 5-15 为电流匹配时开路情况下的太阳电池能带图。可以看出，顶太阳电池的 $E_{Fp}$ 能级与中间太阳电池的 $E_{Fn}$ 能级在一条平直直线上，中间太阳电池的 $E_{Fp}$ 能级也与底太阳电池的 $E_{Fn}$ 能级在一条平直直线上，三个子太阳电池各自贡献的开路电压为 $V_{oc1}$=1.028V，$V_{oc2}$=0.662V，$V_{oc3}$=0.277V，$V_{oc1}+V_{oc2}+V_{oc3}$= 1.967V，而叠层太阳电池的总开路电压为 $V_{oc}=1.952\text{V}\approx V_{oc1}+V_{oc2}+V_{oc3}$，没有反偏结出现，子太阳电池连接处没有产生内建电场的损失，隧道结两侧几乎无电压降，隧道结作为子太阳电池间的电学连接其导电性能良好，因此可以断定所设置的隧道结理想且可靠。

图 5-16 为各子太阳电池的电流匹配时叠层太阳电池的载流子光产生率。可以看出，底太阳电池单位体积的载流子产生率很大，这与 β-$FeSi_2$ 材料的光吸收系数有关，因此 β-$FeSi_2$ 子太阳电池只需很薄的光吸收层就可以充分吸收大量的光子。但由于三个子太阳电池电流匹配，所以每个子太阳电池单位面积通过的电荷还是基本相等的。

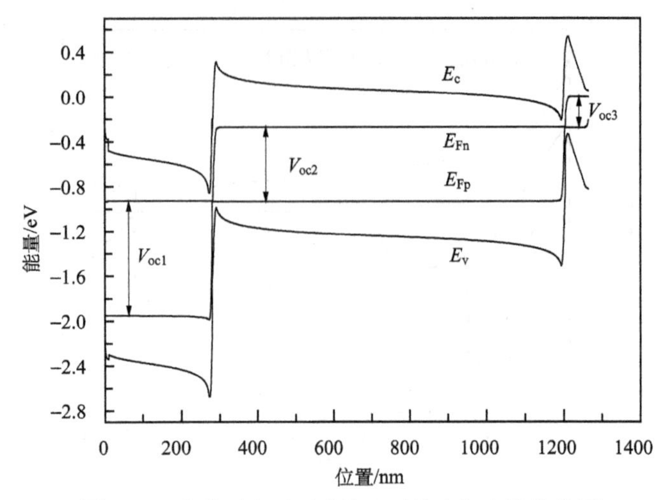

图 5-15　电流匹配时开路情况下的太阳电池能带图

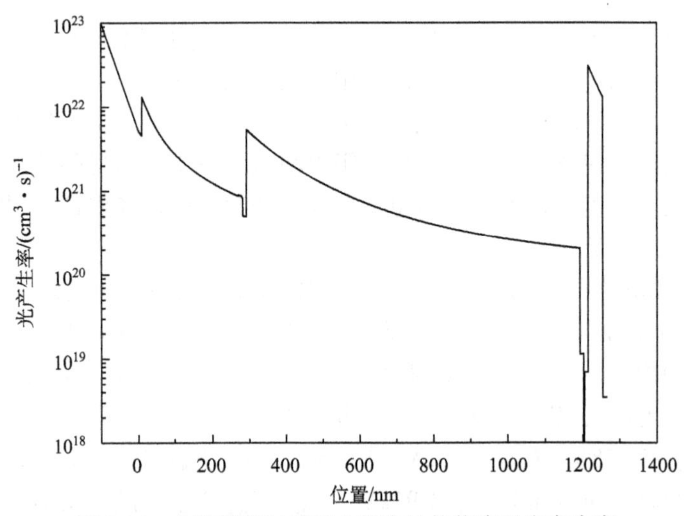

图 5-16　电流匹配时叠层太阳电池的载流子光产生率

图 5-17 为各子太阳电池的电流匹配时叠层太阳电池的复合率。可以看出，在太阳电池的 280nm 和 1382nm 处，都有极高的复合率，此两处复合为隧道复合，设置的是 2nm 厚度的高掺杂高迁移率的隧道结。

3. μc-Si 子太阳电池带隙对太阳电池性能的影响

μc-Si 材料的光学带隙一般认为是 1.1eV，然而由于 μc-Si 没有完全晶化，它还含有部分 a-Si 成分，因而它的迁移率带隙随晶化率变化可以在 1.1～1.6eV 变化。本节讨论 μc-Si 的迁移率带隙对太阳电池性能的影响。各子太阳电池 i 层厚度为 260nm/900nm/40nm。

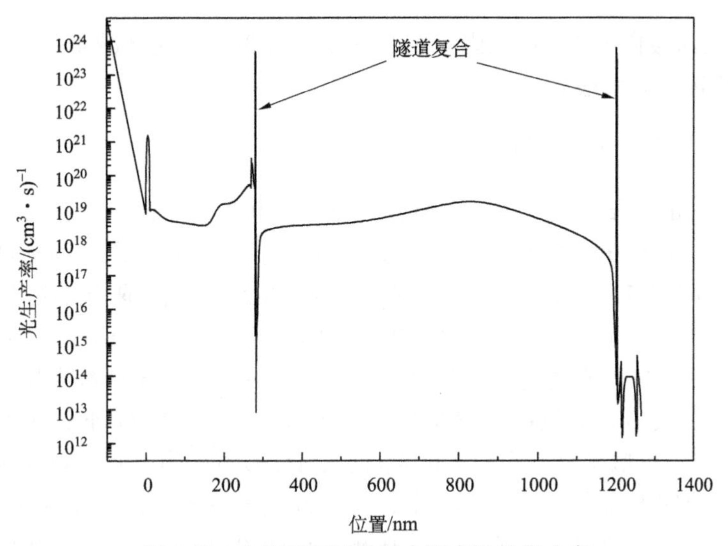


图 5-17　电流匹配时叠层太阳电池的复合率

图 5-18 为 μc-Si 在不同带隙时太阳电池性能($\eta$、$J_{sc}$、FF 及 $V_{oc}$)的变化关系。由图可得，$J_{sc}$ 在 $E_g$ 小于 1.3eV 时较大，当 $E_g$ 大于 1.3eV 时变小。开路电压 $V_{oc}$

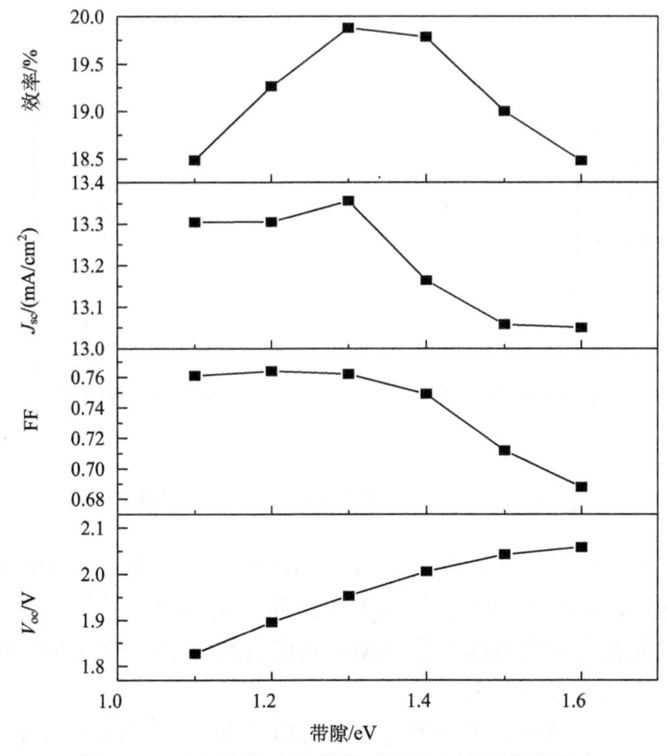


图 5-18　中间太阳电池带隙对太阳电池性能的影响

随 $E_g$ 的增大而缓慢增大。填充因子则在 $E_g$ 大于 1.3eV 后逐渐减小。$E_g$ 等于 1.3eV 时太阳电池转换效率最高。

4. 不同光谱辐照对太阳电池性能的影响

大气圈外的太阳光谱定义为 AM0，可知 AM0 光谱适合于人造卫星和宇宙飞船上的情况。AM1.0 的光谱对应于直射到地球表面的太阳光谱。目前通常使用的太阳光谱是 AM1.5，即太阳光入射角偏离头顶 48.2°，当太阳光照射到地球表面时，由于大气层与地表景物的散射与折射的因素，会多增加百分之二十的太阳光入射量，抵达地表上所使用的太阳电池表面，其中这些能量称为散射部分，因此针对地表上的太阳光谱能量有 AM1.5G（global）与 AM1.5D(direct)之分，其中 AM1.5G 即包含扩散部分的太阳光能量，而 AM1.5D 则没有。可见 AM1.0 和 AM1.5 都是适用于地球表面太阳光谱的，其中 AM1.0 光谱更适合赤道或热带地区。

图 5-19 为三种光谱辐照对叠层太阳电池性能的影响，各子太阳电池 i 层厚度为 260nm/900nm/40nm。从图中可以看到，AM0 光谱辐照产生的光电流最大，其次是 AM1.0，最小的是 AM1.5G。

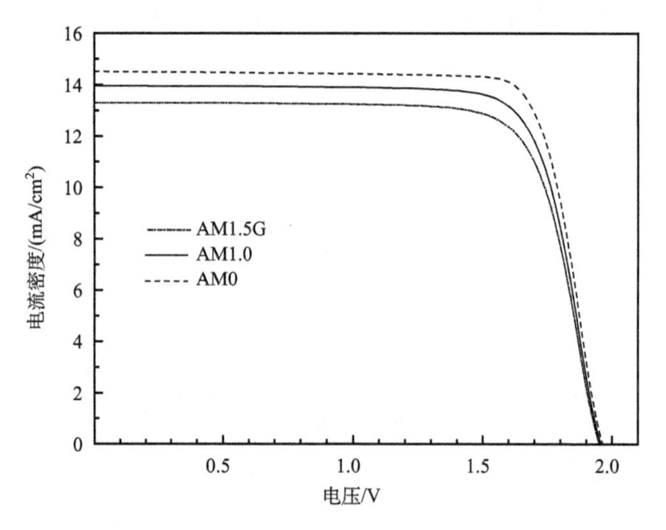


图 5-19　三种光谱辐照对太阳电池性能的影响

再从表 5-1 中可以详细看到，当 AM1.5G 光谱辐照时，太阳电池转换效率 $\eta$ 为 19.80%；在 AM1.0 辐照时 $\eta$ 为 21.10%；而在 AM0 辐照下，$\eta$ 达到 22.71%。此结果也说明此叠层太阳电池对于 AM0 光谱也能够比较充分地利用，此叠层太阳电池对于太空应用也有较大的前景。

作为对比，单结晶体硅太阳电池在 AM10 光谱辐照下比在 AM0 辐照下转换效率更高，因为晶体硅太阳电池对在大气中损失的那部分光谱并不敏感，到达地表的光谱与晶硅带隙更匹配，当然尽管转换效率在 AM0 辐照时比 AM1 辐照要低，但对于晶体硅太阳电池的绝对输出功率，在 AM0 光谱辐照下还是比 AM1 辐照情况下要更高，只不过 AM0 的辐照强度(即输入功率)要大得多而已。

**表 5-1　不同光谱辐照对太阳电池性能的影响**

| 光谱辐照 | $J_{sc}$/(mA/cm$^2$) | $V_{oc}$/V | FF | $\eta$/% |
|---|---|---|---|---|
| AM1.5G | 13.31 | 1.953 | 0.762 | 19.80 |
| AM1.0 | 13.96 | 1.957 | 0.772 | 21.10 |
| AM0 | 14.52 | 1.965 | 0.796 | 22.71 |

5. 工作温度对太阳电池性能的影响

通常太阳电池性能的测试条件为 25℃，AM1.5，100mW/cm$^2$。可是，太阳电池的工作温度根据地区环境不同而有所不同，例如，在热带地区，工作温度常常超过 70℃，以及聚光型太阳电池会使太阳电池工作温度上升很大。工作温度的升高会导致太阳电池转换效率的下降，这主要是太阳电池的开路电压减小导致的。在室温时晶体硅太阳电池一般比薄膜太阳电池有更高的转换效率，可是晶体硅太阳电池随着温度的升高，转换效率会严重下降，而非晶硅薄膜则随温度升高变化很小。主要原因在于非晶硅薄膜有更宽的带隙。对于由 a-Si、μc-Si 和 β-FeSi$_2$ 组成的叠层太阳电池，工作温度会使太阳电池性能产生什么影响？与各子太阳电池相比如何变化？这是本节的研究内容。

为了分析温度对太阳电池性能的影响，太阳电池的工作温度从 298K 变化到 368K(即在 25～95℃变化)。温度变化时，也考虑带隙和光吸收系数的相应变化，光吸收系数由 Tauc 公式计算，各材料的带隙由下列公式计算：

$$E_g(T)=E_g(300\text{K})+\frac{\mathrm{d}E_g}{\mathrm{d}T}(T-300\text{K}) \tag{5-1}$$

式中，$\frac{\mathrm{d}E_g}{\mathrm{d}T}$ 为各材料的带隙温度系数，数值大小见表 5-2。

叠层太阳电池各子太阳电池 i 层厚度为 260nm/900nm/40nm。光谱为 AM1.5G，100mW/cm$^2$。

定义太阳电池性能的温度系数为

$$\text{TC}(\%/\text{K})=\frac{1}{X(T=298\text{K})}\frac{\mathrm{d}X}{\mathrm{d}T} \tag{5-2}$$

式中，TC 为参数温度系数，$X$ 代表开路电压 $V_{oc}$、短路电流密度 $J_{sc}$、填充因子 FF 或者转换效率 $\eta$。归一化温度 $T$ 选择 298K，因为 298K 对应于太阳电池标准测试温度。

图 5-20 为 a-Si、μc-Si 和 β-$FeSi_2$ 独立单结太阳电池以及它们组成的叠层太阳电池的转换效率温度系数。从图中可以看到，a-Si 单结太阳电池的转换效率温度系数最小，为–0.254%/K，μc-Si 单结太阳电池的转换效率温度系数为–0.350%/K，最大的转换效率温度系数是 β-$FeSi_2$ 单结太阳电池，达到–0.766%/K，主要是其带隙相对较小。而叠层太阳电池的转换效率温度系数为–0.308%/K，比 μc-Si 单结太阳电池要小，仅大于 a-Si 单结太阳电池，这说明 a-Si、μc-Si 和 β-$FeSi_2$ 组成的叠层太阳电池具有很好的温度系数，适合于热带地区使用。

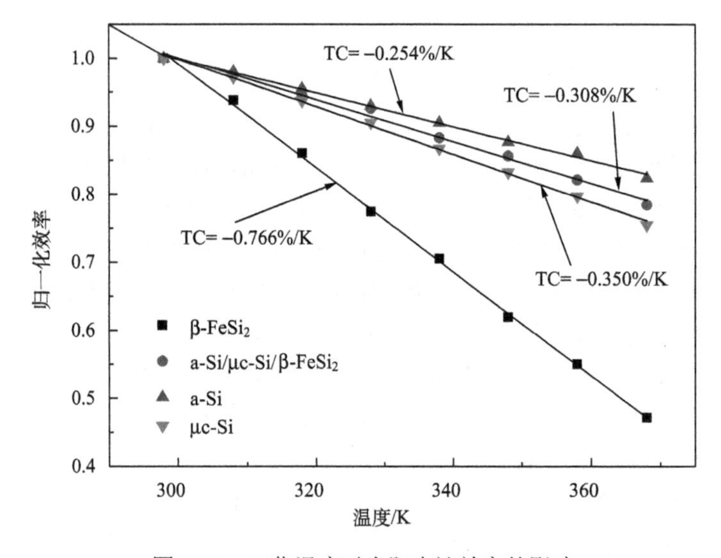


图 5-20　工作温度对太阳电池效率的影响

由于太阳电池的转换效率温度系数根据 $V_{oc}$、$J_{sc}$、FF 特性参数变化而受影响，为了更好地比较，也列出了这些特性参数的温度系数，如表 5-2 所示。

**表 5-2　叠层与单结太阳电池的温度系数**

| 太阳电池种类 | $dJ_{sc}/dT$/[(mA/cm$^2$)/K] | $dV_{oc}/dT$/(V/K) | dFF/d$T$/K | d$\eta$/d$T$/(%/K) | TC/(%/K) |
|---|---|---|---|---|---|
| a-Si | 0.0012 | –0.00255 | –0.00032 | –0.0289 | –0.254 |
| μc-Si | 0.0035 | –0.00206 | –0.00057 | –0.0523 | –0.350 |
| β-$FeSi_2$ | 0.0027 | –0.00192 | –0.00178 | –0.0618 | –0.766 |
| a-Si/μc-Si/β-$FeSi_2$ | 0.0023 | –0.00653 | –0.00028 | –0.0610 | –0.308 |

可以得到，各电流密度将随温度升高而增大，原因主要在于当温度升高时各材料带隙变窄，增加了可用的光子数量，同时按照 Tauc 公式，光吸收系数也增大。另外随着温度的升高，$V_{oc}$ 变小，即负的温度系数，且有关系式

$$\frac{\mathrm{d}V_{oc}(\text{叠层})}{\mathrm{d}T}=\frac{\mathrm{d}V_{oc}(\text{顶})}{\mathrm{d}T}+\frac{\mathrm{d}V_{oc}(\text{中间})}{\mathrm{d}T}+\frac{\mathrm{d}V_{oc}(\text{底})}{\mathrm{d}T} \tag{5-3}$$

$V_{oc}$ 将随温度升高而变小，原因主要是各材料带隙减少，例如，当温度从 298K 增大到 368K 时，a-Si 的带隙减少了 0.045eV，μc-Si 的带隙减少了 0.040eV，而 $\beta$-$FeSi_2$ 的带隙减少了 0.030eV，另外随着温度升高，太阳电池的反向饱和电流密度 $J_0$ 增大，因而也导致了 $V_{oc}$ 的减小。

### 6. 理想太阳电池的转换效率

a-Si、μc-Si 和 $\beta$-$FeSi_2$ 三种材料的光学带隙分别为 1.72eV、1.1eV 和 0.87eV，分别对应于光谱响应截止波长 720nm、1100nm 和 1420nm，则三种材料构成的太阳电池的光谱响应范围如图 5-21 所示，光谱响应区间很宽，从紫外延伸到近红外，因此预计 a-Si、μc-Si 和 $\beta$-$FeSi_2$ 组成的叠层太阳电池将会达到较高的转换效率。

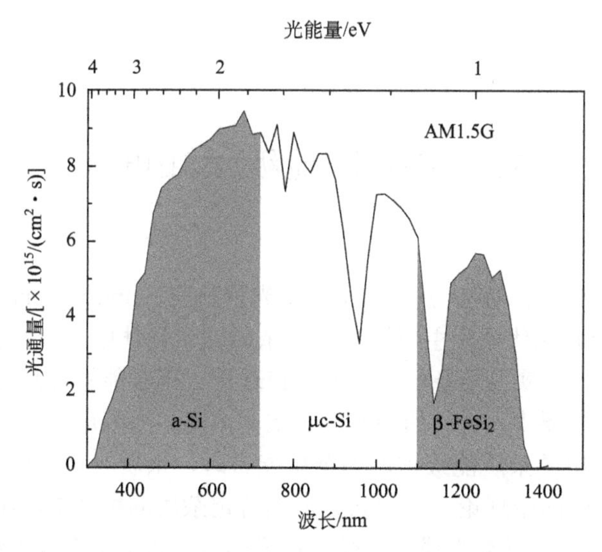


图 5-21　三种薄膜子太阳电池对 AM1.5G 太阳光谱的响应范围

该叠层太阳电池转换效率受限的主要原因是 a-Si 和 μc-Si 两个子太阳电池的短路电流不能得到有效提高。要提高 a-Si 和 μc-Si 两个子太阳电池的短路电流，可以改善 a-Si 和 μc-Si 材料的品质，因为 a-Si 和 μc-Si 材料具有很多的悬挂键，

会带来很大的复合，严重地减少光生载流子，导致光电流减少。当降低 a-Si 和 μc-Si 材料的带尾和隙间缺陷密度时，优化后叠层太阳电池的短路电流密度可以达到 16mA/cm$^2$ 左右，而太阳电池转换效率达 24.50%，太阳电池 $J$-$V$ 曲线如图 5-22 所示。对于能节省材料成本的薄膜太阳电池，转换效率能达到 24.50%已属高效，说明此种太阳电池很有发展前景。

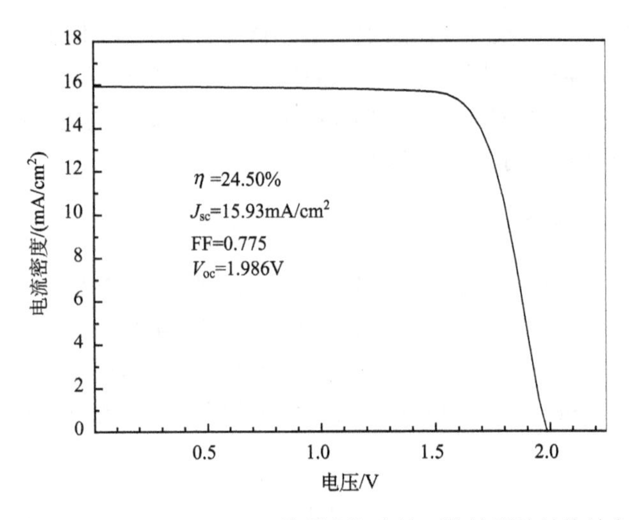


图 5-22　a-Si/μc-Si/β-$FeSi_2$ 叠层太阳电池可能达到的转换效率

# 5.3　多能带(能级)太阳电池

## 5.3.1　基本原理

早在 1960 年，M. Wolf 就提出了杂质光伏效应(impurity photovoltaic effect, IPV)的概念。杂质光伏效应主要针对的是杂质在半导体中形成深能级而言的(非能带)。近期的工作证实利用杂质光伏效应在理论上确实能够提高太阳电池的光电转换效率，前提是要掺入合适的杂质，杂质的浓度、太阳电池结构等也要适当。当杂质光伏效应中的杂质能级扩展为杂质能带时，杂质光伏效应就演变成由 A. Luque 等提出的中间带理论。他们认为，当特定杂质的掺杂浓度不断增大，大到超过 Mott 相变浓度时就会形成杂质带，形成的杂质带能够有效抑制非辐射复合。因为此时由杂质引入的电子之间存在着较强的相互作用，能够打破电子运动的定域性，使电子在不同杂质原子的原子轨道上实现空间上的耦合，抑制晶格弛豫的多声子跃迁过程，进而抑制 SRH 非辐射复合。

中间带太阳电池的基本原理是：在导带和价带之间存在一个中间能带(即中间带)，通过中间带使价带电子跃迁到导带，中间带起到了一个“台阶”的作用

(图 5-23)，如此使得一些能量小于材料禁带宽度的太阳光子也能够被吸收利用，从而增大了太阳电池的电流输出，提高了太阳电池的转换效率。目前，形成中间带的方法大致有三种：①量子点中间带，利用能带剪裁或量子尺寸效应，如 InAs/GaAs 多量子点技术来产生中间带；②高失配合金，引入等电子中心来形成高失配合金，如 ZnTe:O；③杂质中间带，掺入高浓度的深能级杂质，形成杂质中间带。虽然形成中间带的方法有以上三种，然而与其他方法相比，杂质中间带技术具有更大的优势，因为它的实现方式相对简单，可以避免复杂的外延材料制备，从而大大降低了太阳电池的成本，且容易实现规模化生产。

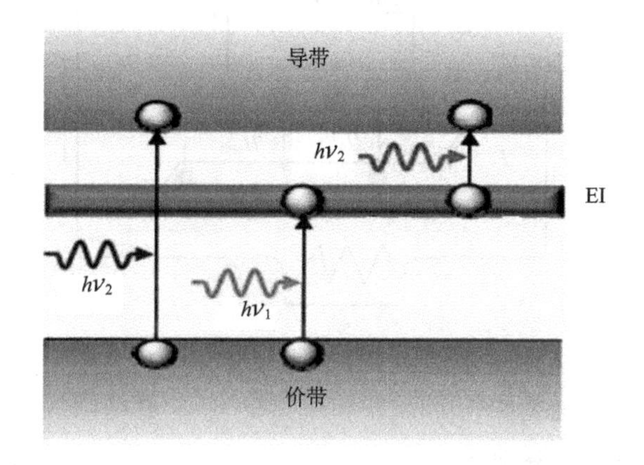


图 5-23　中间带工作原理示意图(其中 EI 为中间带)

首先是第一个光子 $h\nu_1$ 激发价带的电子到 EI，然后第二个光子 $h\nu_2$ 激发 EI 上的电子到导带，两个能量小于带隙的光子产生一个电子空穴对，如此则可充分利用那些能量小于带隙的子带光子；而传统太阳电池的电子空穴对则通过能量大于或等于带隙的光子 $h\nu_3$ 本征激发产生

## 5.3.2　杂质光伏太阳电池的物理模型

本节研究的理论基础是包含光激发杂质跃迁而进行修改的 SRH 模型，模型示意如图 5-24 所示。本模型先假定由于掺杂而在禁带中引入一个杂质能级 $E_t$，并且假定只存在两种电荷态(对受主杂质而言为中性态和带负电，对施主杂质来说为中性态和带正电)。模型中，与杂质能级有关的电子和空穴跃迁包括俘获、热激发和光激发三个方面，具体来说，即杂质电子俘获率 $E_{capt}$，通过杂质发生的电子热激发率 $E_e^{th}$，通过杂质产生的电子光激发率 $E_e^{opt}$，以及对应的杂质空穴俘获率 $H_{capt}$，通过杂质发生的空穴热激发率 $H_e^{th}$，通过杂质产生的空穴光激发率 $H_e^{opt}$。与标准的 SRH 模型相比，此模型中增加了 $E_e^{opt}$ 和 $H_e^{opt}$ 两个光激发杂质产生的跃迁。

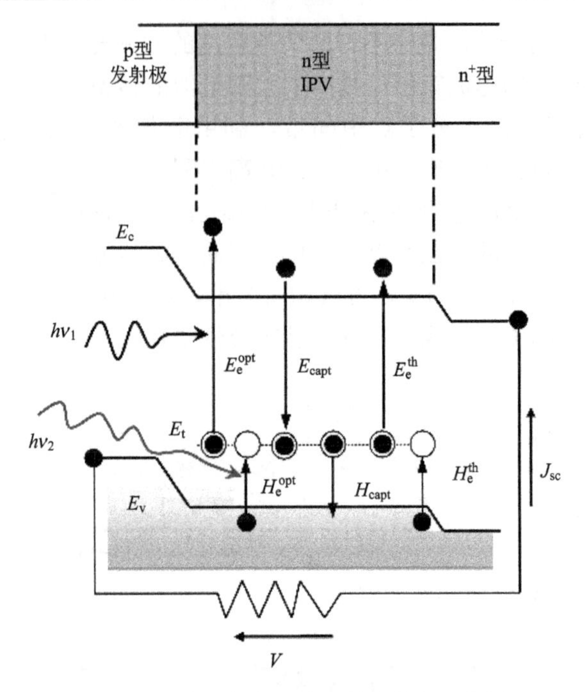


图 5-24　杂质光伏太阳电池的结构与工作原理

电子和空穴俘获率分别为

$$E_{capt} = (1 - f_t)c_n n N_t \tag{5-4}$$

$$H_{capt} = f_t c_p p N_t \tag{5-5}$$

式中，$n$ 和 $p$ 分别为电子和空穴浓度，$f_t$ 为杂质能级的占有率，$N_t$ 为杂质浓度，$c_n$ 和 $c_p$ 分别为电子和空穴的俘获系数，并且

$$c_n = \sigma_n^{th} v_T \tag{5-6}$$

$$c_p = \sigma_p^{th} v_T \tag{5-7}$$

其中，$\sigma_n^{th}$ 和 $\sigma_p^{th}$ 分别为电子和空穴的俘获截面，$v_T$ 为热速度（一般为 $10^7$cm/s）。从式(5-4)可得，电子俘获率与电子浓度 $n$ 和未被占据的杂质 $(1-f_t)N_t$ 有关，而 $c_n$ 在一定温度下为一常数。从式(5-5)中可类似得到，空穴俘获率与空穴浓度 $p$ 和被占据的杂质 $f_t N_t$ 有关，而 $c_p$ 在一定温度下也为一常数。

电子和空穴热激发率分别为

$$E_e^{th} = e_n f_t N_t = c_n n_1 f_t N_t \tag{5-8}$$

$$H_e^{th} = e_p (1 - f_t) N_t = c_p p_1 (1 - f_t) N_t \tag{5-9}$$

式中，$e_n$ 和 $e_p$ 分别为电子和空穴热激发系数，即

$$e_n = c_n n_1 \tag{5-10}$$

$$e_{\mathrm{p}} = c_{\mathrm{p}} p_1 \tag{5-11}$$

式中，

$$n_1 = N_{\mathrm{c}} \exp\left(\frac{E_{\mathrm{t}} - E_{\mathrm{c}}}{kT}\right) \tag{5-12}$$

$$p_1 = N_{\mathrm{v}} \exp\left(\frac{E_{\mathrm{v}} - E_{\mathrm{t}}}{kT}\right) \tag{5-13}$$

电子和空穴光激发率分别为

$$E_{\mathrm{e}}^{\mathrm{opt}} = f_{\mathrm{t}} N_{\mathrm{t}} \int_{\lambda_{\mathrm{n,min}}}^{\lambda_{\mathrm{n,max}}} \sigma_{\mathrm{n}}^{\mathrm{opt}}(\lambda) \phi_{\mathrm{ph}}(x,\lambda) \mathrm{d}\lambda \tag{5-14}$$

$$H_{\mathrm{e}}^{\mathrm{opt}} = (1 - f_{\mathrm{t}}) N_{\mathrm{t}} \int_{\lambda_{\mathrm{p,min}}}^{\lambda_{\mathrm{p,max}}} \sigma_{\mathrm{p}}^{\mathrm{opt}}(\lambda) \phi_{\mathrm{ph}}(x,\lambda) \mathrm{d}\lambda \tag{5-15}$$

式中，$\sigma_{\mathrm{n}}^{\mathrm{opt}}(\lambda)$ 和 $\sigma_{\mathrm{p}}^{\mathrm{opt}}(\lambda)$ 分别为杂质光激发截面，$\phi_{\mathrm{ph}}(x,\lambda)$ 为距离光照面深度为 $x$ 的光子通量的光谱分布(即单位面积单位波长每秒入射的光子数)。其中式(5-14)和式(5-15)中的 $\lambda_{\mathrm{n,min}}$ 和 $\lambda_{\mathrm{p,min}}$ 都设置为 1107nm，对应于 Si 禁带波长，而波长小于 1107nm 的光子都被本征吸收了。

为了方便，把式(5-14)和式(5-15)记为

$$E_{\mathrm{e}}^{\mathrm{opt}} = f_{\mathrm{t}}\, g_{\mathrm{n,max}} \tag{5-16}$$

$$H_{\mathrm{e}}^{\mathrm{opt}} = (1 - f_{\mathrm{t}})\, g_{\mathrm{p,max}} \tag{5-17}$$

其中，

$$g_{\mathrm{n,max}} = N_{\mathrm{t}} \int_{\lambda_{\mathrm{n,min}}}^{\lambda_{\mathrm{n,max}}} \sigma_{\mathrm{n}}^{\mathrm{opt}}(\lambda) \phi_{\mathrm{ph}}(x,\lambda) \mathrm{d}\lambda \tag{5-18}$$

$$g_{\mathrm{p,max}} = N_{\mathrm{t}} \int_{\lambda_{\mathrm{n,min}}}^{\lambda_{\mathrm{n,max}}} \sigma_{\mathrm{n}}^{\mathrm{opt}}(\lambda) \phi_{\mathrm{ph}}(x,\lambda) \mathrm{d}\lambda \tag{5-19}$$

式中，$g_{\mathrm{n,max}}$ 为杂质全占满时达到的电子的最大光激发率，$g_{\mathrm{p,max}}$ 为杂质全空时达到的空穴的最大光激发率。

现在考虑稳态的情况，稳态时杂质能级上的电子净俘获率等于空穴净俘获率，即

$$U = E_{\mathrm{capt}} - (E_{\mathrm{e}}^{\mathrm{th}} + E_{\mathrm{e}}^{\mathrm{opt}}) = H_{\mathrm{capt}} - (H_{\mathrm{e}}^{\mathrm{th}} + H_{\mathrm{e}}^{\mathrm{opt}}) \tag{5-20}$$

把式(5-4)～式(5-7)、式(5-16)和式(5-17)代入式(5-20)中，得到杂质能级的占有率为

$$f_{\mathrm{t}} = \frac{c_{\mathrm{n}} n N_{\mathrm{t}} + c_{\mathrm{p}} p_1 N_{\mathrm{t}} + g_{\mathrm{p,max}}}{c_{\mathrm{n}} N_{\mathrm{t}}(n + n_1) + (g_{\mathrm{n,max}} + g_{\mathrm{p,max}}) + c_{\mathrm{p}} N_{\mathrm{t}}(p + p_1)} \tag{5-21}$$

再把式(5-21)代入式(5-20)中，得到杂质能级上的净复合率为

$$U=\frac{np-n_1^* p_1^*}{\tau_{n0}\left(p+p_1^*\right)+\tau_{p0}\left(n+n_1^*\right)} \tag{5-22}$$

式中，$\tau_{n0}$ 和 $\tau_{p0}$ 为少子寿命，并且

$$\tau_{n0}=\frac{1}{c_n N_t}, \quad \tau_{p0}=\frac{1}{c_p N_t} \tag{5-23}$$

$$n_1^*=n_1+\tau_{n0} g_{n,\max}, \quad p_1^*=p_1+\tau_{p0} g_{p,\max} \tag{5-24}$$

可以看出，式(5-22)为广泛应用的标准 SRH 复合率形式，只是 $n_1$ 和 $p_1$ 上加了星号，加星号表示 $n_1^*$ 和 $p_1^*$ 包含了杂质光激发率，即式(5-24)。假如杂质光激发率为 0，即 $n_1^*=n_1, p_1^*=p_1$，则与标准 SRH 复合模型完全一致。

另外，在式(5-14)，式(5-15)和式(5-18)，式(5-19)中，$\phi_{ph}(x,\lambda)$ 为

$$\phi_{ph}(x,\lambda)=\phi_{ext}(\lambda)\frac{1+R_b e^{-4\alpha_{tot}(\lambda)(L-x)}}{1-R_f R_b e^{-4\alpha_{tot}(\lambda)L}} e^{-2\alpha_{tot}(\lambda)x} \tag{5-25}$$

其中，$\phi_{ext}(\lambda)$ 为外部入射光子通量，$R_f$ 和 $R_b$ 分别为太阳电池内部前后表面的反射系数，$L$ 为太阳电池总厚度，$\alpha_{tot}$ 为太阳电池总的吸收系数，且

$$\alpha_{tot}(\lambda)=\alpha_n(\lambda)+\alpha_p(\lambda)+\alpha_{fc}(\lambda)+\alpha_{e\text{-}h}(\lambda) \tag{5-26}$$

其中，$\alpha_{e\text{-}h}(\lambda)$ 为本征吸收，$\alpha_n(\lambda)$ 和 $\alpha_p(\lambda)$ 分别为杂质能级上电子和空穴被光激发而产生的吸收系数，$\alpha_{fc}(\lambda)$ 为自由载流子吸收，不参与电子空穴对的产生。在式(5-26)中，有

$$\alpha_n(\lambda)=f_t N_t \sigma_n^{opt}(\lambda) \tag{5-27}$$

$$\alpha_p(\lambda)=(1-f_t)N_t \sigma_p^{opt}(\lambda) \tag{5-28}$$

$$\alpha_{fc}(\lambda)=C_{fc}^n \lambda^2 n+C_{fc}^p \lambda^2 p \tag{5-29}$$

其中，$C_{fc}^n$ 和 $C_{fc}^p$ 为经验常数，$C_{fc}^n=1.8\times10^{-18}, C_{fc}^p=2.7\times10^{-18}$。

按照式(5-29)计算，可得自由载流子吸收 $\alpha_{fc}(\lambda)$ 数值非常小，与计算所得的 $\alpha_n(\lambda)$ 或 $\alpha_p(\lambda)$ 相差一个数量级以上，且不参与电子空穴对的产生，对光电流没有贡献，故在本研究中没有考虑自由载流子吸收的影响。

### 5.3.3 杂质光伏太阳电池的数值计算举例

#### 1. 单能级杂质 Te 对 IPV 太阳电池性能的影响

在 Si 中掺 Te 时会形成施主型杂质，这时研究的 IPV 太阳电池结构设置为 npp$^+$ 型，n 区厚度和掺杂浓度分别为 $d$ =1μm 和 $N_D$=$10^{18}$ cm$^{-3}$；p 区厚度和掺杂浓度分别为 $d$=100μm 和 $N_A$=$10^{17}$ cm$^{-3}$；p$^+$区厚度和掺杂浓度分别为 $d$= 5μm 和 $N_A$=$10^{18}$ cm$^{-3}$，假定光激发杂质仅存在基区即 p 区，光从 n 侧入射。

图 5-23～图 5-27 为不同 Te 浓度对太阳电池性能的影响。从图 5-25 可以看出，当 Te 的浓度小于未掺 Te 时的基区浓度时，随着 Te 的浓度增大，短路电流密度 $J_{sc}$ 从 40.27mA/cm$^2$ 升高至 45.65mA/cm$^2$，也就是说，由于 Te 杂质的加入，$J_{sc}$ 能净增加 5.38mA/cm$^2$，增加的来源在于掺 Te 使得太阳电池基区形成了一个位于导带下 0.14eV 的杂质能级，一些小于禁带宽度的子带光子被吸收，使得价带电子从价带跃迁到杂质能级，杂质能级的电子再被激发跃迁到导带(由于杂质能级接近导带底，此处杂质能级到导带跃迁主要是热激发起作用)，从而额外地产生了电子空穴对，对光电流也就有了额外的贡献。当 Te 的浓度大于基区浓度 $N_A$ 时，$J_{sc}$ 迅速减小。$J_{sc}$ 减小的原因在于 Te 掺杂过度补偿，基区的 p 型特征将会变成 n 型，使得杂质能级几乎完全占满，这时价带到杂质能级的激发概率下降，使得杂质能级到导带的光激发最大化，因而 $J_{sc}$ 迅速下降。

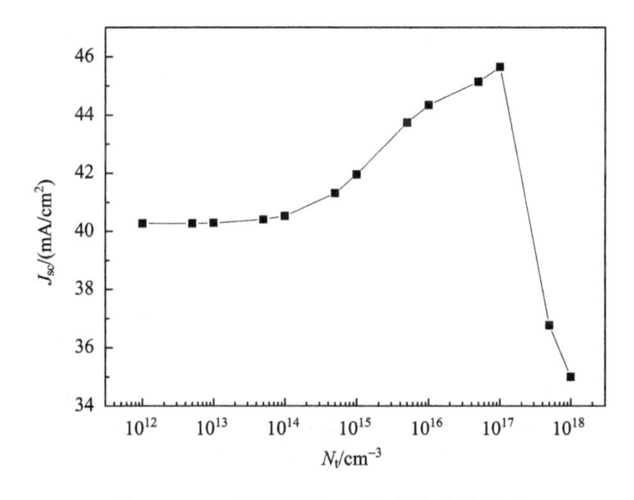


图 5-25　$J_{sc}$ 随不同掺 Te 浓度的变化关系

图 5-26 为不同 Te 浓度对太阳电池开路电压 $V_{oc}$ 的影响。从图中可见，随着掺 Te 浓度的增大，开路电压缓慢下降，这主要归因于太阳电池结构为 npp$^+$型，即增加的 p$^+$层可以保证太阳电池的内建电势不至于随 Te 杂质的补偿而下降很多，因而保证了开路电压不会随之迅速下降。

图 5-27 为不同 Te 浓度对太阳电池转换效率的影响。从图中可得，当 Te 的浓度小于未掺 Te 时的基区浓度 $N_A$ 时，随着 Te 的浓度增大，太阳电池转换效率从 25.03%升高至 27.82%，主要在于 $J_{sc}$ 的增大和 $V_{oc}$ 的减小的共同作用，注意到 Te 浓度增大到与基区浓度相同时，即刚好完全补偿时，太阳电池的电阻将会迅速增

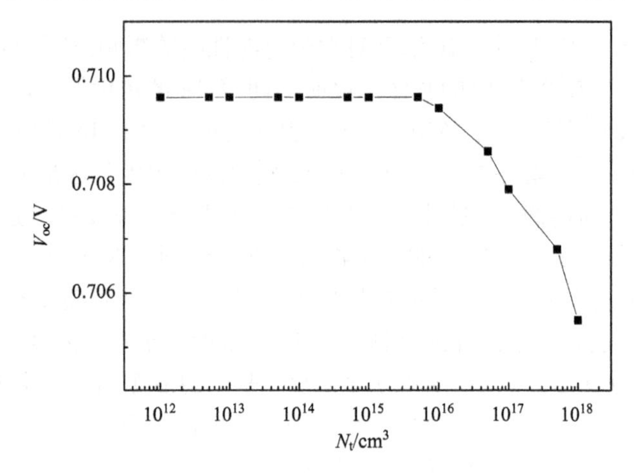


图 5-26　$V_{oc}$随不同掺 Te 浓度的变化关系

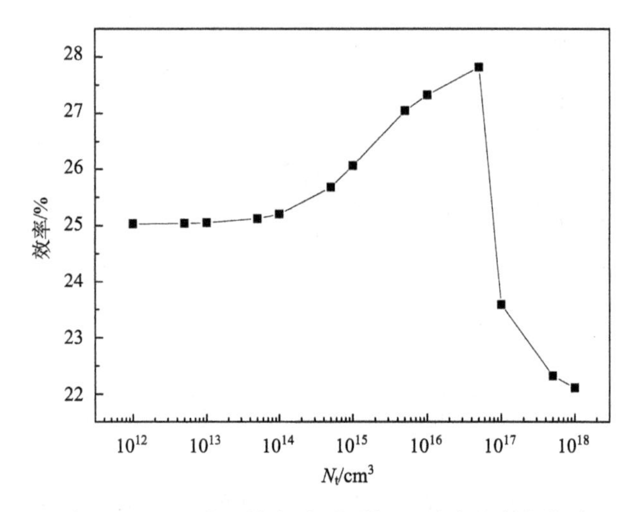


图 5-27　太阳电池效率随不同掺 Te 浓度的变化关系

大，这时太阳电池转换效率下降要考虑电阻增大的因素。也发现当太阳电池没有掺 Te 时的太阳电池转换效率与掺 Te 浓度为 $10^{12}$cm$^{-3}$时基本相同，可见由于加入了 Te 杂质，太阳电池转换效率可净增加 2.79%，也证明利用杂质光伏效应掺 Te 是一种用来提高太阳电池效率的有效方法。

2. 单能级杂质 In 的热俘获截面对 IPV 太阳电池性能的影响

杂质 In 在 Si 中形成受主型杂质，这时 IPV 太阳电池结构设置为 pnn$^+$型，p 区厚度和掺杂浓度分别为 $d = 1$μm 和 $N_A$=$10^{18}$cm$^{-3}$；n 区厚度和掺杂浓度分别为 $d = 100$ μm 和 $N_D$= $10^{17}$ cm$^{-3}$；n$^+$区厚度和掺杂浓度分别为 $d = 5$μm 和 $N_D$= $10^{18}$ cm$^{-3}$，

假定光激发杂质仅存在基区，即 n 区，光从 p 区入射。

由于杂质 In 在 Si 中的热俘获截面值在不同文献中有不同的报道，而且相差很大，因而本节研究不同的热俘获截面对 IPV 太阳电池性能的影响。采用的方法是，分别改变电子和空穴的热俘获截面而得到 IPV 太阳电池的短路电流密度 $J_{sc}$，开路电压 $V_{oc}$ 和转换效率 $\eta$，需要注意的是，由于 In 在 Si 中形成受主型杂质，则空穴热俘获截面 $\sigma_p^{th}$ 要大于或等于电子热俘获截面 $\sigma_n^{th}$，因为带负电荷的 In 对空穴有库仑引力的作用，而电中性的 In 对电子的俘获截面应该要小，甚至小很多。计算得到的结果如图 5-28～图 5-30 所示。

从图 5-28 可以看到，当 $\sigma_p^{th}=10^{-12}\,cm^{-2}$，且 $\sigma_n^{th}$ 从 $10^{-22}cm^2$ 到 $10^{-14}cm^2$ 变化时，$J_{sc}$ 从 $46.23mA/cm^2$ 迅速减小到 $17.09mA/cm^2$，然而，当保持 $\sigma_n^{th}$ 不变时，$\sigma_p^{th}$ 取不同的值时，$J_{sc}$ 变化很小，可见 $\sigma_n^{th}$ 的大小在此 IPV 太阳电池中具有关键作用。也可以看到，当 $\sigma_n^{th}<10^{-19}cm^2$ 时，不管 $\sigma_p^{th}$ 多大，都可以得到净的电流密度收益 $\Delta J_{sc}$，即 $\Delta J_{sc}>0$。为何 $\Delta J_{sc}$ 仅对 $\sigma_n^{th}$ 的大小非常敏感，原因分析如下。

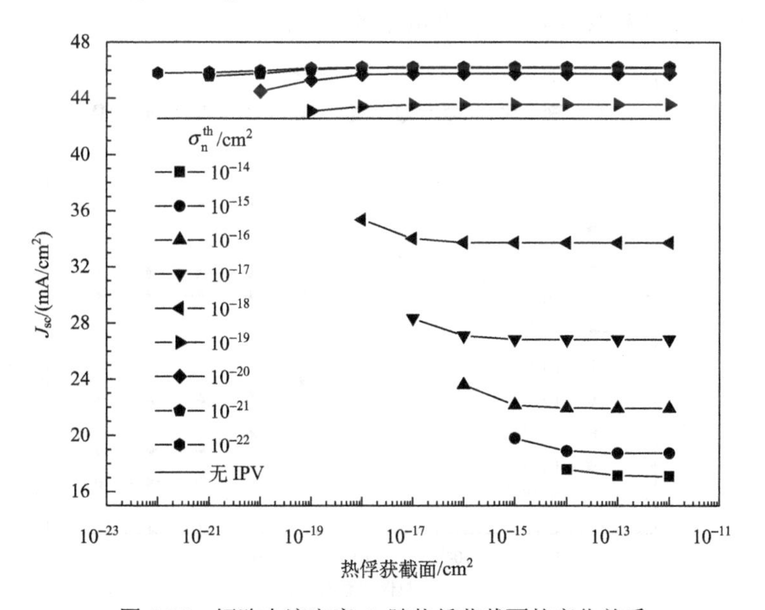


图 5-28　短路电流密度 $J_{sc}$ 随热俘获截面的变化关系

根据 In 杂质能级位置(价带上方 0.157eV)，按照公式(5-12)和式(5-13)，可以得到 $n_1$ 和 $p_1$ 分别等于 $1.7\times10^3cm^{-3}$ 和 $2.4\times10^{16}cm^{-3}$，于是有

$$\left(n_1+\tau_{n0}g_{nt}\right)\left(p_1+\tau_{p0}g_{pt}\right)\approx\left(\tau_{n0}g_{nt}\right)p_1=\frac{1}{\sigma_n^{th}}\left(\frac{p_1}{v_T}\int_{\lambda_g}^{\lambda_{n,\max}}\sigma_n^{opt}(x,\lambda)\phi_{ph}(x,\lambda)\,d\lambda\right)\tag{5-30}$$

如果$\sigma_n^{th}$足够小，则净复合率将会是负值，即其绝对值成了净产生率，这时杂质 In 在 IPV 太阳电池中起正面作用。IPV 效应产生光载流子的过程可分为两步：第一步，电子从价带激发到 In 杂质能级；然后第二步，从 In 杂质能级激发到导带。根据 $n_1$ 和 $p_1$ 数值的大小可得，第一步主要是热激发产生跃迁，第二步主要靠光激发产生跃迁。因而，第二步对完成 IPV 光载流子是至关重要的，它决定了 IPV 光生载流子产生的数量。如果$\sigma_n^{th}$数值比 $10^{-19}\text{cm}^2$ 大很多，则电子俘获率 $E_{capt} = (1-f_t)c_n nN_t$ 将远大于电子光激发率 $E_e^{opt} = f_t N_t \int_{\lambda_{n,min}}^{\lambda_{n,max}} \sigma_n^{opt}(\lambda)\phi_{ph}(x,\lambda)\text{d}\lambda$，这样一来，复合率大于产生率，$\Delta J_{sc}$ 将变成负值，因此$\sigma_n^{th}$是一个关键参数。

从图 5-29 可以看出，不管热俘获截面如何变化，掺入 In 的太阳电池的 $V_{oc}$ 比没掺 In 时要减小，当$\sigma_n^{th}$变大时，$V_{oc}$ 减小得越多。同样大小的$\sigma_n^{th}$，不同的$\sigma_p^{th}$对太阳电池开路电压变化很小，主要在于$\sigma_n^{th}$对于多数载流子电子的复合是很临界的，大的复合将使太阳电池的反向饱和电流密度增大，开路电压将减小。在利用 IPV 效应时，应考虑掺杂后 $V_{oc}$ 会减小的因素。

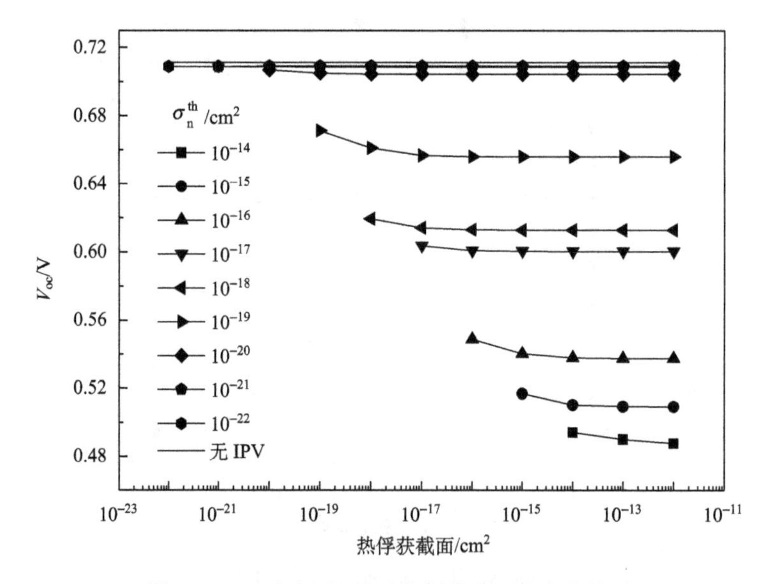


图 5-29　开路电压 $V_{oc}$ 随热俘获截面的变化关系

从图 5-30 可以看出，当$\sigma_p^{th}=10^{-12}\text{ cm}^2$，且$\sigma_n^{th}$从 $10^{-22}\text{ cm}^2$ 变化到 $10^{-14}\text{ cm}^2$ 时，太阳电池转换效率则从 28.40%下降到 6.70%，显示太阳电池转换效率强烈依赖于$\sigma_n^{th}$。当没有杂质 In 掺入时，转换效率为 26.58%。对于此掺 In 的太阳电池，若要通过 IPV 效应提高太阳电池转换效率，则 In 的电子热俘获截面应该小于 $10^{-20}\text{ cm}^2$ 才可能实现。

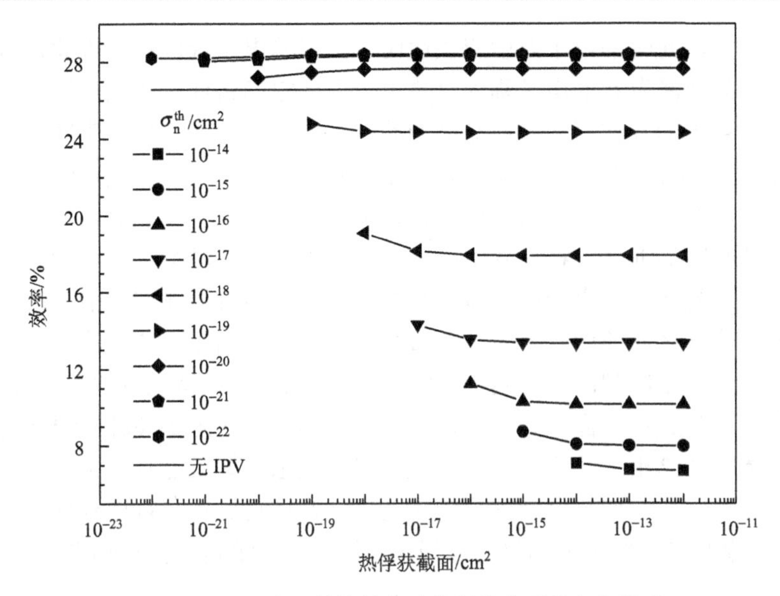


图 5-30　太阳电池转换效率随热俘获截面的变化关系

如果是靠近导带边的施主型 IPV 杂质，也可以做类似的分析并推断出空穴热俘获截面 $\sigma_p^{th}$ 大小对提高 IPV 太阳电池转换效率有关键作用。

实际上，热俘获截面的数值确实不容易精确测量。对于杂质 In 在 Si 中的热俘获截面，不同的报道值相差好几个数量级，如果哪一天能够测量出它的确切值，则可以根据上面的结论来判断杂质 In 是否适合用于 IPV 太阳电池中。而对于准备用于 IPV 太阳电池的其他杂质，也可以根据它们的热俘获截面大致来判断它们用于 IPV 太阳电池对提高转换效率的潜能。不过有一点可以断定，对于靠近价带边的深能级受主型杂质，如果它的电子热俘获截面很大，则它不适合用于 IPV 太阳电池；同理，对于靠近导带边的深能级施主型杂质，如果它的空穴热俘获截面很大，则它也不适合用于 IPV 太阳电池。

假设用于 IPV 效应的杂质掺杂浓度非常高，引起了 Mott 相变，那么这时杂质能级就会形成杂质带，杂质带会压制非辐射复合，预计太阳电池转换效率会提高更多，这时的杂质带叫做中间带，相应的太阳电池为中间带太阳电池(IBSC)，这将是本研究后续工作的研究重点。

## 5.4　热载流子太阳电池

当吸收层吸收了大于或远大于禁带宽度的光子后，会有电子从价带跃迁到远高于导带底的高能级区域内。这些处于高能激发态的电子具有远比导带底的电子高得多的能量，此时的电子温度应该远比平衡态的电子温度高，因此，可以将这些处于导带高能激发态的电子称为“热电子”。它们将通过“热化”过程将多余的能量经与声子的互作用，变成晶格振动能，而自身弛豫落到导带底，回到平衡态。价带的空穴具有类似的过程。仅此热化损失将达 60%左右。图 5-31 详细描述了热化过程，亦即半导体材料受短波长、高强度脉冲激光照射后，电子(空穴)的能量分布随时间的演变过程。其中：①表示受光照之前时刻的热平衡态；②代表直接受光照时刻非平衡电子的整体被激发、跃迁到导带激发态的情况；③经过不到皮秒的载流子之间的散射，电子分布开始发散；④描述“热载流子”的热化；⑤说明载流子开始冷却；⑥在纳秒量级内，热化的载流子将能量交给晶格，然后大部分落入导带底；⑦描述在毫秒量级内发生载流子的复合；⑧回到热平衡状态。这个图示清晰地给出了热化的时间关系。可以设想，如果能有一种办法延缓热电子的弛豫过程，在它们热化回到导带底之前，就将它们传导输送到外部金属电极去，形成负载电流，则可挽回这部分损失。其中的关键是如何将热电子尽快导出。

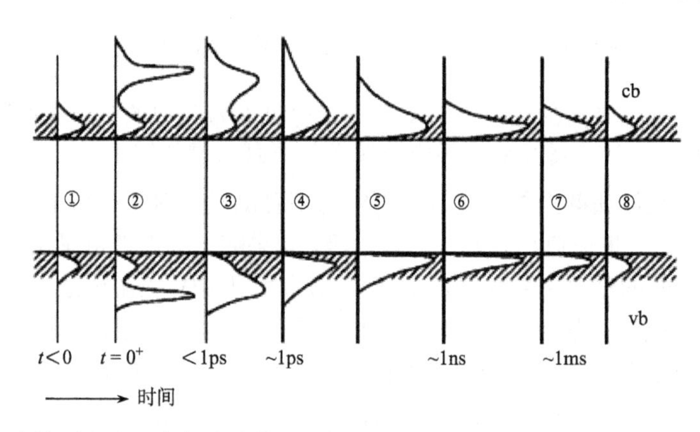


图 5-31　用短波长高强度的脉冲激光照射后半导体内电子(空穴)分布的时间演变过程

早在 1982 年，Ross 和 Nozik 就提出热载流子太阳电池(hot carrier solar cell)的概念。所谓的热载流子太阳电池，就是要在这些“热”载流子还处于高能态的“热”状态下就被太阳电池的电极所收集，以提高输出电压。这要求延缓热载流子的冷却速率，使其处于“热态”的时间从皮秒延长到纳秒量级(注:纳秒相当于常规情况下辐射复合的时间)，这样才有可能使热电子仍处于高能状态下就被电极收集，而不至于通过声子散射将能量交给声子，自身“冷却”回落到导带底。要能及时传导这种“热”载流子，则要求有提供热载流子传导的通道。2002 年，Nozik 发文称，可以通过量子点在宽导带或宽价带边形成能带很窄的导带 Ee 或价带 Eh，构成能量选择接触(energy selective contact, ESC)，为热电子提供共振隧穿通道，将热电子快速传递到金属电极中。所谓 ESC 的能量选择，是指 ESC 要求与之共振的热载流子的能量与自身窄的能带宽度(kT 量级)相当，亦即该接触只选择接受和自身能量相当的热载流子进行传导，并因此而得名。从减少能量损失的角度，这个窄能带的最高位置应该是尽量高为好；而最低位置是阻止传导到外电极的冷载流子逆向返回到接收体内，加速热载流子的冷却，所以也要求最低位置尽可能高，因此这个窄带的宽度在 kT 量级。

图 5-32(a)示出了热载流子太阳电池的结构示意图，它由光接收体和与能量相关的选择接触部分以及金属电极组成。如图 5-32(b)所示，由量子点的量子限制效应，形成微型窄能带。由于这些微型子能带间距远大于声子的能量，可降低热载流子冷却时间(亦即减缓与声子的能量交换时间)，有利于热载流子太阳电池的实现。理论计算的最高效率可达 60%；若优化聚光条件，理想的热载流子太阳电池最高转换效率，依计算参数选取的不同，可达到(或超过)85%。

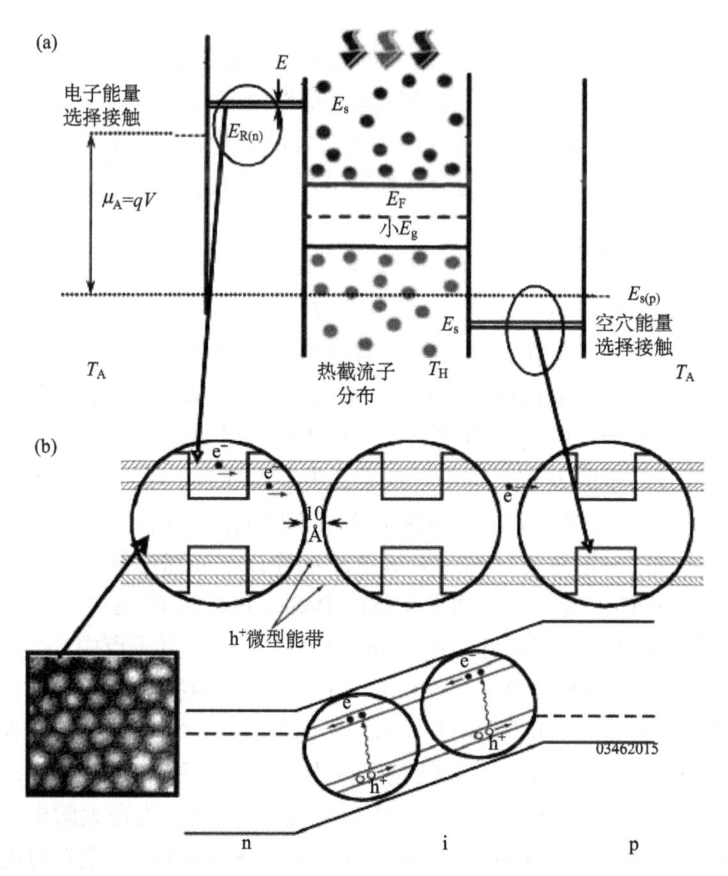


图 5-32　(a)热载流子太阳电池的能带图及(b)由量子点构成的微型窄带的示意图

## 5.5 碰撞电离太阳电池

碰撞电离太阳电池，又称为多重激子激发太阳电池。

减小热化损失的另一种途径，就是提高高能光子的量子产率。一种称为多重激子激发(multiple exciton generation, MEG)或者多载流子激发(multiple carrier generation, MCG)的过程被提了出来。该过程实际是半导体内的碰撞离化过程，亦是俄歇过程的逆过程，即两个电子-空穴对的复合，产生单个高能量的电子-空穴对。针对热电子，要能够产生电子-空穴对的多重激发，就要求碰撞电离的速率或者电子-空穴对多重激发的速率，远高于热载流子冷却的速率；热电子的转移速率以及正向俄歇过程的速率，也就是说热电子变成冷电子的速率必须快于辐射复合速率。

对于晶体材料而言，这种多重激发的概率总会存在但是比较小，原因是这种激发除了要满足能量守恒之外，还必须满足动量守恒。例如，对于晶体硅，光子能量为 4eV(为硅带隙 $E_g$ 的 3.6 倍)，多重激发的产生概率只有 5%；如果光子能量为 4.8eV，产生的概率也只有 25%(总量子产率为 125%)。这是很低的，常规情况下难以实现。但是对于量子点而言，参见图 5-33，由于载流子在三维空间中的量子限制效应，伴随电子-空穴对之间库仑相互作用的增强将形成激子；此时在量子点体系，“动量”已不再是一个好的量子数。因此，在量子点结构中，远高于带隙能量的光子无须满足在晶体中需要满足的动量守恒，其正向“俄歇”过程的速率及其逆向过程的速率得以明显提高，如图 5-33 所示。价带电子激发到导带的高激发态，它与价带中的空穴构成激子，当落回导带底时，多余的能量不是交给声子而是交给价带中的另一个电子，把它激发到导带底。如果是一个光子产生了两个以上的电子-空穴对，量子产率将在 2 或 3 以上。有文献报道，对单结太阳电池，效率可从 33.7%增至 44.4%。无机纳晶半导体，如球形量子点、量子棒、量子线，均具有 MEG 的能力。在纳米晶体的 PbSe、PbS 和 PbTe 中已经有多重激发电子-空穴对的报道，更有甚者，在 3.9nm 直径的 PbSe 量子点中，当用 $4E_g$ 光子能量激发时可得到 300%的量子产率。H. Queisser 等根据热动力学计算，给出极限效率与带隙的关系，参见图 5-34 所示。受到多重激子激发产额的调制，带隙较窄的材料，MEG 对极限效率的贡献越大。不过至今虽测到 MEG 的产额可达到 300%，但还没有得到光电流也大于 100%的报道。这是因为在太阳电池内，不仅要求有高的激子(电子-空穴对)产生率，同时还要求这些电子-空穴对能够及时以相反方向分离并被电极收集，才能形成光生电流，因此对光生激子的分离与收集的研究将是新的挑战。

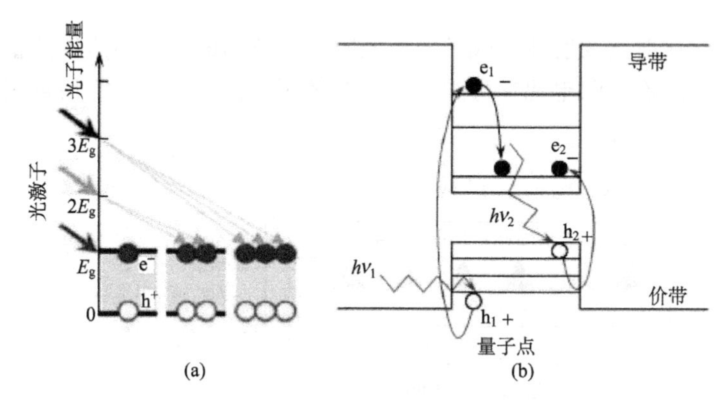


图 5-33　(a)产生多重激子(MEG)的示意图；(b)量子点能增强电子-空穴对(激子)的多重激发

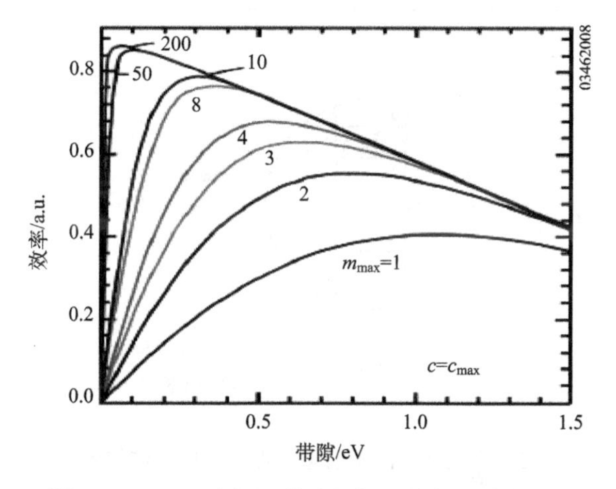


图 5-34　MEG 产额对带隙与极限效率关系的调制

量子点太阳电池的结构示例可参见图 5-35，其中图 5-35(a)中的 pin 异质结太阳电池的本征区内采用了具有多重激发效应的多层 InAs 量子点阵列，高能量光子可产生多个激子，再利用内建电场去分离激子，达到提高光生电流的作用。图 5-35(b)示出在聚合物中混有量子点的有机太阳电池结构。

## 5.6　热光伏太阳电池

在热光伏(thermophotovoltaic, TPV)光电转换系统中，太阳光不是直接照射到太阳电池表面，而是照到一个中间吸收/发射体上，如图 5-36 所示，这个吸收/发射体被加热后，再以特定波长辐射到太阳电池表面，产生电能。TPV 太阳电池的优势在于能避免普通单结太阳电池中的能量损失。若在发射体和太阳电池之间插入一个滤波片，只允许能量略大于太阳电池材料禁带的光子通过，则低能量和高能量光子都被反射回发射体，或者通过太阳电池背面的反射镜将低能量光子送回给发射体，甚至连太阳电池本身的辐射复合都可以被发射体吸收后再利用。

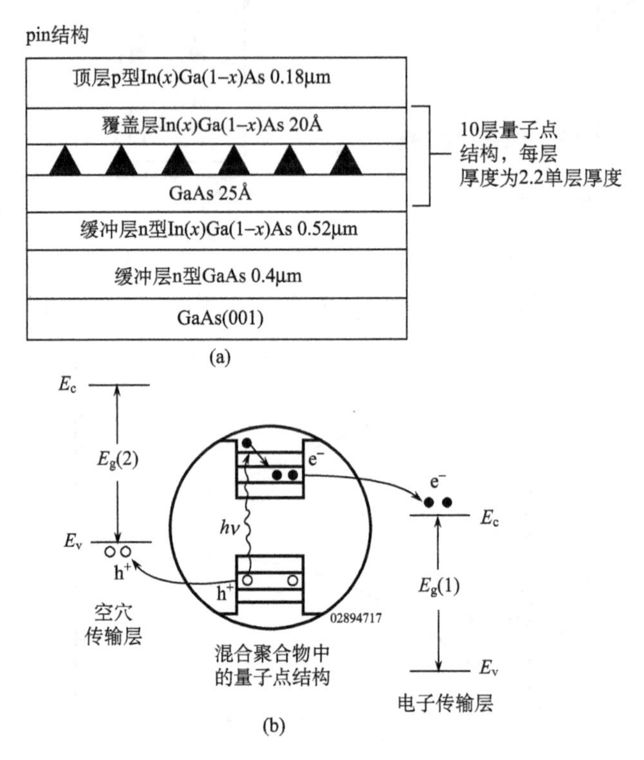


图 5-35　产生多重激子的量子点太阳电池结构示意图

(a) 多层 InAs 量子点镶嵌于 InGaAs 的 pn 层之间的异质结器件结构；(b) 分散于混合聚合物内的量子点构成的有机太阳电池

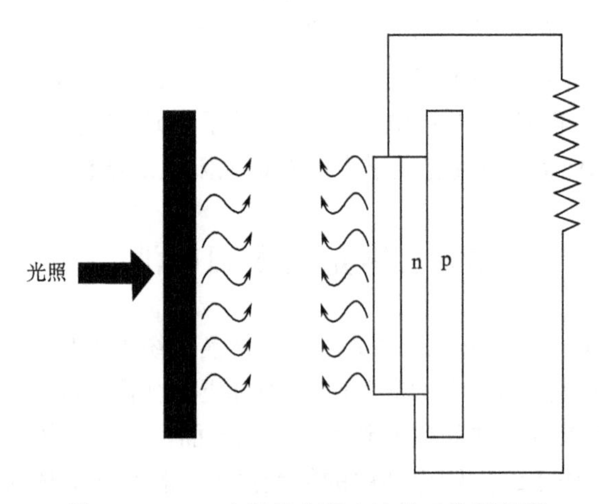


图 5-36　TPV 太阳能太阳电池的工作原理图

Harder 和 Wurfel 用细致平衡理论计算了 TPVSC 的极限效率，结果与热载流子太阳电池的极限效率几乎相同。在全聚光条件下，当发射体的工作温度为 2544K 时，太阳电池的极限效率为 85%；在一个太阳光照条件下，发射体的温度为 865K 时，太阳电池的极限效率达到 54%。在大多数情况下，发射体的温度在 1100～1500K，对应辐射波长为 1.9～2.6μm，因此制备 TPVSC 应选窄带隙(0.5～0.6eV)的半导体材料。近几年，基于 InP 和 GaSb 的 TPVSC(如 GaInAs、GaAsInSb 等)取得了迅速发展。

## 5.7　上下转换太阳电池

上下转换太阳电池利用的是光子的上转换(up conversion)和下转换(down conversion)原理。上转换即至少吸收两个能量小于带宽的光子，然后发射出一个能量大于带宽的光子；下转换即吸收 1 个能量至少 2 倍于带宽的光子，发射出两个能量稍大于带宽或等于带宽的光子。下转换材料放在标准单结太阳电池的前面，通过把高能量的紫外线转换成可见光来增加光生电流，这就要求它的量子效率大于 1。目前研究发现一些发光材料、多孔 Si 和纳米晶硅等均具有较高的量子效率。另外，量子点中的载流子倍增机制也可用于下转换，但要使量子效率大于 1 仍很困难，相关研究正在进行。上转换材料是附加在标准单结太阳电池的后面，用以充分吸收能量小于带宽的光子，从而提高转换效率。由于上转换材料不会干扰前面单结太阳电池的入射光，所以即便是低效率的上转换材料亦可增加光生电流，提高太阳电池的转换效率。

本章介绍了新概念太阳电池中的叠层太阳电池、碰撞电离太阳电池、多能带(能级)太阳电池、热载流子太阳电池、热光伏太阳电池和上下转换太阳电池的光伏物理技术。因为新概念太阳电池具有转换效率高、制造成本低等突出优点，成为当前光伏领域重要的研究方向。可以预见，随着工艺条件的改善和理论研究的深入，新概念太阳电池将在未来的光伏市场中有广阔的发展前景。

### 思考练习题

(1) 三代太阳电池各指的是什么？

(2) 太阳电池的光电转换损失主要过程有哪些？

(3) 简述叠层太阳电池基本原理。

(4) 构建叠层太阳电池要注意哪些问题？

(5) 中间带的形成途径有哪些？这些形成方法各有什么优势？

(6) 半导体材料受短波长、高强度脉冲激光照射后，电子(空穴)的能量分布随时间的演变过程是如何的？

## 参 考 文 献

[1] Luque A, Hegedus S. Handbook of Photovoltaic Science and Engineering. Chichester: Wiley, 2003.

[2] Mott N F. Metal-insulator transition. Reviews of Modern Physics, 1968, 40(4): 677-683.

[3] Luque A, Marti A. Increasing the efficiency of ideal solar cells by photon induced transitions at intermediate levels. Physical Review Letters, 1997, 78(26): 5014-5017.

[4] Antolin E, Marti A, Olea J, et al. Lifetime recovery in ultrahighly titanium-doped silicon for the implementation of an intermediate band material. Applied Physics Letters, 2009, 94(4): 042115.

[5] Luque A, Marti A. The intermediate band solar cell: progress toward the realization of an attractive concept. Advanced Materials, 2010, 22(2): 160-174.

[6] Luque A, Marti A. Photovoltaics: towards the intermediate band. Nature Photonics, 2011, 5(3): 137-138.

[7] Shockley W, Quiesser H J. Detailed balance limit of efficiency of pn junction solar cells. Journal of Applied Physics, 1961, 32(3): 510-519.

[8] Guttler G, Queisser H J. Impurity photovoltaic effect in silicon. Energy Conversion, 1970, 10(2): 51-55.

[9] Wurfel P. Limiting efficiency for solar cells with defects from a three-level model. Solar Energy Materials and Solar Cells, 1993, 29(4): 403-413.

[10] Keevers M J, Green M A. Efficiency improvements of silicon solar cells by the impurity photovoltaic effect. Journal of Applied Physics, 1994, 75(8): 4022-4031.

[11] Green M A. Third Generation Photovoltaics: Advanced Solar Energy Conversion. Berlin: Springer, 2004.

[12] Green M A, Emery K, Hishikawa Y, et al. Solar cell efficiency tables (Version 38). Progress in Photovoltaics: Research and Applications, 2011, 19(5): 565-572.

[13] Yuan J R, Shen H L, Huang H B, et al. Positive or negative gain: role of thermal capture cross sections in impurity photovoltaic effect. Journal of Applied Physics, 2011, 110(10): 104508.

[14] Yuan J R, Shen H L, Zhou L, et al. Impurity photovoltaic effect in silicon solar cells doped with two impurities. Optical and Quantum Electronics, 2013, 46(11): 1457-1465.

[15] Yuan J R, Shen H L, Zhou L, et al. $\beta$-$FeSi_2$ as the bottom absorber of triple-junction thin-film solar cells: a numerical study. Chinese Physics B, 2014, 23(3): 038801.

[16] Yuan J R, Huang H B, Deng X H, et al. Preparation and characterization of the Si: Co layer for intermediate band solar cell applications. Optical Materials, 2018, 77(3): 34-38.

[17] Yuan J R, Huang H B, Deng X H, et al. Intermediate band materials obtained by rapid thermal process of Co-implanted silicon. Materials Letters, 2017, 209: 522-524.

[18] 赵杰，曾一平. 新型高效太阳能太阳电池研究进展. 物理, 2011, 40(4): 233-240.

[19] 赵颖，熊绍珍，张晓丹. 新一代太阳电池概述. 物理, 2010, 39(5): 314-323.

[20] 袁吉仁. 新型硅基高效太阳电池的输运性能研究. 南京航空航天大学博士学位论文, 2011.

# 第6章　p型晶体硅太阳电池技术

## 6.1　引　　言

p型晶体硅太阳电池技术成熟、成本低廉，是目前光伏市场的主流产品，占据了90%以上的市场份额。加之近年来p型晶体硅太阳电池技术不断推陈出新，其转换效率不断上升，成本不断下降，在未来较长时间内仍将占据市场的多数份额。但其仍有许多技术难题需要克服，比如说掺硼p型晶体硅片制成的太阳电池的光致衰减问题、可供未来产业技术升级所需要的新型器件结构储备不足等。如能克服，则其未来发展前景更加广阔，如不能或者发展速度不够，则可能被其他技术超越。

本章将系统讲解各类基于p型晶体硅片的太阳电池结构，分析各器件结构设计的思路及关键；将重点讲解p-Al背场和p-PERC结构晶体硅太阳电池，以及二者的制备技术。本章的难点在于各类太阳电池结构之间的区别与联系，制备技术控制要点的理解。

## 6.2　p型晶体硅太阳电池发展概况

太阳电池产业所用p型晶体硅太阳电池包括p型单晶硅和p型多晶硅太阳电池(图6-1)，其中p型多晶硅太阳电池因其较低的制造成本而占据了绝大部分市场份额。在技术发展方面，由于传统的p-Al背场晶体硅太阳电池技术已基本无可提升空间，加上“领跑者计划”及同行之间的竞争压力，光伏行业内出现了很多可用于p型晶体硅太阳电池的新技术，例如，选择性发射极(selective emitter，SE)技术、金属穿孔卷绕(metal wrap through，MWT)技术以及钝化发射极和背面电池(passivated emitter and rear cell，PERC)技术。

目前，基于量产技术的p型单晶硅太阳电池的最高转换效率达到了23.26%，是由隆基绿能公司在2017年10月27日发布的，该电池采用了PERC技术。

基于量产技术的p型多晶硅太阳电池的最高转换效率是由晶科能源公司在2017年10月2日发布的，达到了22.04%，同样采用了PERC技术。该电池采用了高质量硼掺杂多晶硅片，将陷光、钝化技术及抗光衰等先进技术统一集成在PERC技术框架下。

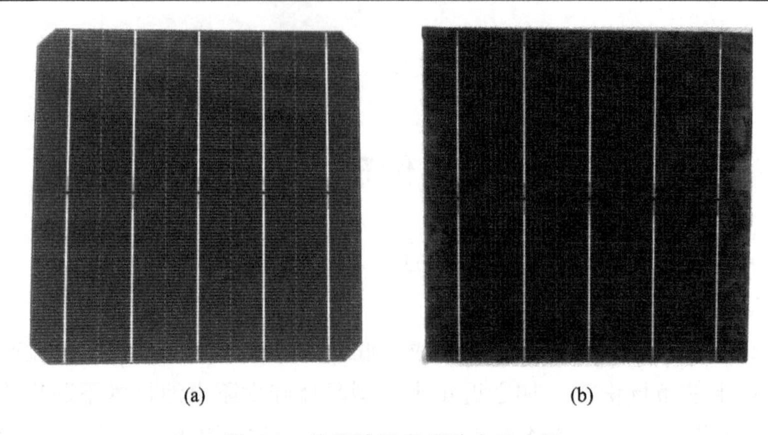


图 6-1　单晶硅和多晶硅太阳电池

(a) 单晶硅太阳电池；(b) 多晶硅太阳电池

# 6.3　p-Al 背场晶体硅太阳电池结构及制造技术

## 6.3.1　p-Al 背场单晶硅太阳电池结构及制造技术

p-Al 背场单晶硅太阳电池是典型的 pn 结型太阳电池[1]，它的研究最早、应用最广，是最基本且目前市场规模最大的太阳电池。由于硅中电子的迁移率 1350cm/(V·s) 大于空穴的迁移率 480cm/(V·s)，所以在实际器件制作工艺中，一般利用 1Ω·cm 左右的 (100) 晶面的掺硼 p 型晶体硅材料作为基质材料，通过扩散 n 型掺杂剂，形成 pn 结，其结构如图 6-2 所示。目前 p-Al 背场单晶硅太阳电池量产的光电转换效率为 19.5%～20%。

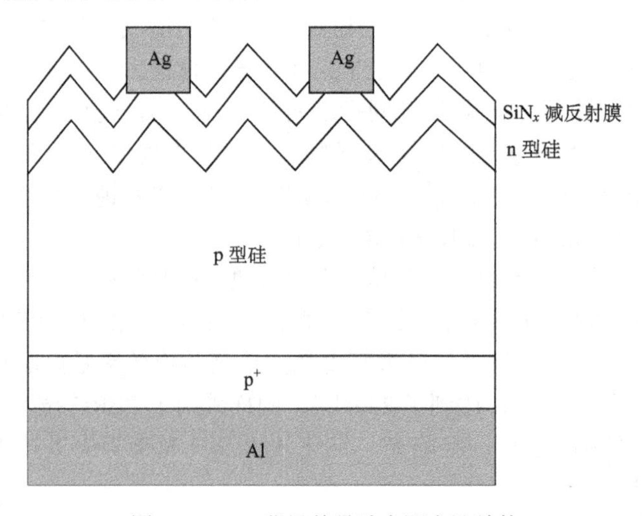


图 6-2　p-Al 背场单晶硅太阳电池结构

制造 p-Al 背场单晶硅太阳电池包括硅片检测、表面制绒、磷扩散制结、去边缘结和背结、沉积减反射膜、丝网印刷以及烧结等几个主要工序。太阳电池与其他半导体器件的主要区别是需要一个大面积的 pn 结来实现能量转换，电极用来输出电能，减反射膜的作用是使电池的输出功率进一步提高。一般来说，结特性是影响电池光电转换效率的最核心因素，电极除了影响电池的电性能外还关乎器件的可靠性和使用寿命。p-Al 背场单晶硅太阳电池的生产制造工艺流程如图 6-3 所示。

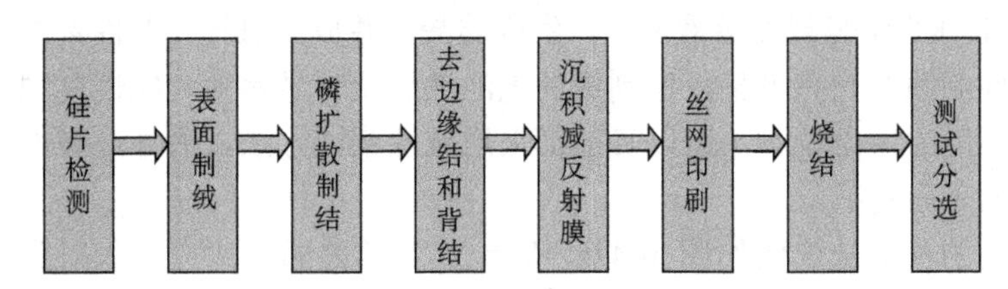


图 6-3　单晶硅电池片生产流程

1) 硅片检测

硅片是太阳电池片的基体，硅片质量的好坏直接决定了光伏电池片转换效率的高低，因此需要对来料硅片进行检测分选。该工序用来对硅片的一些技术参数进行在线测量，主要包括硅片表面平整度、少子寿命 (>10μs)、电阻率、微裂纹等指标。该组设备分自动上下料、硅片传输、系统整合部分和四个检测模块。其中，太阳硅片检测仪对硅片表面不平整度进行检测，同时检测硅片的尺寸和对角线等外观参数；微裂纹检测模块用来检测硅片的内部微裂纹：另外，还有两个检测模组，其中一个在线测试模组主要测试硅片体电阻率和硅片导电类型，另一个模块用于检测硅片的少子寿命。在进行少子寿命和电阻率检测之前，需要先对硅片的对角线、微裂纹进行检测，并自动剔除破损硅片。硅片检测设备能够自动装片和卸片，并且能够将不合格品放到所设定位置，检测精度和效率很高。

2) 表面处理——制绒清洗

硅片表面处理的目的有两个，一是“制绒”，将硅片的表面制成凹凸不平的结构，以减少硅片表面的反射率；二是清洗，将硅片表面粘附的各类杂质和缺陷去除干净。

硅片在从硅片制造工厂运到电池片工厂前必须要进行一定的清洗，去除绝大部分表面沾污。但即使如此，仍不能达到电池制备的表面洁净度要求。所以硅片进行太阳电池制备的起始流程一定是清洗或者是制绒(硅片表面在制绒时会达到清洗的效果)！将硅片表面粘附的杂质去除、将硅片表面的损伤层去除掉，达到太阳电池性能的要求。

切割后的硅片会留下一些污染杂质，如油脂、松香、金属、各种无机化合物及灰尘和其他可溶性物质，可以通过化学试剂清洗来去除这些污染物。另外，现在的单晶硅片(包括多晶硅片)都是通过线切割的方法得到的，这种机械切割会留下切痕和损伤层，需要通过表面刻蚀来消除。刻蚀主要有酸性和碱性两种湿化学法。酸性刻蚀是用硝酸和氢氟酸的混合液来刻蚀硅片，其中硝酸的作用是氧化硅片形成二氧化硅，氢氟酸的作用是溶解硅片表面形成的二氧化硅，保持反应持续进行。通过调整刻蚀液的配比和温度，可以控制刻蚀的速度。一般酸性刻蚀液的配比为硝酸:氢氟酸:醋酸=5:3:3 或 5:1:1，其中醋酸是缓冲剂。碱性刻蚀就是利用硅与 NaOH、KOH 等碱性溶液反应，生成硅酸盐并放出氢气。碱性刻蚀的硅片表面不如酸性刻蚀的光亮平整，但制成的电池性能无明显差异。碱性刻蚀的成本比较低，对环境的污染较小，所以目前都采用碱性刻蚀方法。另外，碱性溶液还用作单晶硅的表面制绒。

制绒后的单晶硅表面如图 6-4(a)所示(其目的是通过改变光入射到硅片表面后的反射情况，增加二次入射及多次入射的概率以减少光的反射率，如图 6-4(b)所示，其细节已在本书光伏物理及太阳电池设计部分详细讲解，在此不再赘述)。

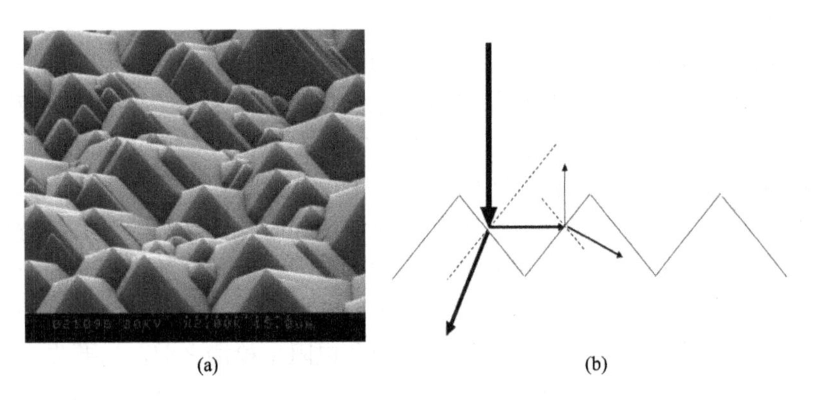

(a)　(b)

图 6-4　单晶硅片表面绒面-金字塔结构显微照片及减少反射原理示意图

(a)金字塔结构；(b)金字塔结构陷光原理图

太阳电池绒面通常利用化学刻蚀剂对硅片表面进行刻蚀而成，常用刻蚀剂分为两类，一类是有机刻蚀剂，包括乙二胺、邻苯二酸、水和联胺等；一类是无机刻蚀剂，主要是 NaOH 和 KOH 等。这两类刻蚀剂对硅晶体的不同晶面都具有不同的刻蚀速度，对(100)晶面刻蚀较快，而对(111)晶面刻蚀较慢，即各向异性刻蚀。一般太阳电池将单晶硅(100)晶面作为表面，经过刻蚀会出现表面为(111)晶面的四面方锥体结构，也称金字塔结构，这种结构密布于电池表面，看起来好像铺了一层丝绒，因此被称为“绒面”，如图 6-4(a)所示。其产业化设备如图 6-5所示，一般为槽式清洗，即硅片一片一片地插在花篮中，依次浸入清洗机中装有不同溶液的槽子中进行制绒清洗。

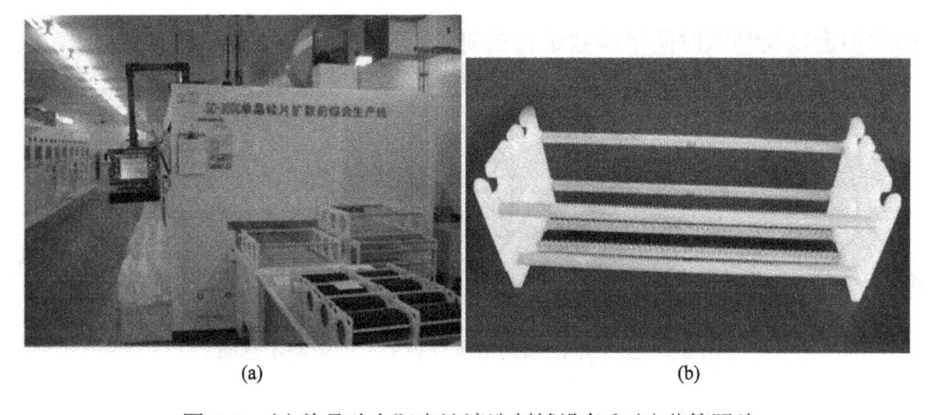

(a) (b)

图 6-5 (a)单晶硅太阳电池清洗制绒设备和(b)花篮照片

在 p-Al 背场单晶硅太阳电池生产的早期，硅片表面的去损伤层和制绒是分两步完成的，现在这两个功能在很多企业集成到一步完成。因为二者的根本都是对硅片表面的刻蚀，一步完成既简化了工序，也提高了工效。经过多年的优化，现在 p 型单晶硅太阳电池清洗制绒技术流程如图 6-6 所示。

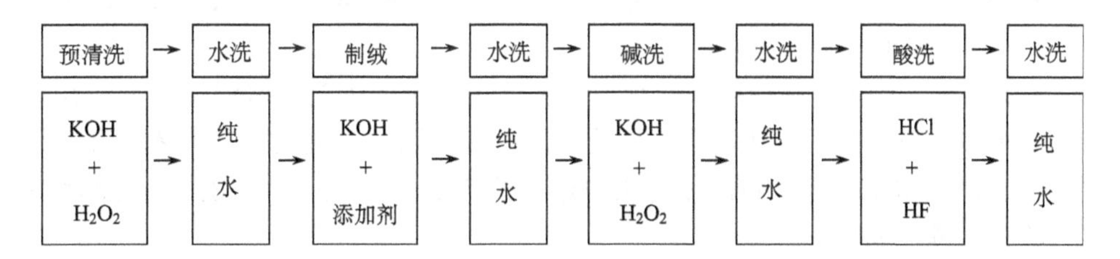


图 6-6 p 型单晶硅太阳电池清洗制绒技术流程图

对该清洗制绒流程中一些关键点解释如下：

(1)预清洗步骤：该步骤的目的是对硅片表面进行清洗并去除其表面损伤层。

(2)制绒步骤：该步骤的目的是去除硅片表面的损伤层和降低表面的反射率，在工艺实施过程中是通过控制硅片表面的减薄量和金字塔的尺寸控制的。单晶硅片的制造完成了由砂浆法切割到金刚线法切割的转变，其表面损伤层的厚度降低了很多，由接近 10μm 减到了 5μm 左右，所以制绒过程中的刻蚀量可以减少很多。制绒步骤中近些年最重要的一项技术创新是制绒添加剂的发明和不断革新。添加剂的主要成分为表面活性剂，它的发明和进步以极低的成本实现了金字塔结构尺寸的精确控制，并保证了良好的均匀性和重复性。随着技术的进步，金字塔的尺寸经历了由早期的 5～8μm 到 3～5μm，直到现在的 1～3μm 的转变。金字塔结构除了尺寸，其形状也是很重要的，如图 6-7 所示，我们希望金字塔尺寸的倾角越大越好。这些都要通过调节制绒过程中碱溶液的浓度、溶液的温度、添加剂的种类和添加量以及制绒时间等参数进行控制。

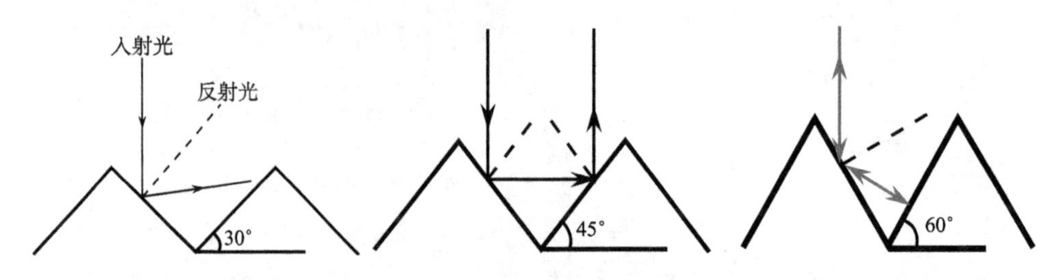


图 6-7　金字塔的倾角对减反射效果的影响示意图

一般来说，目前制绒采用的碱溶液为 NaOH，浓度为 2%～4%，温度在 70～80℃。单晶硅碱制绒的基本反应方程式如下所示：

$$Si + 2NaOH + H_2O \longrightarrow Na_2SiO_3 + 2H_2\uparrow \tag{6-1}$$

所产生的硅酸盐会影响反应的进行，所以在制绒步骤中硅酸盐量的控制也必须要考虑。在生产设备中一般通过定时定量排液的方式进行控制。

(3) 酸洗步骤：采用碱溶液刻蚀制绒后一般采用稀 HCl 溶液去除残留的金属离子，采用稀 HF 去除表面的自然氧化层。

(4) 在每一步化学试剂接触硅片后，都要用大量的去离子水浸泡硅片。在稀 HF 去除硅片表面残留自然氧化层后，要用一步特别的“慢提拉”工艺将硅片缓慢地从去离子水中去除，目的是防止快速提拉产生水痕。然后采用热空气或者热氮气将硅片吹干备用。

3) 磷扩散制结

半导体制备 pn 结的方法有很多，包括扩散法、离子注入法、沉积薄膜法等。其中扩散法根据扩散源材料的不同又分为固态源扩散、液态源扩散和气态源扩散。对于 p 型晶体硅太阳电池，这些技术都是可以用来制备 n 型层与硅片形成 pn 结的。但在大规模生产中，经过几十年的优中选优，最终三氯氧磷 ($POCl_3$) 液态源管式炉扩散法成为行业的主流技术，被所有电池片生产厂家采用。

$POCl_3$ 为无色透明液体，具有刺激性气味。如果纯度不高则呈红黄色，比重为 1.67，熔点 2℃，沸点 107℃，在潮湿空气中发烟。$POCl_3$ 很容易发生水解并极易挥发。管式扩散炉主要由石英舟的上下载部分、废气室、炉体部分和气柜部分等四大部分组成，其实物照片及工艺原理示意图如图 6-8 所示。首先，将装满 p 型晶体硅片的石英舟送入管式扩散炉的石英容器内，而后关闭炉门开始升温。待炉温升至 850℃左右时，通入氧气对硅片表面进行预氧化处理，目的是防止扩散在发射极表面形成的“死层”太厚，而影响电池性能。然后进入恒源扩散步骤，利用小 $N_2$ 将 $POCl_3$ 蒸气带入扩散炉内，并通入氧气，通过 $POCl_3$、氧气和硅片的反应，在硅片表面形成一层磷硅玻璃(phospho-silicate glass，PSG)。接着停止通入 $POCl_3$ 蒸气，将炉温提升 20℃左右，进入恒量扩散步骤，即推结，此时 PSG 中的磷原子在高温下向硅片内部扩散，形成一层重掺杂的 n 型晶体硅层，如此便与 p 型晶体硅片基底形成了 pn 结。待扩散结束后，降温出片。这种管式炉以前都是常压反应，近年来技术升级，正在普及低压扩散法。低压扩散可提高扩散层的均匀性，节省 $POCl_3$，并且一次可放入更多的硅片(常压 800 片，低压 1000 片)。

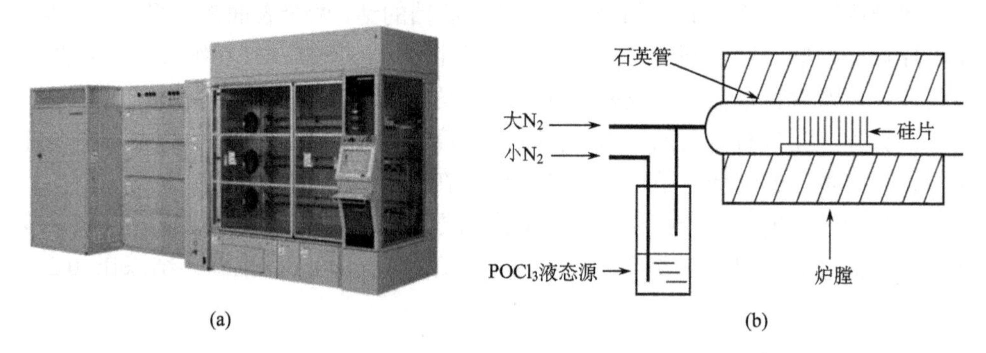


图 6-8　(a)管式扩散炉照片及(b)扩散工艺原理示意图

$POCl_3$ 在高温下(>600℃)分解生成五氯化磷($PCl_5$)和五氧化二磷 ($P_2O_5$)，其反应式如下：

$$5POCl_3 \xrightarrow{>600℃} 3PCl_5 + P_2O_5 \tag{6-2}$$

生成的 $P_2O_5$ 在扩散温度下与硅反应，生成二氧化硅($SiO_2$)和磷原子，其反应式如下：

$$2P_2O_5 + 5Si = 5SiO_2 + 4P\downarrow \tag{6-3}$$

由上面反应式可以看出，$POCl_3$ 热分解时，如果没有外来的氧($O_2$)参与，其分解是不充分的，生成 $PCl_5$ 是不易分解的，并且对硅有刻蚀作用，破坏硅片的表面状态。但在有外来 $O_2$ 存在的情况下，$PCl_5$ 会进一步分解成 $P_2O_5$ 并放出氯气($Cl_2$)，其反应式如下：

$$4PCl_5 + 5O_2 \xrightarrow{过量O_2} 2P_2O_5 + 10Cl_2\uparrow \tag{6-4}$$

生成的 $P_2O_5$ 在扩散温度下与硅反应，生成 $SiO_2$ 和磷原子。由此可见，在磷扩散时为了促使 $POCl_3$ 充分分解，避免 $PCl_5$ 对硅片表面的刻蚀作用，必须在通氮气的同时通入一定流量的氧气。

总的反应式如下：

$$4PCl_5 + 5O_2 + 5Si \longrightarrow 5SiO_2 + 4P\downarrow + 10Cl_2\uparrow \tag{6-5}$$

扩散工艺中有多个影响因素，主要有扩散时间、扩散温度、$POCl_3$ 源瓶的温度、气体的流量等。在生产型扩散炉上，其工艺气体主要有三路，分别为：氧气，作为反应气体参与扩散反应；小 $N_2$，用于携带 $POCl_3$ 进入腔体中；大 $N_2$，作为整个反应的载气，目的在于使整个管体中的气氛更加均匀，促使反应气体流动、分布等。在其他因素不变的情况下，扩散时间越长，扩散进行得越充分，方阻越小。扩散温度影响结深，扩散温度越高，pn 结越深，方阻越小。$POCl_3$ 源瓶温度一般为 20℃，$POCl_3$ 极易挥发，源温过高会增加小 $N_2$ 所携带的 $POCl_3$ 的量，从而影响掺杂浓度。如果一片硅片两面没有任何遮挡的话，两个表面都会形成扩散层，即单片双面扩散，这有利于硅片吸杂。但是由于产能问题，目前绝大部分企业采用两片硅片背靠背地插在石英舟中的方式，这样在扩散的时候主要是一面形成掺杂层，另外一面只有微弱的扩散。扩散的浓度分布、结深、方阻等对太阳电池性能的影响在本书的其他章节已经详细介绍，在此不再赘述。

扩散后主要的检测指标是硅片扩散面的方块电阻。扩散层的优化一直朝着浅结高方阻的方向。目前主流产品的方阻一般在 80～100Ω/□范围，结深在 0.2～0.3μm。

4）去边缘结和背结

在扩散过程中，即使采用背靠背扩散，硅片的所有表面包括边缘及背面都将不可避免地形成 n 型扩散层。pn 结的正面所收集到的光生电子会沿着边缘扩散到有磷的区域并流到 pn 结的背面，造成短路。因此，必须对太阳电池边缘和背面的 n 型掺杂硅进行刻蚀，以去除电池边缘结和背结，目前行业内通常采用漂浮式湿法刻蚀技术完成，其原理和效果如图 6-9 所示。首先，采用 $HNO_3$ 和 HF 的混合溶液对扩散后的硅片背面和边缘进行刻蚀，该步骤的关键在于利用溶液的表面张力，使得混合溶液仅接触硅片的边缘和背面，不接触硅片的正面，这样 $HNO_3$ 和 HF 的混合溶液仅会刻蚀掉硅片的边缘和背面，不会对正面的 pn 结造成损伤；然后，采用 NaOH 或 KOH 溶液去除硅片表面由酸刻蚀形成的多孔硅；最后，利用 HF 将硅片正面的磷硅玻璃层去除，并用去离子水和压缩空气依次冲洗硅片表面直至干燥。主要反应方程式如式(6-6)～式(6-8)所示。

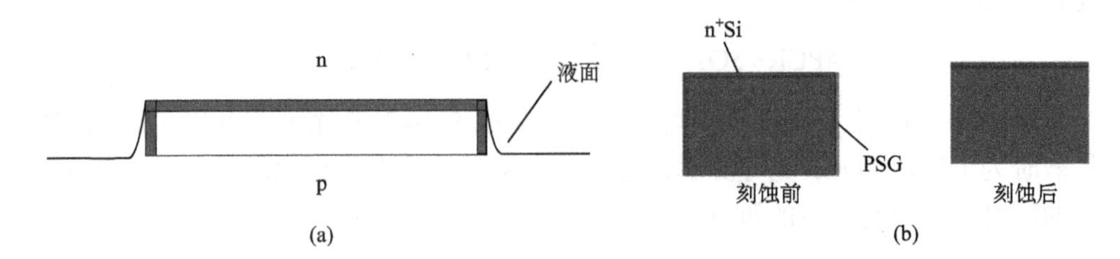


图 6-9　漂浮式湿法刻蚀技术原理图和处理前后效果图

(a)原理图；(b)处理前后效果图

$$Si+4HNO_3 \xlongequal{} SiO_2+4NO_2\uparrow+2H_2O \tag{6-6}$$

$$SiO_2+4HF \xlongequal{} SiF_4\uparrow+2H_2O \tag{6-7}$$

$$SiF_4+2HF \xlongequal{} H_2SiF_6 \tag{6-8}$$

在湿法刻蚀工艺中，可能会出现欠刻或过刻现象。欠刻会导致电池边缘漏电，并联电阻 $R_{sh}$ 下降，严重时可导致太阳电池失效，该现象可通过检测绝缘电阻来判断。过刻则正面金属栅线会烧穿发射极与 p 型晶体硅吸收层接触，造成电池短路，该现象可通过称重及目测来判断。出现以上两种现象须立即返工。

在漂浮式湿法刻蚀技术出现之前，太阳电池边缘结是通过等离子刻蚀技术去除的。等离子刻蚀技术是在低压状态下，反应气体 $CF_4$ 在射频功率的激发下电离形成等离子体。等离子体是由带电的电子和离子组成的，反应腔体中的气体在电子的撞击下，除了转变成离子外，还能吸收能量并形成大量的活性基团。活性反应基团在扩散或者电场作用下到达硅片表面，在那里与被刻蚀材料表面发生化学反应，并形成挥发性的反应生成物脱离被刻蚀物质表面，被真空系统抽出腔体。但等离子刻蚀技术只能对硅片的边缘进行刻蚀，不能很好地去除背面的扩散结，因此被漂浮式湿法刻蚀技术所取代。

5) 沉积减反射膜

减反射膜，又称钝化减反射膜。其作用有两点，一是减少硅片表面的反射率，二是钝化硅片表面悬挂键，减少表面复合速率。如图 6-10 所示，制绒后的单晶硅片表面的反射率为 11%～13%，沉积减反射膜后反射率可降到 5%以下。由于有序的晶体结构在硅片表面终结，所以在表面上存在大量的悬挂键，导致硅片表面的复合速率可达 $10^5$cm/s 量级，而采用优质的钝化层钝化后，硅片表面的复合速率可降低到 10cm/s 以下。所以表面减反射膜对晶体硅片太阳电池性能提升的作用非常巨大。

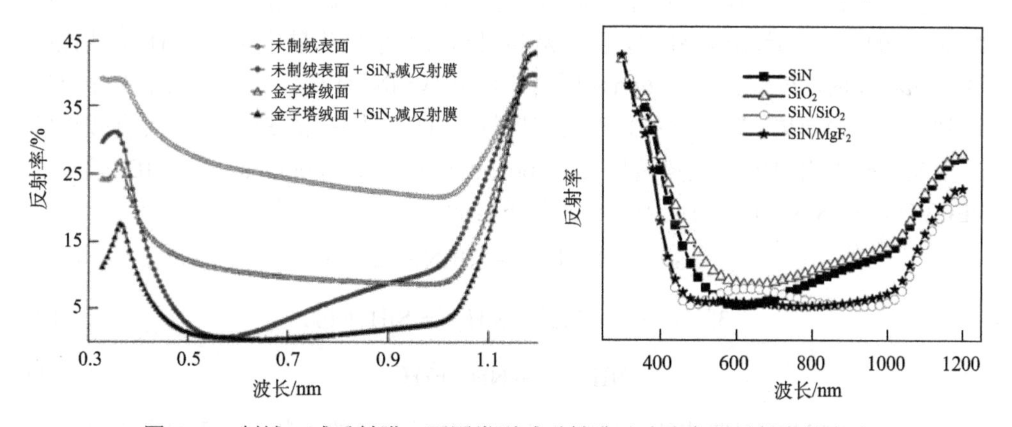


图 6-10　制绒、减反射膜、不同类型减反射膜对硅片表面反射率的影响

适合作为 p 型晶体硅太阳电池钝化层的材料有氮化硅($SiN_x$:H)、氧化硅($SiO_x$:H)、二氧化钛($TiO_2$)等，其折射率如表 6-1 所示。要达到好的钝化效果，折射率为硅的平方根最好，厚度 $d=\lambda/(4n)$。其中 $n$ 为折射率，$\lambda$ 一般取 600nm 或者 630nm。另外，为进一步提高钝化和减反射效果，近年来采用复合膜层作为减反钝化层越来越普遍。而这些膜层的制备方法也有很多种，包括 PECVD、喷涂法等。但经过多年研究和生产中的优中选优，目前作为 p 型晶体硅太阳电池钝化层的主流材料和制备技术是 PECVD 法制备的氮化硅薄膜，以及由此升级而来的双层氮化硅、氮化硅/氧化硅复合薄膜。

**表 6-1　常用介电材料折射率**

| 材料 | $SiO_2$ | $Si_3N_4$ | ZnS | $MgF_2$ | $Al_2O_3$ | $TiO_2$ | $Ta_2O_5$ | 窗玻璃 |
|---|---|---|---|---|---|---|---|---|
| 折射率 | 1.46 | 2.0 | 2.4 | 1.4 | 1.6 | 2.5 | 2.2 | 1.5 |

氮化硅薄膜对于硅片表面的钝化机理主要有两点，一是化学钝化，氮化硅中的氢原子会与硅片表面的悬挂键结合，形成共价键，消除由悬挂键导致的深能级复合中心；二是场钝化。氮化硅膜层的引入会在硅片表面形成一个固定正电荷层，该固定电荷层会在硅片表面形成一个“场”，阻碍少数载流子迁移到表面，从而起到了钝化的作用。

碱制绒单晶硅沉积完 $SiN_x$:H 膜后其表面反射率可以从 12%降低到 4%左右；除了表面钝化，在 $SiN_x$:H 膜中存在大量的氢原子，在烧结过程中会扩散到晶体硅内部，钝化晶体内部部分悬挂键； $SiN_x$:H 膜具有卓越的抗氧化和绝缘性能，同时具有良好的阻挡钠离子和掩蔽金属离子和水蒸气扩散的能力，它的化学稳定性很好，除氢氟酸和热磷酸能缓慢刻蚀外，其他酸与它基本不起作用。

目前大部分太阳电池企业均采用双层氮化硅作为减反射膜，其内层采用约 20nm 厚的高折射率 $SiN_x$:H 层，目的是利用高折射率氮化硅中丰富的 $H^+$来钝化硅片表面和体内，外层采用约 60nm 厚的低折射率 $SiN_x$:H 层，目的是利用干涉原理达到减反射的效果。除此之外，内层高折射率(即更致密)的 $SiN_x$:H 层可有效缓解 p 型晶体硅太阳电池的电势诱导衰减(potential induced degradation，PID)效应。PECVD 沉积 $SiN_x$:H 层的反应方程式如下(约 350℃，等离子体)：

$$3SiH_4 + 4NH_3 \longrightarrow Si_3N_4 + 12H_2\uparrow \tag{6-9}$$

$$3SiH_4 \longrightarrow SiH^{3-} + SiH_2^{2-} + SiH_3^{-} + 6H^+ \tag{6-10}$$

$$NH_3 \longrightarrow NH^{2-} + 2H^+ \tag{6-11}$$

对 $SiN_x$:H 减反射膜来说，膜厚和折射率是最重要的参数，但还需考虑另一个重要参数：消光系数($k$)。$k$ 越大，$SiN_x$:H 自身对光的吸收越多，会减少进入太阳电池的太阳光。

影响 $SiN_x$:H 减反射膜的主要因素有衬底温度、射频频率、射频功率、气体流量比、压强等。

衬底温度：维持衬底在适当的高温，薄膜的沉积速率比较稳定，对介质膜厚度的可控性较好；而且基团到达衬底表面后具有一定的表面迁移能力，易迁移到能量更低位置，使所形成薄膜的内应力较小，结构致密，具有良好的钝化性能，衬底温度一般控制在 300～450℃。

射频频率：等离子发生器有两种工作方式，一种是脉冲工作方式，另一种是连续工作方式，一般生长薄膜时使用脉冲式。发射器输出为高频时产生气体辉光放电，形成等离子体；为低频时辉光放电停止，为薄膜生长阶段，激活的反应物基团发生反应，在衬底表面迁徙成核生长，附产物从衬底片上解吸，随主气流由真空泵抽走。

射频功率：射频功率较小时，气体尚不能充分电离，激活效率低，反应物浓度小，薄膜微孔多且均匀性较差，抗刻蚀性能差；射频功率增大，气体激活效率提高，反应物浓度增大，生长的 $SiN_x$:H 薄膜结构致密，膜的抗刻蚀性能提高；但射频功率不能过大，否则沉积速率过快，也会使膜的均匀性下降，结构疏松，钝化性能变差。

气体流量比：反应气体 $SiH_4$ 和 $NH_3$ 的流量比直接决定了所得 $SiN_x$:H 薄膜中的硅氮比，这一比例是影响 $SiN_x$:H 薄膜折射率的最主要因素，也影响到薄膜的致密性和钝化效果。一般情况下，$SiH_4/NH_3$ 流量比上升，折射率上升，介电常数下降。

压强：沉积时腔室压强对薄膜沉积速率、薄膜致密性以及薄膜的均匀性有较大的影响，管式 PECVD 中压强对薄膜的折射率影响不大，而板式 PECVD 中压强越大，薄膜的折射率越大。当反应室内压强低于一定值时，将无法在硅片上生长薄膜。不同射频源其低压极限值不同，当压强在一定范围内变化时，压强越小，沉积速率越小，薄膜均匀性也越好。

6) 丝网印刷

太阳电池经过制绒、扩散及 PECVD 镀膜等工序后，已经制成 pn 结，可以在光照下产生电流，为了将产生的电流导出，需要在电池表面上制作正、负电极。制造电极的方法很多，这其中丝网印刷法在目前晶体硅光伏产业中应用最为广泛。太阳电池的丝网印刷步骤为：背电极印刷 → 烘干 → 背电场印刷→ 烘干 → 正电极印刷。正电极印刷结束后的烘干步骤与烧结工艺连在一起。

丝网印刷是采用压印的方式将预定的图形印刷在基板上，其用于晶体硅太阳电池的设备由电池背面银铝浆印刷、电池背面铝浆印刷和电池正面银浆印刷三部分组成，但有些会多预留一道印刷基台备用，比如说用于正面栅线的二次印刷或两步印刷。其工作原理为：利用丝网图形部分网孔透过浆料，用刮刀在丝网的浆料部位施加一定压力，同时朝丝网另一端移动。浆料在移动中被刮刀挤压，从图形部分的网孔漏下去到基片上。浆料的黏性作用使印迹固着在一定范围内，印刷中刮板始终与丝网印版和基片线性接触，接触线随刮刀移动而移动，从而完成印刷行程。其原理示意图如图 6-11 所示，浆料印刷前后的效果如图 6-12 所示。

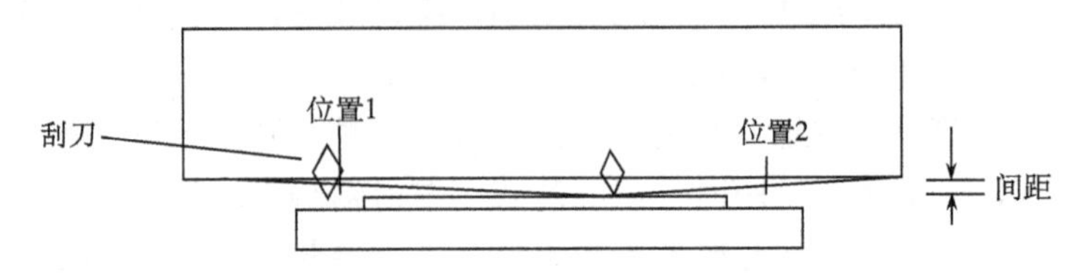


图 6-11　丝网印刷原理示意图

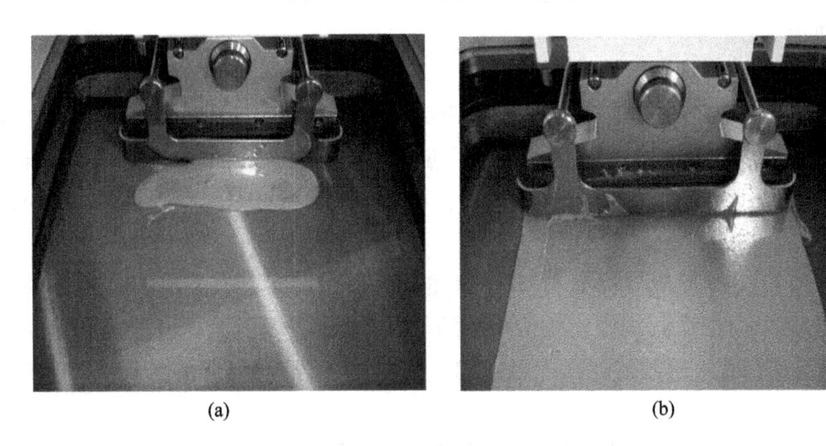


图 6-12　浆料的丝网印刷过程

(a) 印刷前；(b) 印刷后

该工艺的关键参数有丝网与硅片垂直间距、刮刀速度、刮刀压力以及刮刀起止位置。硅片正面印刷银浆是为了制备正电极；背面铝浆的印刷是为了在电池背面制备一层 Al 背场，形成 $P^+/P$ 高低结，其可有效钝化电池背面，提高电池开路电压和短路电流。由于铝的焊接性能较差，在与正面银主栅对应的背面位置不会印刷铝浆，而会印刷银浆，这可在节省成本的同时保证电池组件制造时栅线与焊带的焊接效果。

每一步印刷后都要有一步烘干工艺。因为刚印刷出来的浆料是有流动性的，烘干具有一定的固化效果，增加印刷出来的结构的强度，使其在后继过程中不被破坏。

银浆主要由银粉颗粒、无机物以及有机载体组成。作为导电功能的银粉，其烧结质量直接影响收集电流的输出。无机物主要是多种玻璃粉，不仅具有高温黏结作用，还是银粉烧结的助熔剂以及形成银-硅欧姆接触的媒介物质。铝浆主要包括铝粉、有机黏合剂以及无机黏合剂。铝粉作为导电介质，有机黏合剂负责烧结前的黏结，无机黏合剂负责烧结后的黏结。

这些年来，各类浆料的技术不断进步，印刷设备及配套网板等技术也在不断进步。例如，二次印刷技术、分步印刷技术、镂空主栅技术、与前结高浓度发射极配套的新型银浆技术、背场浆料技术改进、背场栅线浆料低成本化等。

7) 烧结

在该类太阳电池产业生产的早期，电池迎光面银栅线与背面 Al 背场是分开来烧结的。大概流程是先印刷正面银栅线并烧结，然后再印刷背面的电极栅线并烧结。这样做是因为 Ag 与硅要形成良好欧姆接触所需要的温度比形成良好 Al 背场所需要的温度高很多。烧结银所需要的温度为 800℃左右，烧结 Al 背场所需要的温度为 600℃左右。后经过银浆厂家、铝浆厂家以及电池片生产商等行业的共同努力，成功地将这两部分的烧结集成到一步烧结完成。简化了生产工序，并且在此基础上不断优化浆料配方、烧结工艺等，提升了太阳电池的性能。电池片在丝网印刷、烘干后的烧结曲线大概如图 6-13 所示。

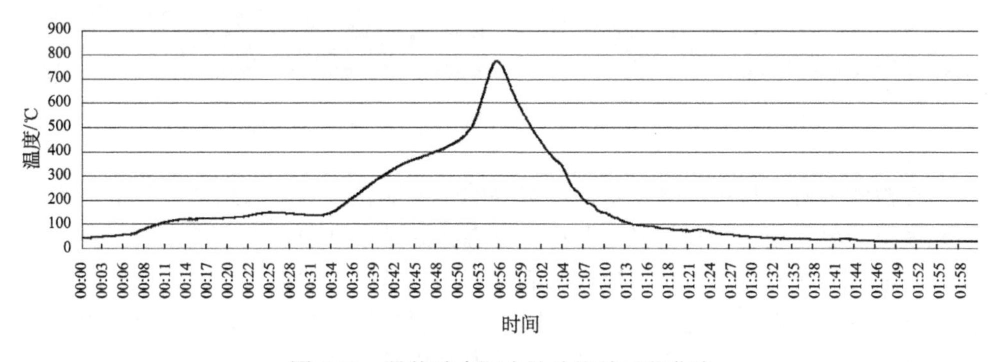


图 6-13　晶体硅太阳电池片烧结工艺曲线

经过丝网印刷后的硅片，不能直接使用，须经烧结炉快速烧结。按照图 6-13 所示烧结温度曲线，烧结过程分为去除黏结剂、形成 Al 背场、形成 Ag/Si 欧姆接触以及降温冷却四个阶段。在去除黏结剂阶段，浆料中的高分子黏合剂分解并燃烧掉，此阶段温度慢慢上升；在形成 Al 背场阶段，当达到铝硅共晶温度时，背面铝与硅的界面处形成一层铝硅合金，在降温过程中，该层铝硅合金中的铝会析出，在铝硅界面处留下了一层 $P^+$层，从而在背面形成 $P^+/P$ 高低结。在形成 Ag/Si 欧姆接触阶段，当达到银硅共晶温度时，玻璃体刻穿氮化硅层，Ag 颗粒与发射极接触并形成欧姆接触，提高电池片的开路电压和填充因子两个关键参数，以提高电池片的转换效率。在降温冷却阶段，玻璃体冷却硬化并凝固，使 Ag 电极牢固地附着于基片上。烧结后的电池片横截面照片如图 6-14 所示。

8) 测试分选

该工序对成品电池进行性能测试，包括转换效率、开路电压、短路电流、填充因子、串联电阻以及并联电阻等性能参数。分选过程中，一般根据电池的转换效率进行分选，按 0.1%或 0.2%绝对转换效率分挡。除此之外，由于做成组件后，每块组件中的电池片基本都是串联的，因此还需要根据电池的短路电流来分挡，这样可尽量减少“木桶效应”带来的损失。除此之外，还要进行 EL 微观缺陷、色差、外观等检测分挡。

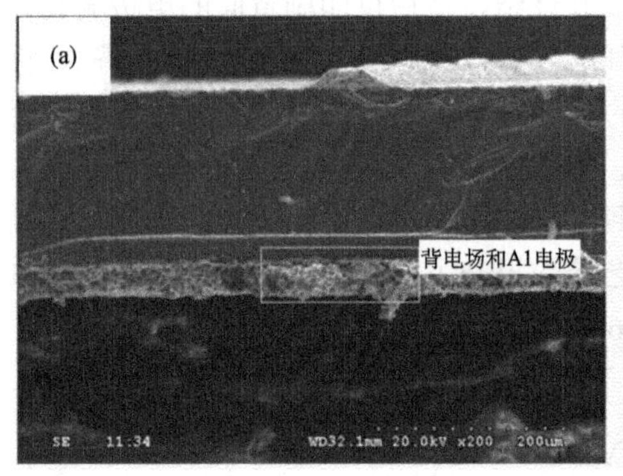


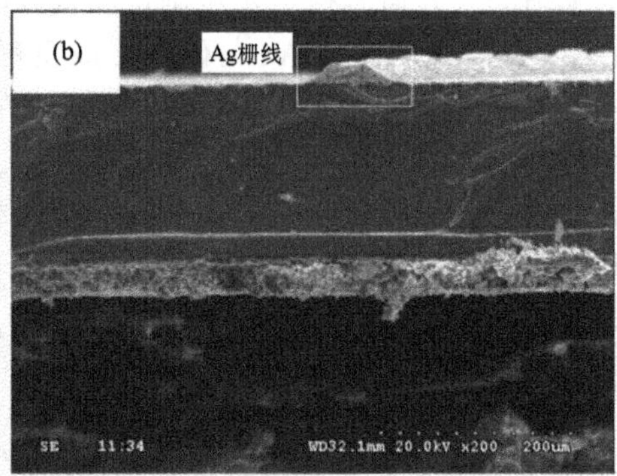


图 6-14 烧结后(a) Al 背场和(b)迎光面 Ag 栅线的显微照片

在检测分析过程中，毫无疑问最重要的是电池转换效率的测试，其采用的太阳光模拟器分为稳态型和闪光型两种。稳态光源是常亮的，优点是光谱更稳，对每片电池片的曝光时间可长可短，可满足不同类型的太阳电池的测试要求。在单位研发或企业对电池片进行极限分析时，一般要采用该类型的光源。闪光的光源是脉冲式点亮的，一般用于产线测量，其寿命更长，且发热量低很多，利于产品测试条件的稳定。对于 Al 背场 p 型晶体硅太阳电池，其测试闪光脉冲一般是 50ms。但对于很多种高转换效率结构的晶硅电池和薄膜电池，该脉冲时间偏短，会因为高效电池较大的电容效应影响测试分析的精确度。比如说对于 n-HIT 结构电池，一般需要脉冲时间超过 100ms 才能得到较为准确的结果。现在的测试仪厂家已经根据不同类型的太阳电池的测试要求，做了不同脉冲时间太阳光模拟器的开发，并配套合适的 *I-V* 测试系统，已经能满足不同类型太阳电池的测试要求。

### 6.3.2 p-Al 背场多晶硅太阳电池结构及制造技术

多晶硅片与单晶硅片的外观区别如图 6-15 所示。p-Al 背场多晶硅太阳电池是目前光伏市场中应用最多的一种电池，其电池正反面照片如图 6-16 所示，电池结构如图 6-17 所示，目前这种电池的光电转换效率为 18.4%～18.8%。

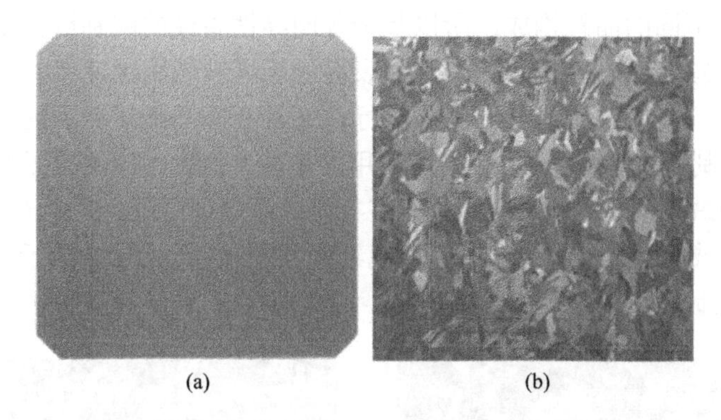

图 6-15　(a)单晶硅片与(b)多晶硅片外观区别

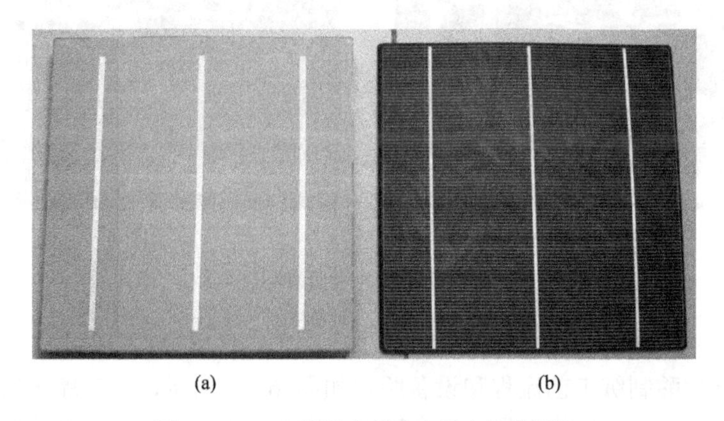

图 6-16　p-Al 背场多晶硅太阳电池片照片

(a)背光面；(b)迎光面

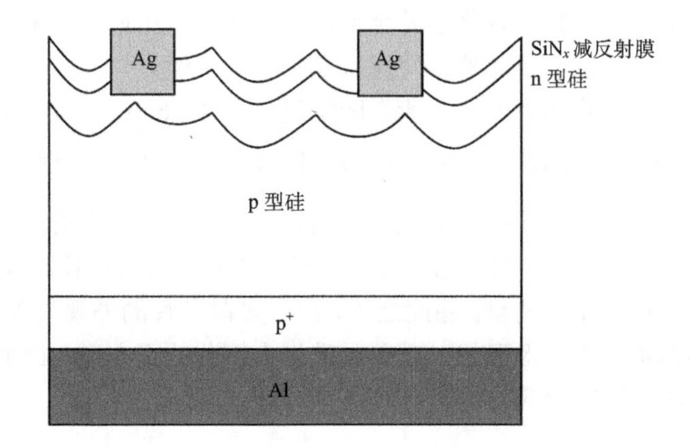


图 6-17　p-Al 背场多晶硅太阳电池结构示意图

p-Al 背场多晶硅太阳电池的制造技术路线与 p-Al 背场单晶硅太阳电池基本一致，最大的不同之处在于硅片表面的清洗制绒工序。由于多晶硅片是由很多大小不均的取向不同的晶粒构成，所以基于各向异性腐蚀的碱制绒技术无法应用。因为如果采用碱溶液腐蚀，会导致硅片表面的不同区域腐蚀速率差异很大，造成表面状态的不同，不利于后继工序的进行，而且会降低最终产品的性能。

多晶硅片制绒技术有多种，最普遍采用的是基于硝酸+氢氟酸混合酸体系的各向同性腐蚀的制绒技术，多晶硅制绒也有多类型的添加剂可用，大大改善了制绒的效果。该技术制绒后所得多晶硅表面的微观结构如图 6-18 所示。其反射率～22%，远高于单晶硅制绒后的～12%。

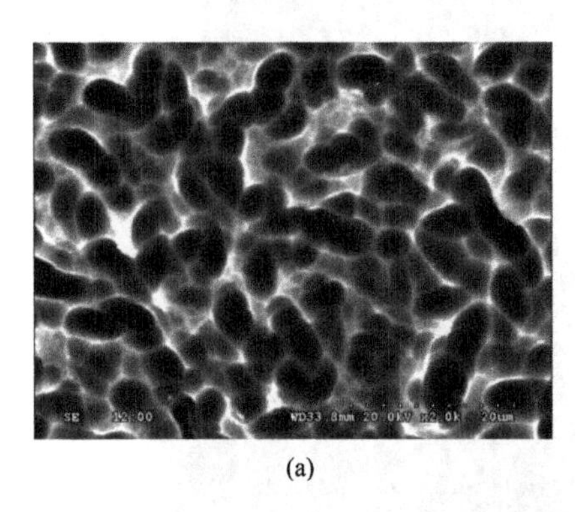

(a)

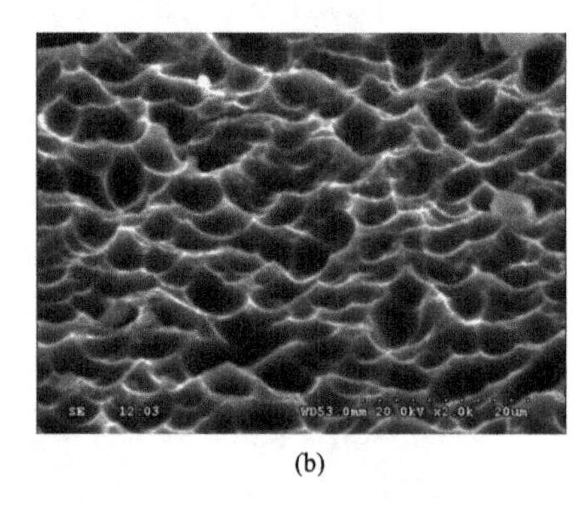

(b)

图 6-18　多晶硅片表面酸制绒形貌

(a) 俯视图；(b) 斜视图

多晶硅片酸制绒工艺流程和设备照片如图 6-19 所示，该工序采用“一化一水”，硅片每经过一次化学品，都会经过一次水喷淋清洗；除制绒槽外，其他化学槽和水槽都是喷淋结构，酸槽由浸没和喷淋结合构成，而且硅片进入溶液内部。最后一道水喷淋由于要将所有化学品全部洗掉，所以水压最大。最后的吹干风刀工序是将硅片表面的水全部吹掉从而保持硅片表面干燥。

酸制绒反应方程式如下所示，所得凹坑尺寸为 4～6μm：

$$3Si + 4HNO_3 + 18HF \longrightarrow 3H_2SiF_6 + 8H_2O + 4NO\uparrow \tag{6-12}$$

另外，由于多晶硅片的绒面形貌与单晶硅不同，因此二者的表面积大小也有所不同。因此，为了保证太阳电池的性能，在后续的扩散制结和 $SiN_x$:H 膜沉积工艺中应对工艺参数做相应调整。除此之外，由于多晶硅片的外观与单晶硅片不同，多晶硅片为小倒角的正方形形状，而单晶硅为大倒角的正方形，因此在丝网印刷工艺中所采用的丝网图案应根据硅片种类来设计。

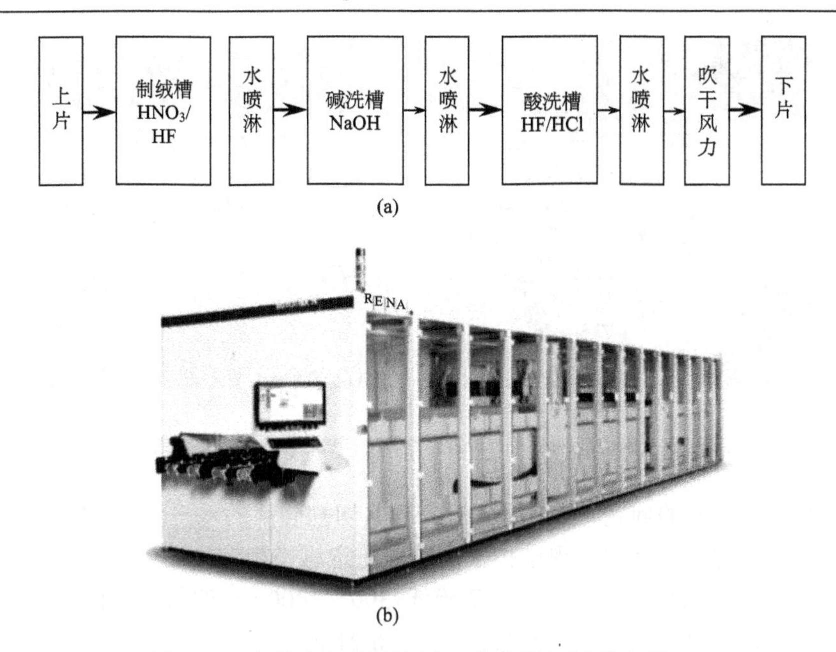


图 6-19　多晶硅片酸制绒(a)工艺流程和(b)设备照片

除了硝酸+氢氟酸的混合酸体系外，还有一类干法刻蚀的技术，其中主要的一种是采用四氟化碳等作为反应气体，在等离子体的作用下对硅片表面进行刻蚀，形成密布的微凹坑，达到减反射的效果。该技术在多晶硅太阳电池发展的早期所制备的太阳电池性能明显优于采用湿法制绒制备的太阳电池，但其成本一直高于混合酸湿法制绒。后随着混合酸技术不断进步，该技术逐步被市场所淘汰。但近年来，在金刚线切割多晶硅片取代砂浆切割多晶硅片的技术推广过程中，原来的湿法制绒技术不够理想，干法刻蚀技术又再一次表现出其性能上的优势，一度受到行业的重点关注。

金刚线切割多晶硅片(照片如图 6-20 所示)取代砂浆切割多晶硅片是多晶硅太阳电池技术的一项重大技术革新。其带来的太阳电池制造成本的下降和材料的节约十分显著。但该技术在推广过程中遇到的最严重的技术障碍是新的多晶硅片采用原来的制绒技术无法达到砂浆切割硅片的效果。制绒后硅片的表面反射率不够低，且存在明显的切割线痕，无法消除。原因是金刚线切割硅片所造成的硅片表面损伤层厚度远小于砂浆切割硅片的，而且金刚线切割在硅片表面造成的周期性切割线痕位置的微观状态与没有切割线痕的位置差别很大，导致制绒时的状态不同。

为解决这一问题，业界主要研发了四种技术。一是新型制绒添加剂：该方法基本是在 2016 年发明的，2017 年已经在行业内大范围推广。该方法部分解决了

(a)

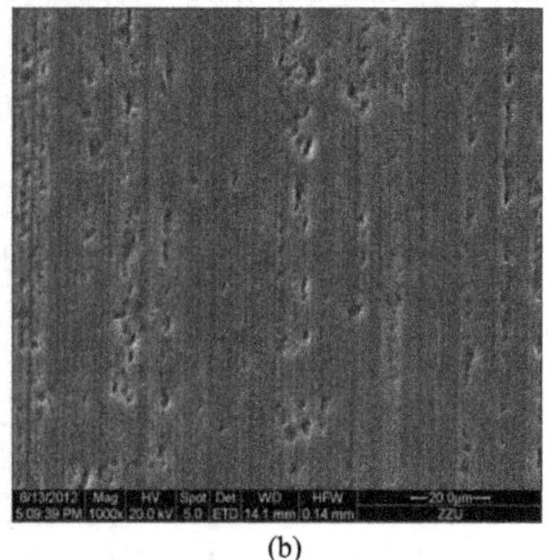
(b)

图 6-20　金刚线切割(a)多晶硅片照片以及其(b)表面显微照片

硅片表面切割线痕的问题，使产品接近到砂浆切割硅片的水平。优点是成本极低，推广无技术障碍。二是湿法黑硅技术：黑硅的意思是用该方法处理后的硅片表面是黑色的，因为此时硅片表面反射率极低(300～1000nm 波长范围内的平均反射率可低于 1%)，其宏观照片和显微照片如图 6-21 所示。该方法一般为金属催化法，

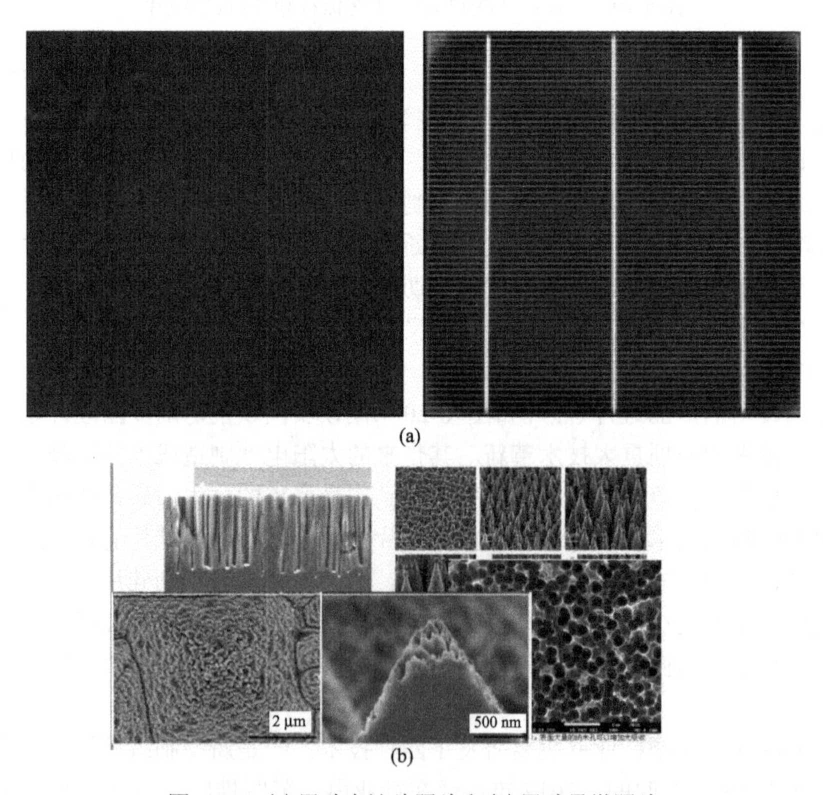

(a)
(b)

图 6-21　(a)黑硅电池片照片和(b)黑硅显微照片

要用到纳米金属离子，最成熟的是用纳米银颗粒作为催化剂。优点是可以做到反射率极低，做成电池后外观非常均匀一致。缺点是工艺控制难度较大，均匀性、一致性有待进一步提高，工艺所产生的废液处理较为困难，成本高。三是干法黑硅技术：该方法即前文所述反应离子刻蚀技术，优点是产品性能好，均匀性、一致性好，缺点是设备成本、工艺成本高，产能较小。四是气相-微液滴制绒技术。该法仍采用传统混合酸的化学品体系，但采用加热蒸发形成的微液滴在硅片表面完成刻蚀制绒的过程，绒面结构可很方便地进行调节，可解决金刚线切割造成的产品外观问题。此技术目前尚处于研发阶段，有待进一步完善提高。

## 6.4　p-PERC 晶体硅太阳电池结构及制造技术

如上节所述，传统的 p-Al 背场晶体硅太阳电池是通过丝网印刷方式在电池背面制备一层背电场层，通过 A1 与背面 Si 之间的 $P^+/P$ 背电场，阻止电子向背面迁移，从而减少背表面复合。通过这样的设计和目前的制备技术，可以使得背表面复合速率降低到 500～5000cm/s，但这样的复合速率仍然不够低。另外，该技术还带来一些问题：硅和铝的热膨胀系数差异导致硅片小于 200μm 的时候，经过烧结后会翘曲，造成电池片和组件制造过程的碎片率较高。并且，由于硅的光吸收系数小，当硅片较薄时，部分长波长的光会直接透过硅片造成量子效率降低，铝的背表面反射率在烧结后很小，只有 40%～50%，过低的反射率使得 Al 背场将会吸收一大部分能量，不但降低电能输出，还会使得组件过热，降低使用寿命。PERC 电池(passivated emitter and rear cell，基本结构如图 6-22 所示)的结构设计很好地解决了上述问题。PERC 电池起源于 20 世纪 80 年代，由澳洲新南威尔士大学的 Blakers[2]研究组在 *Applied Physics Letter* 首次正式报道，当时实验室小面积电池的

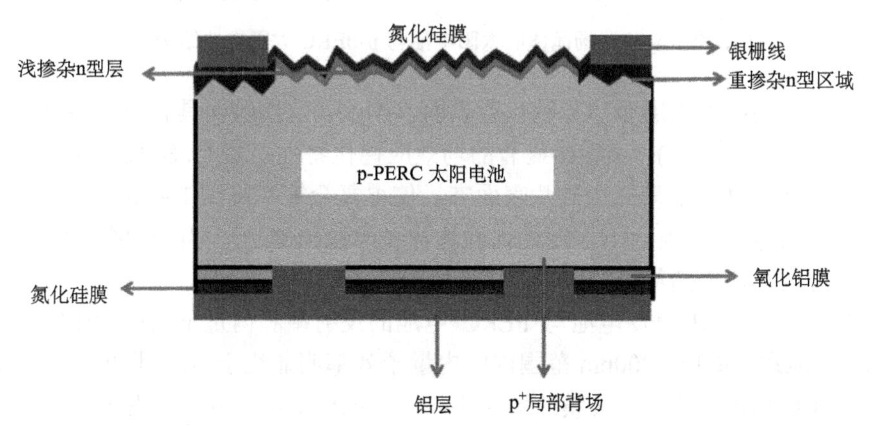


图 6-22　p-PERC 太阳电池结构示意图

效率达到 22.8%。PERC 电池与常规电池最大的区别在于背表面的介质膜钝化结合局域金属接触大大降低了背表面复合速率，同时提升了背表面的光反射效果。目前单晶硅产线效率普遍达到 21.0%～21.5%，多晶硅的也达到了 20.0%～20.5%。工业化大面积单晶 PERC 和多晶 PERC 电池的最高转换效率分别达到 23.26%和 22.04%，分别由我国隆基和晶科公司创造。

2006 年用于对 p-PERC 电池背面钝化的 $AlO_x$ 介质膜技术有重大突破，使得 PERC 电池的产业化成为可能。随后随着沉积 $AlO_x$ 产业化制备技术和设备的成熟，加上激光开槽技术的引入，PERC 技术开始逐步走向产业化。2013 年前后，开始有厂家导入 PERC 电池生产线，近几年 PERC 电池越来越引起行业重视，产能获得快速扩张。2017 年 PERC 电池产能增至 2.5GW。2018 年是 PERC 电池与常规电池的市场份额转折的一年。随着 PERC 电池产能的扩张，常规 Al-BSF 太阳电池的市场份额将逐步下降。

### 6.4.1 p-PERC 晶体硅太阳电池结构与特性[3]

p-PERC 太阳电池的结构如图 6-22 所示，相比 Al-BSF 太阳电池片，PERC 电池背面以一层或叠层钝化薄膜取代丝网印刷 Al-BSF，之后对背面钝化薄膜进行激光开窗，在开窗后的钝化薄膜上印刷电极，在开窗位置使金属电极与硅形成欧姆接触导出电流。其余工艺与传统太阳电池工艺基本相同，其与传统 Al 背场晶体硅太阳电池的结构对比如图 6-23 所示。

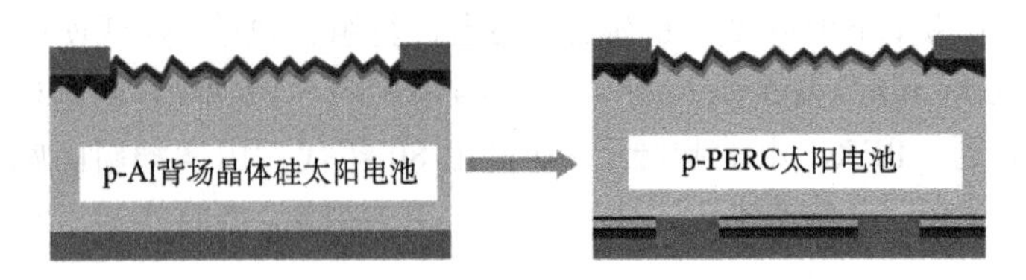


图 6-23　p-Al 背场晶体硅太阳电池与 p-PERC 太阳电池结构对比

其优点为：①采用 $Al_2O_3$ 钝化背表面，$Al_2O_3$/Si 接触面具有较高的固定负电荷密度($10^{12}$~$10^{13}$cm$^{-2}$)，表现出显著的场效应钝化特性；$Al_2O_3$/Si 接触面存在一层极薄的 $SiO_2$，其可显著减少硅片表面态。使得复合速率降到 100cm/s 以下；②背表面沉积的 $SiN_x$ 薄膜含 H，能钝化硅片背表面悬挂键；③背面使用 $SiN_x$ 薄膜，可增加背反射，提高红光响应。

图 6-24 是 Al 背场电池与 PERC 电池的反射率和内量子效率对比图，可见 PERC 电池在 1000～1200nm 范围内的内量子效率明显优于 Al 背场电池，其原因除了 PERC 电池背面 $Al_2O_3$ 膜的场钝化与化学钝化效应之外，还有 PERC 电池背面的高反射作用。

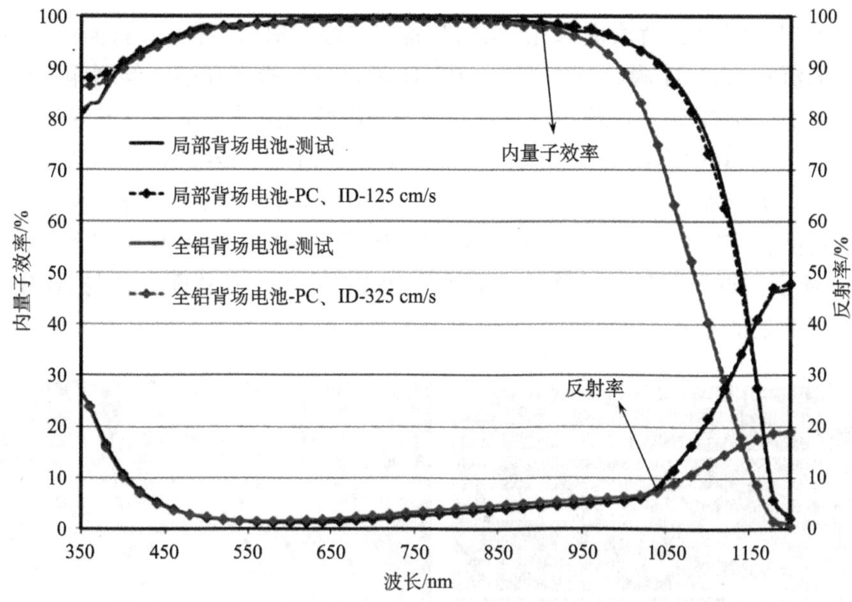


图 6-24　Al 背场电池与 PERC 电池的反射率和内量子效率对比

### 6.4.2　p-PERC 晶体硅太阳电池制造技术

根据 PERC 电池的结构特点，电池需要双面钝化和背面局部接触，以大幅降低表面复合，提高电池转换效率。PERC 电池工艺流程示例如图 6-25 所示，包括

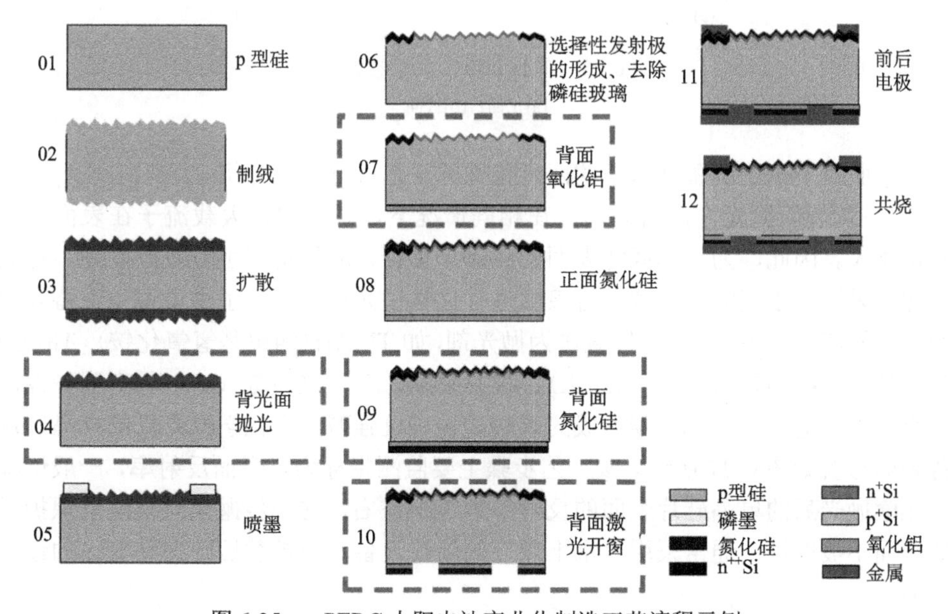


图 6-25　p-PERC 太阳电池产业化制造工艺流程示例

表面处理、扩散制结、背表面抛光、正面制备选择性发射极(可选)、背面沉积 $Al_2O_3$ 膜、正面沉积 $SiN_x$:H 膜、背面沉积 $SiN_x$:H 膜、背面激光开槽、丝网印刷以及烧结，正面引入选择性发射极可显著降低电池的串联电阻从而提升其转换效率，但工序会复杂些。其中虚线方框中的四个工艺步骤是相比于传统 Al 背场选择型发射极晶体硅电池增加的工艺步骤。另外，虽然 PERC 电池的工艺步骤有所增加，但由于其背面仍需印刷 Al 浆，所以其外观与传统 Al-BSF 电池几乎完全一致，如图 6-26 所示。近一两年来发展了双面进光 PERC 电池，其背面外观与 Al-BSF 电池就有了明显的不同。

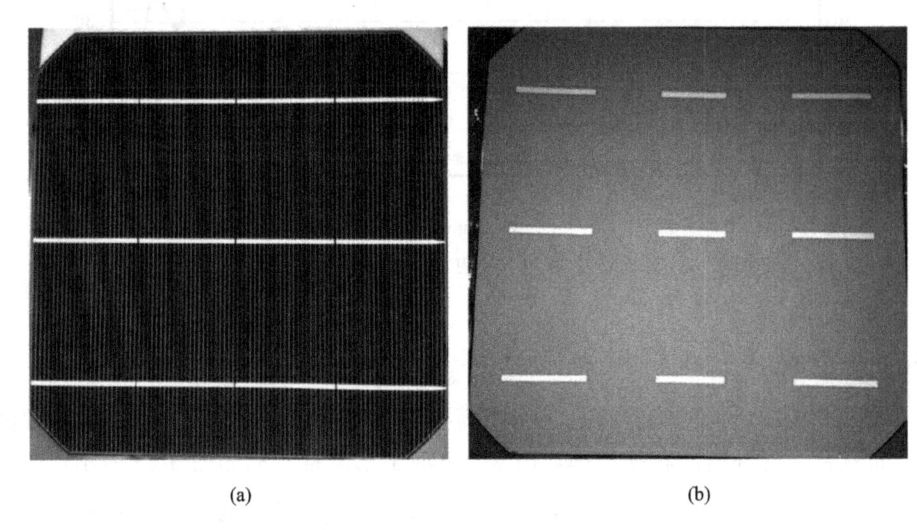

(a)　　(b)

图 6-26　单晶 PERC 太阳电池外观

(a)正面；(b)背面

下面对 PERC 制备技术中的四步特殊的工艺进行详细介绍。

(1) 背表面抛光。众所周知，在相同情况下，表面积越大载流子在表面的复合也越大。因此，为了降低背表面的载流子复合，应尽量减小背表面面积。行业中通常采用高浓度的碱溶液对背表面进行化学抛光处理，为了尽量避免在背表面积聚金属离子，一般采用有机碱作为抛光剂，如 TMAH(四甲基氢氧化铵)。TMAH 是一种无色结晶(常含多个结晶水)，极易吸潮，有一定的氨气味，具有强碱性，在空气中迅速吸收二氧化碳形成的碳酸盐为有机强碱。经化学抛光后的单晶硅片背表面形貌如图 6-27 所示。该工艺步骤主要监测指标为背表面反射率，一般情况下化学抛光后的单晶硅片表面的反射率为 35%左右。这一步抛光时要注意保护另外一面不被腐蚀，通常采用“水上漂”的清洗设备，与扩散后背抛和刻边的设备类似。

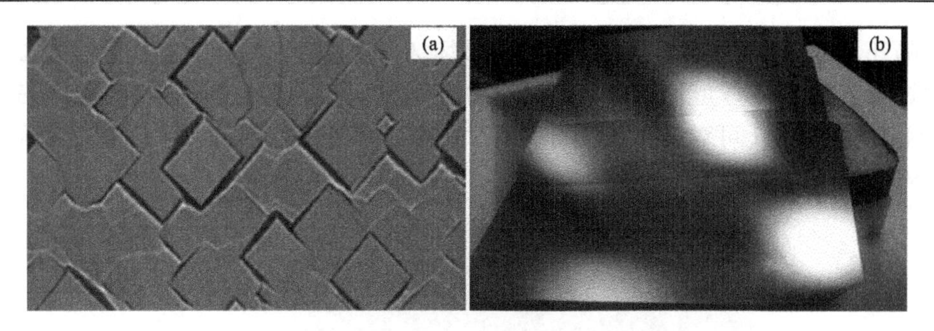


图 6-27　经化学抛光后的单晶硅片背表面

(a) 微观形貌；(b) 外观图片

(2) 背面沉积 $Al_2O_3$ 膜。在经化学抛光后的背表面沉积 $Al_2O_3$ 膜，该层膜厚为 5～20nm，其作用是钝化背表面，同时具有化学钝化和场钝化效果。行业中一般采用 ALD 或 PECVD 技术来制备该 $Al_2O_3$ 薄膜。由于 PECVD 技术沉积速率更快，因此更受光伏行业青睐，其设备结构示意图如图 6-28 所示，沉积过程的基本反应方程式如式 (6-13) 所示。该工艺中的主要监测指标是 $Al_2O_3$ 层的厚度、折射率以及钝化前后硅片的少数载流子寿命。

$$TMA(Al(CH_3)_3)+N_2O+Ar \longrightarrow Al_2O_3+CO_x+CH_4+NO_x+Ar \quad (6\text{-}13)$$

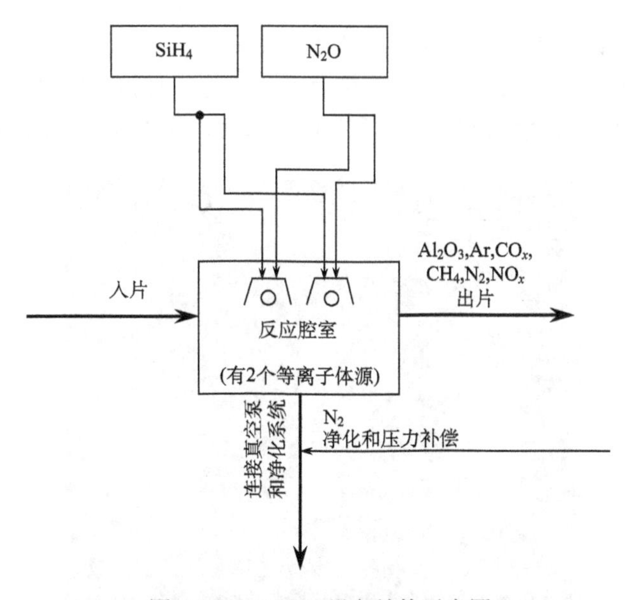


图 6-28　PECVD 设备结构示意图

(3) 背面沉积 $SiN_x$:H 膜。背面沉积了 $SiN_x$:H 层的晶体硅太阳电池的背面局部结构如图 6-29 所示。$SiN_x$:H 层有三个作用：第一，将 $Al_2O_3$ 膜和背面印刷的 Al 浆层隔开，防止背面 Al 层在烧结过程中破坏 $Al_2O_3$ 膜，影响其钝化效果；第二，通过调节 $SiN_x$:H 厚度使其可将透过硅片的近红外线反射回去被再次吸收；第三，$SiN_x$:H 膜中的 H 可对硅片背表面和硅片体内进行钝化。该工艺主要控制指标为 $SiN_x$:H 膜的厚度和折射率。

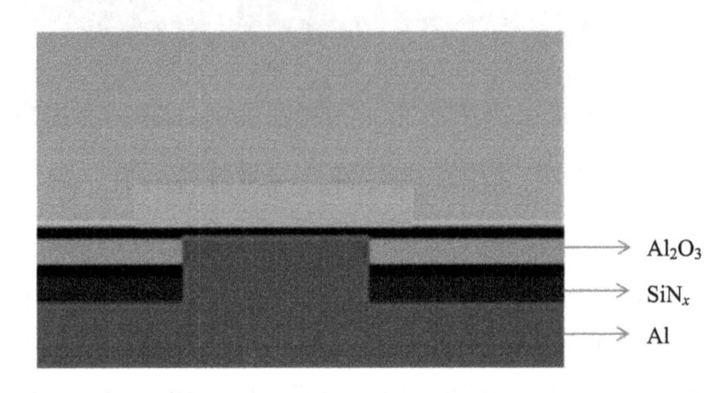


图 6-29　PERC 电池背面局部结构示意图

(4) 背面激光开槽。由于背面 $Al_2O_3$ 膜和 $SiN_x$ 膜均为绝缘层，为了将电流引出，必须使背电极与背面 p 型晶体硅形成欧姆接触，因此需要对背面钝化膜进行局部开孔处理。行业中主要采用激光开槽技术，光源为波长 532 nm 的皮秒激光，该方法开槽效果如图 6-30 所示。由于电流收集与电极图案关系密切，因此背面激光开槽的图案设计很重要，图 6-31 为几种开窗图案，可根据需要对其进行设计。线接触都是通过一个个激光点紧密连接而来的，这三种接触的区别在于开槽面积不同，线接触>虚线接触>点接触。开槽面积越大，代表印刷 Al 背场后可透过的

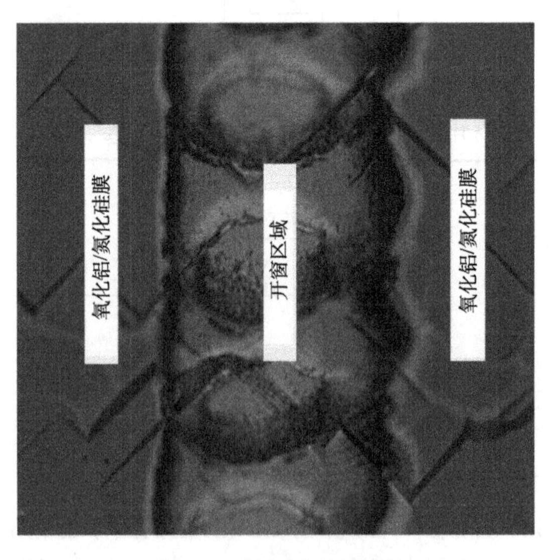


图 6-30　激光开槽效果

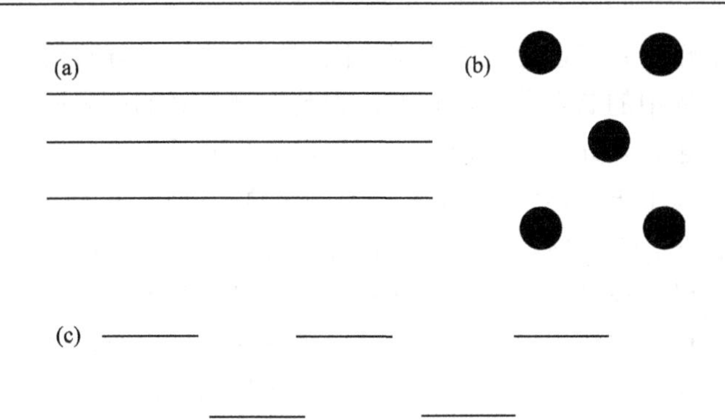


图 6-31　几种不同的开槽图案

(a)线接触；(b)点接触；(c)虚线接触

铝越多，烧结性能越好，形成的铝硅合金也越多，结果是接触电阻变小，填充因子会增大；但是氧化铝的钝化效果比铝硅合金好，所以开槽面积大会导致开压降低。根据不同的激光设备，并比配不同的工艺，每个厂家选择的背面开槽方式会有所不同，还是要结合实际情况来选择。

### 6.4.3　p-PERC 晶体硅太阳电池存在的问题

近期国内 PERC 太阳电池正在大规模扩产，虽然该技术在设备和原材料等方面已经日渐成熟，但是无论以单晶还是多晶为衬底的 PERC 电池皆存在一些技术问题，主要分为四个方面[4]。

**一是单晶 PERC 电池的光衰(LID)问题**。单晶 PERC 电池比 Al 背场的单晶硅太阳电池的光致衰减程度严重很多。如图 6-32 所示，目前所了解的衰减机理可以分为两类，一是与硼氧对有关的衰减，二是与铁硼对相关的衰减。随着硅料纯

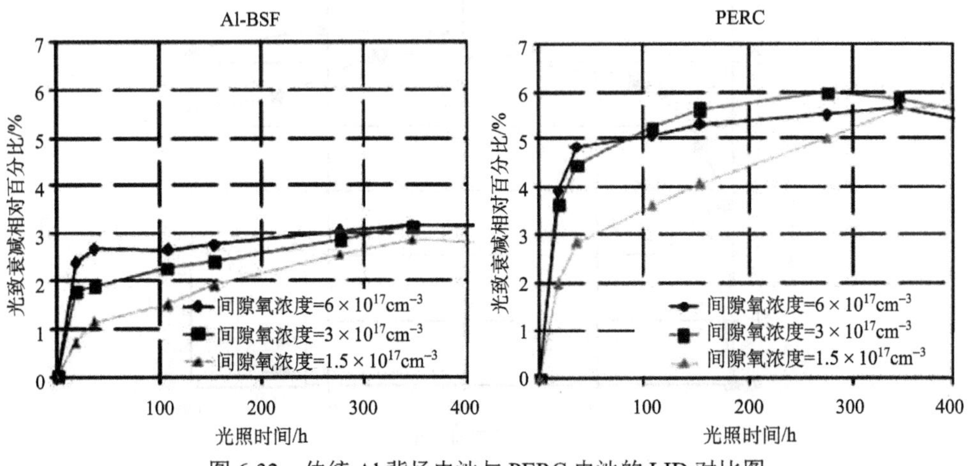


图 6-32　传统 Al 背场电池与 PERC 电池的 LID 对比图

度提高，铁含量较前几年已经大大下降，因此铁硼对分解导致的衰减已经减弱很多。但是单晶硅片中的氧含量仍旧较高，因此由硼氧对的产生而造成的光致衰减是目前的主要问题。除此之外，由于 PERC 电池背面是局部金属化接触，因此其内部载流子的迁移不再像传统 Al-BSF 电池的垂直走向(图 6-33(a))，而是会形成如图 6-33(b)中所示的迁移规律，导致载流子的迁移距离增加，光衰表现得更加严重。目前业内已经找到了几种抑制这种衰减的机制和方法，使用光照加退火或电场加退火的双重作用使得钝化膜中的氢原子进入硅体内与硼氧对结合成新的复合体，这种复合体不能捕获少子，从而起到钝化作用。这种技术的普及，使得单晶 PERC 电池的光致衰减问题基本解决。

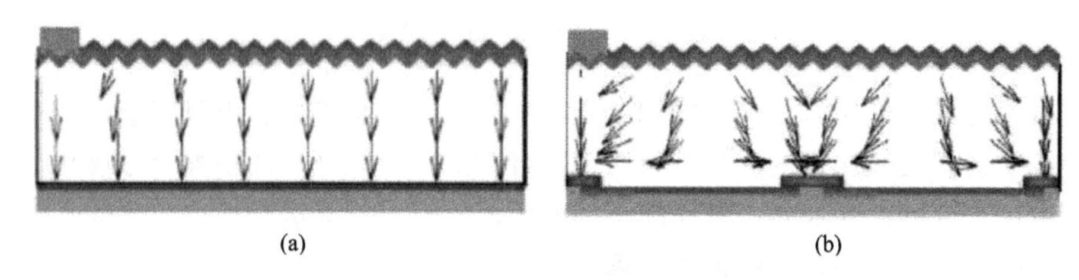


图 6-33　Al-BSF 电池与 PERC 电池内部光生载流子迁移规律示意图

(a) Al-BSF；(b) PERC

**二是多晶 PERC 电池的热辅助光衰(LeTID)问题**。多晶 PERC 电池存在一种新发现的热辅助光衰现象，即在光照的同时对电池加热，会加重光衰的幅度，如图 6-34 所示。这里有两个基本点，其一是在辐照的同时需要加温；其二是在较长时间的辐照下才会显现出这种光衰现象，即不存在短期辐照后达到饱和的现象。这种 LeTID 衰减在多晶硅衬底的 PERC 电池上的表现较单晶硅衬底 PERC 电池严重得多。

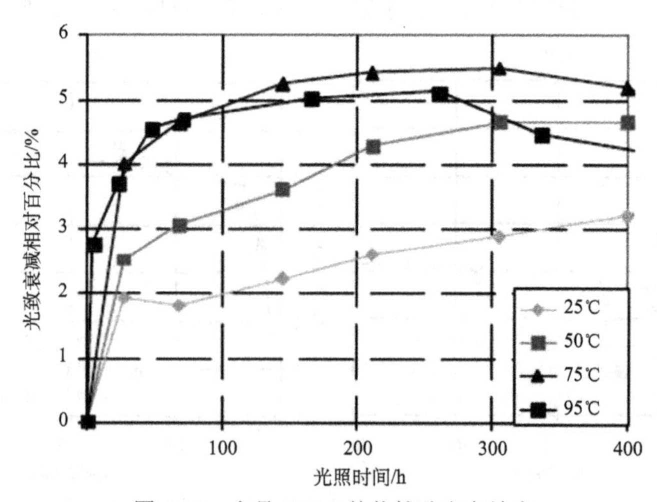


图 6-34　多晶 PERC 的热辅助光衰效应

目前对其形成机理还未有明确认识，也还没有很有效的治理技术。但是从近年的研究中可以归纳出一些规律：

(1) 多晶衬底较单晶衬底的 PERC 电池的 LeTID 光衰严重很多。

(2) 与硼氧对关系不大，即对于掺镓的多晶衬底也存在这种光衰现象，如图 6-35 所示。

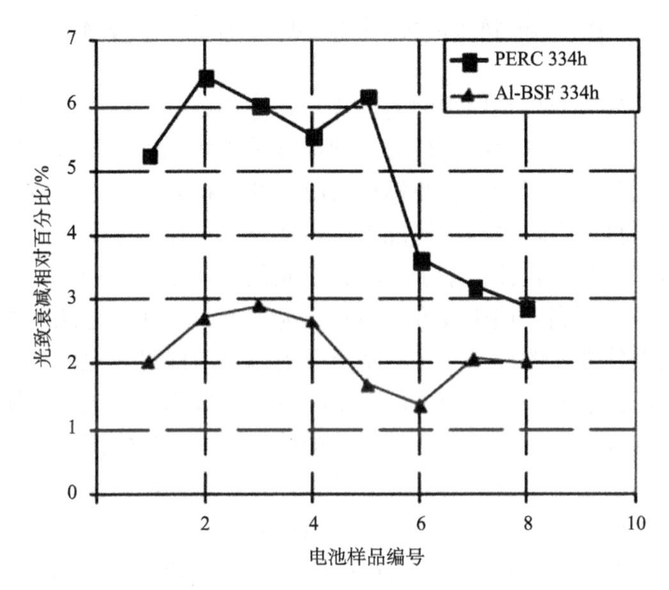


图 6-35　Ga 掺杂多晶 PERC 电池与 Al 背场电池的热辅助光衰效应(75℃)

(3) 此种光衰与表面钝化状态无关，而与体材料有关。

(4) LeTID 光衰可以恢复，但恢复时间很长，在有些条件下甚至要恢复十几年。

目前国内外大量公司及研究机构都在对此问题加紧研究，已经提出了一些有效的解决方案，包括：吸杂退火技术、高温结合高强度辐照技术等，但是这些技术仍处于实验阶段，没有进入大规模量产。

**三是 PERC 电池钝化膜易损伤影响成品率**。目前有企业反映在大规模生产单晶 PERC 电池时，EL 影像测试发现许多组件中出现大量划痕，影响了产品的成品率。其产生原因主要有以下几方面：在 PERC 电池制备过程中，难免会造成部分局部划伤，对于背表面钝化非常好的硅片，这种划伤痕迹使得背表面复合速率出现局部上升。虽然这些划痕可能并不影响整体效率，但会因 EL 测试不良被归为次品，有些企业出现这种因划伤而造成的 EL 次品会达到 20%～30%。划痕产生的原因与工艺过程中蹭片、工人操作手法、操作工序等有关，较难避免。

**四是目前普遍采用的 PERC 电池工艺技术面临着新开发的更低成本技术的竞争威胁**。目前大量企业改造或直接购置 PERC 电池生产线，主要是采用

PECVD(或 ALD)加 PECVD 制备背表面的钝化膜，再采用激光开孔的技术路线。设备投资较大，100MW PERC 电池生产线较传统的 Al 背场电池生产线增加约 2000 万元的投资。但是目前有一些企业正在开发使用丝网印刷 $AlO_x$ 膜加烧结的廉价技术代替上述两种昂贵技术的新型工艺方案。

## 6.5　p 型晶体硅太阳电池及组件新技术简介

太阳电池的最终应用是以组件的形式与其他部分共同构成一个完整的系统，发电供用户使用，所以其性能的最终评判标准是“实际使用全寿命周期内的发电量”，而不是太阳电池或者组件在标称情况下的转换效率。这一点目前已普遍被大家接受。而一直以来以“标称情况下的转换效率”作为太阳电池性能的评判标准的原因是该方法简单直接，便于比较。在光伏行业发展初期，太阳电池及组件的类别少，水平也不高，该比较方法问题不大。但到现在该方法已不足以准确表征太阳电池或组件性能的优劣，尤其是涉及类似“双面进光组件”之类的产品。因此，太阳电池性能检测分析技术的改革和进步就成为现在光伏领域的一个重要的研究方向。例如，近一两年来业内初步接受的双面晶体硅太阳电池的“双面率”的评判指标，其意思是在相同的光照条件下，背面进光的转换效率与正面进光转换效率的百分比值。目前 p 型晶体硅太阳电池只有 PERC 可做成双面，双面率约为 70%，n 型晶体硅太阳电池中 PERT 的双面率约为 80%多一点，非晶硅/晶体硅异质结结构可到 90%以上。

对于 p 型晶体硅太阳电池技术，从硅片的制备到电池片到组件多年来均做了大量的技术改进或新技术的替代推广。比如说硅片段的单晶硅连续加料拉棒技术、多晶硅的高效多晶技术、金刚石线切片技术；太阳电池段的制绒添加剂技术、银浆配方改进、镂空主栅和多主栅技术、PERC 电池技术的普及推广；组件段的背板技术、双玻组件技术、叠瓦组件技术等。整体说来，所有技术的目的都是提高发电量、降低成本。限于本书的篇幅，无法一一介绍，只能选部分代表性技术进行简略介绍。

(1) Cz 法单晶硅连续加料技术。单晶硅拉棒一直是造成单晶硅太阳电池成本高于多晶硅太阳电池的一个重要环节。我国隆基公司于 2016 年获得重大技术突破，实现了同一坩埚的连续加料拉棒。使原来一个坩埚只能拉一根单晶棒变为可以拉 2～3 根甚至更多。大大降低了单晶硅片的成本，甚至低于铸锭法生产的多晶硅片。强烈改变了晶体硅太阳电池市场格局，扩大了单晶硅太阳电池片的市场份额。

(2) 铸锭法制造准单晶硅技术。准单晶太阳电池片及铸锭如图 6-36 所示。该方法的基本原理是在多晶硅铸造的过程中通过坩埚底部预先铺设的大面积单晶硅籽晶诱导晶体的生长，获得尽可能大的晶粒尺寸，使得切好的多晶硅片近乎或者完全是一个完整的晶粒。最终目标是使铸造法得到的硅片的性能达到单晶硅片的性能。大概在 2010 年前后，我国晶澳等几家公司先后投入研发了该技术。所得产品虽然晶粒尺寸较大，但位错缺陷密度也很高，晶体质量有待进一步改进。而后由于赛维及协鑫公司等高效多晶硅技术的推出，在当时的水平上大大提高了多晶硅片的性能，满足了市场的需求，使得准单晶技术的研发推广进入了低谷期。近几年来，随着技术的进步，准单晶技术的研发又一次被提上了日程，主流多晶硅铸锭公司都在开展该技术的研发工作。这是一项有望在近期获得突破，满足大规模推广应用要求的技术。

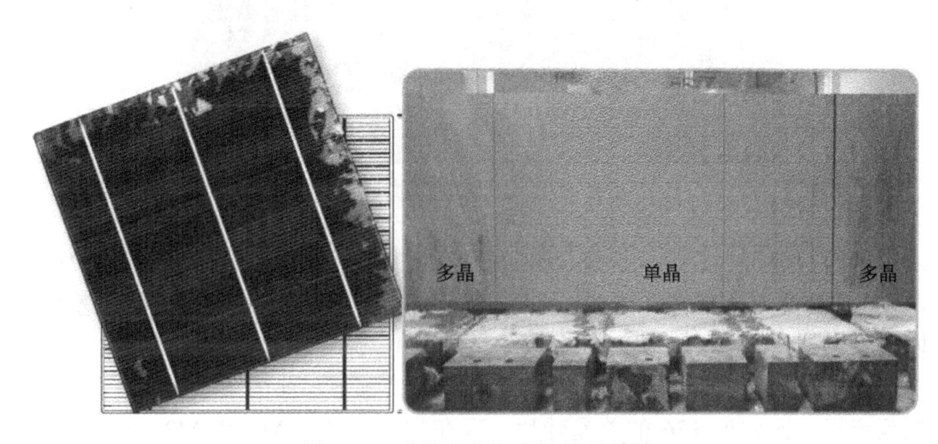


图 6-36　准单晶太阳电池片及铸锭

(3) 金刚线切片技术。金刚线显微照片如图 6-37 所示，其与传统砂浆线的不同之处在于金刚线表面镶嵌了许多金刚石颗粒。金刚石线通过表面粘附的金刚石颗粒使得切割过程中硅片表面塑性变形、破碎，从而将硅块切成硅片。而传统砂浆线是通过带动浆料中的碳化硅颗粒碾压硅片表面，使得硅片表面崩裂、破碎，从而被切成硅片。二者的切割机理不同。并且金刚石线切割硅片时只需加水，不需要像砂浆切割那样用有机组分很高的切割液，这使得其切割下来的碎料回收更加便捷，成本更低。金刚石线的切割工效更高，切割硅片的损耗更小，硅片表面的损伤层小。其推出后很快就在单晶硅片生产上得到应用，获得了良好效果。但其在多晶硅片上应用时遇到了障碍。一是多晶硅片中的晶体结构比单晶硅复杂，而且容易夹杂碳化硅硬质合金点，增加了切割的难度；二是切好的多晶硅片采用传统混合酸技术的效果不好。经过这几年的努力，第一个问题已得到了较好的解决，基本满足了业内的要求。针对第二点，这几年研发出的特种制绒添加剂、黑硅技术等均能基本解决这一问题。再考虑到金刚线切割的成本优势等，这一技术在多晶硅市场中也已全面普及运用，取代了砂浆切片技术。金刚线切片技术也可以切出更薄的片子，目前硅片厚度已经由 180μm 逐渐向 175μm，甚至 170μm、165μm 过渡。

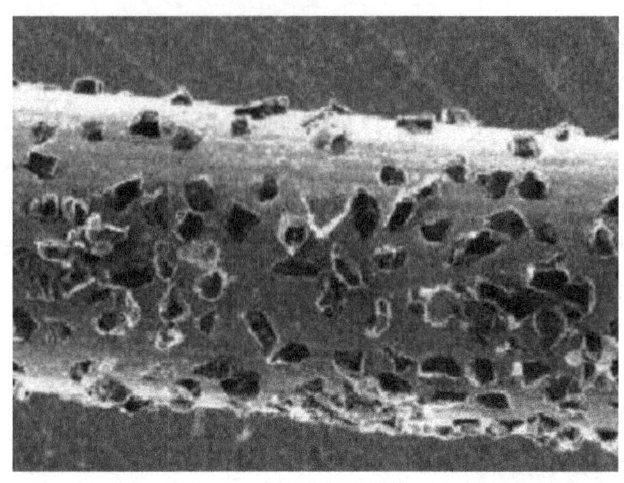

图 6-37　金刚线的显微照片

(4) 硅片尺寸的规范、定标。这对行业的健康发展非常重要。在行业发展早期，虽然说都是 156 的多晶硅片，但各家硅片企业生产的尺寸大小是略有差异的，所以到了电池片段和组件段，很多技术环节要针对不同的硅片进行调整。经过多年的磨合，在隆基等几家行业龙头企业的倡议带领下，业内统一对硅片尺寸进行了规范定标。比如说 156 的单晶硅片，现在常用规格为 M1 和 M2，边长尺寸统一为 156.75mm，而对角线尺寸则分别为 205mm 和 210mm，M1 和 M2 硅片规格书示例见表 6-2。

**表 6-2　M1 和 M2 硅片规格书示例**

| | M1 | M2 |
|---|---|---|
| 规格/$mm^2$ | 156.75×156.75 | 156.75×156.75 |
| 导电类型 | p 型，掺杂 B 型 | p 型，掺杂 B 型 |
| 晶向 | 〈100〉±3° | 〈100〉±3° |
| 电阻率范围/(Ω · cm) | 1～6 | 1～6 |
| 少子寿命/μs | ⩾15 | ⩾15 |
| 氧含量/(原子/$cm^3$) | ⩽$1.0\times10^{18}$ | ⩽$1.0\times10^{18}$ |
| 碳含量/(原子/$cm^3$) | ⩽$5\times10^{16}$ | ⩽$5\times10^{16}$ |
| 位错密度/(个/$cm^2$) | ⩽3000 | ⩽3000 |
| 晶体硅片边长/$mm^2$ | (156.75±0.25)×(156.75±0.25) | (156.75±0.25)×(156.75±0.25) |
| 对角线/mm | 205±0.5 | 210±0.5 |
| 厚度值/μm | 200±20 | 200±20 |
| 厚度差异/μm | ⩽30 | ⩽30 |
| 弯曲度/μm | <50 | <50 |
| 外观状况 | 清洁、无污、无指纹、无凹坑、无孔洞 | 清洁、无污、无指纹、无凹坑、无孔洞 |

(5) 湿法黑硅-多晶硅片制绒技术。这一技术是近年来 p 型晶体硅太阳电池片技术中最受关注的技术之一。该方法因为可以彻底解决金刚石线切割多晶硅片的制绒问题而倍受关注，目前已有阿特斯、协鑫等多家公司试生产，但尚未全行业普及。其存在的最主要问题还是成本以及技术的成熟度尚未能让全行业接受和满意。

(6) 双面 PERC 技术。双面 PERC 是为应对 n-PERT 和非晶硅/晶体硅异质结电池的竞争而发展起来的技术。双面可大大提高系统的发电量，无疑是未来重要的发展趋势。PERC 在最初设计时是没有考虑背面进光的，所以在改造为双面结构时遇到了很多的技术障碍，但目前其背面进光的转换效率也已经超过了正面转换效率的 60%，并且还有望进一步提高。

(7) 镂空主栅技术。这一技术的出现是具有历史意义的。它意味着对晶体硅片太阳电池主栅作用的重新认识，也是我国在太阳电池技术创新上迈出的重要一步。在新南威尔士大学的光伏系列教材中曾对主栅的作用进行了解释：一是为了将细栅线的电流汇总导出，二是为了在组件焊接时将电池片连接在一起，具有一定的黏结强度。但实际上随着太阳电池和组件技术的不断进步，将“细栅线的电流汇总导出”的作用已经不那么重要了，所以最终出现了镂空主栅技术。实心主栅与镂空主栅太阳电池对比照片如图 6-38 所示。而多主栅、无主栅的设计革新也随之而来。镂空主栅技术可以节省大量的银浆，这节省了大量珍贵的资源，明显降低了太阳电池的成本。

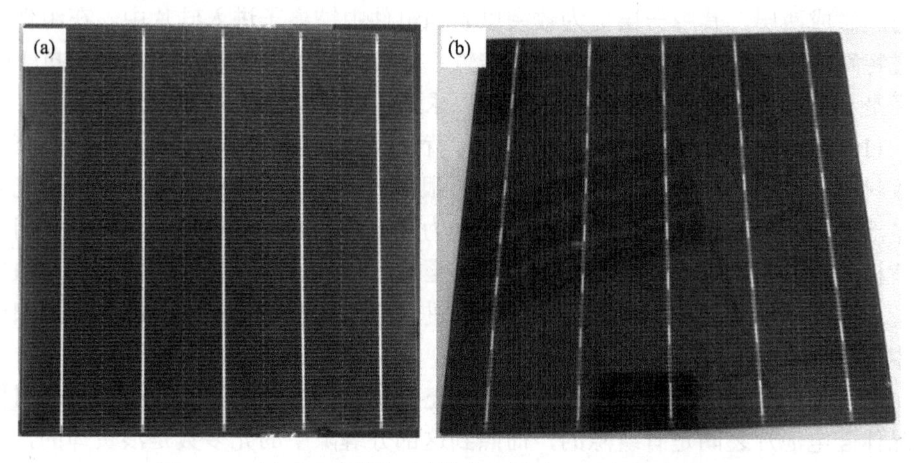


图 6-38　(a) 实心主栅与 (b) 镂空主栅的 p 型多晶硅电池照片

(8) MWT (metal wrap through) 技术。该技术的基本思想是将电池片迎光面的主栅线移动到背面，这样可以减少迎光面的遮光损失。其做法是在电池片上用激光开多个小孔，然后在孔里做好绝缘并填充上导电金属，导电金属与迎光面细栅线接触，将细栅线收集的电流导到背面去，其电池结构示意图和组件照片如图 6-39 所示。该技术确实可减少太阳电池迎光面的遮光损失，但在实施过程中遇到了很多的技术难点，例如，特殊电池片结构导致组件结构和制造技术必须进行配套的研发改进、激光打孔可能造成的破片率升高等问题。截至目前仍未能完美解决这些问题，所以该技术还不适宜推广应用。

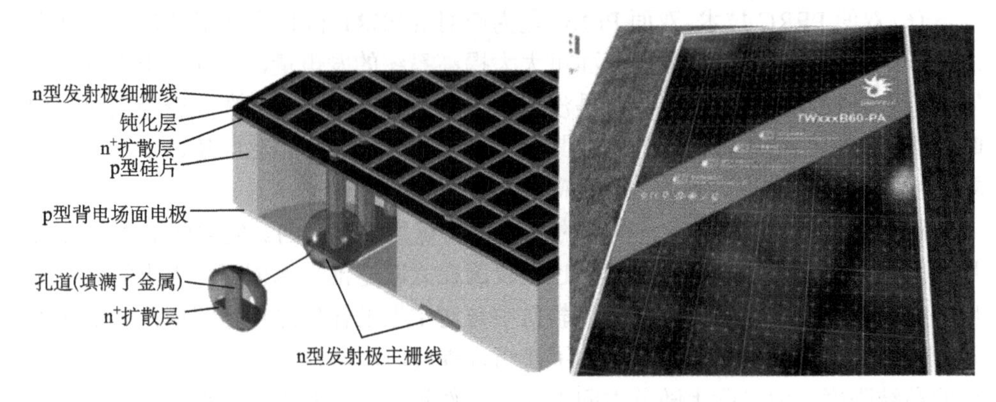


图 6-39　MWT 电池结构示意图和组件照片

(9) 抗 PID (potential induced degradation) 组件。PID，电势诱导衰减，在约 5 年前曾是困扰 p 型晶体硅光伏系统应用的一个非常严重的问题。后来全行业共同努力，很快找到了原因并提出了多种解决方案。包括在电池片端将氮化硅钝化减反射膜做成两层，其中一层更为致密以阻挡组件中钠离子进入硅片中，在组件端通过特殊的封装材料来阻挡钠离子的传输，均可较好地解决该问题。现在抗 PID 已经是 p 型晶体硅光伏组件的一个基本要求。

(10) 双玻组件。双玻组件是指电池片背光面的封装也采用玻璃，而不是有机背板材料，如图 6-40 所示。双玻组件具有很多的优势，比如说可配合双面进光太阳电池使用、抗 PID 效应、抗水汽侵蚀能力强、可省略组件边框等，而且采用玻璃背板的成本也不高于含氟有机背板，甚至更低。该技术目前的问题主要是组件制造技术还不够理想，尚需要一点时间去进步完善。该技术在 n 型晶体硅太阳电池中普遍采用。

(11) 叠瓦组件。该技术的最大优势是充分利用了组件的受光面积。常规组件中晶体硅电池片之间是有缝隙的，而照到这部分缝隙中的光多数是浪费掉的，如图 6-41 所示。叠瓦组件通过特殊的结构减少了这部分面积，而且因为多数主栅线被遮挡在电池片的下面，所以又多出来部分有效受光面积。这样累加到一起，就产生了客观的转换效率提升。另外，叠瓦结构减少了电流在太阳电池片之间流动的串联电阻损耗。该技术目前很被行业看好，有望在近期普及应用。

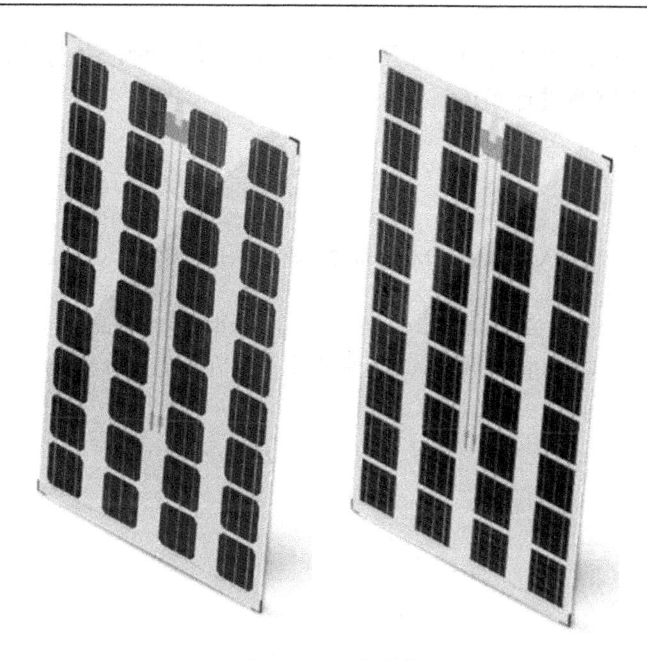

图 6-40　双玻组件

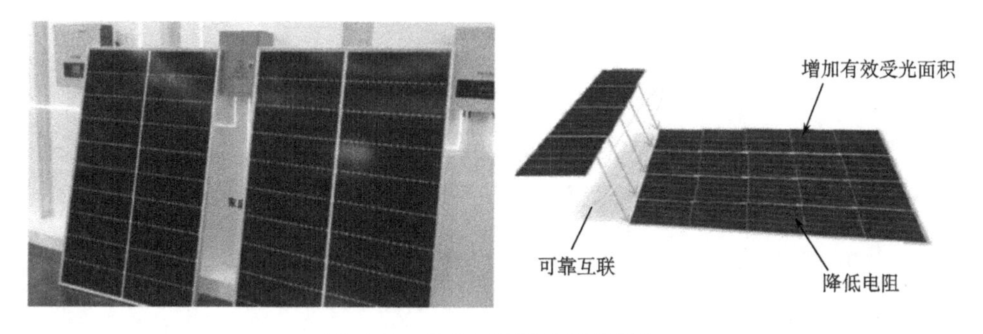


图 6-41　叠瓦组件照片及原理图

## 思考练习题

(1) 请画出传统 p-Al 背场单晶硅太阳电池的结构示意图；给出其制备工艺流程并对各个工序的作用和原理进行阐述。

(2) p-Al 背场单晶硅和多晶硅太阳电池的制备工艺主要有哪些不同之处，产生这些不同之处的原因是什么？

(3) 请写出 p-PERC 太阳电池的中文全称，并画出其结构示意图； p-PERC 电池与传统 p-Al 背场电池相比增加了哪些制备工序，这些工序的作用是什么？

(4) 请对 p-PERC 太阳电池存在的问题进行阐述。

(5) 请写出 p-晶体硅太阳电池及组件的新技术各一种，并对其设计的独特之处和其制备技术路线进行阐述。

## 参考文献

[1] 沈文忠. 太阳能光伏技术与应用. 上海: 上海交通大学出版社, 2013.

[2] Blakers A W, Wang A, Milne A M, et al. 22.8% efficient silicon solar cell. Applied Physics Letters, 1989, 55: 1363.

[3] 贾锐. PERC 晶体硅高效电池研究. 北京: 高效晶体硅电池技术研讨会, 2015.

[4] 王文静. PERC 太阳电池的问题. 光伏产业观察, http://pv.ally.net.cn/special/2017/0405/7071.html.

# 第 7 章　n 型晶体硅太阳电池技术

## 7.1　引　　言

n 型晶体硅与 p 型晶体硅中多数载流子类型的不同，导致用它们制备的太阳电池性能差异显著。总体来说，基于 n 型晶体硅的太阳电池比基于 p 型晶体硅的太阳电池具有更优异的性能。近年来，基于 n 型晶体硅的太阳电池技术进步非常快，器件结构和制备技术路线不断推陈出新，太阳电池的转换效率也在不断突破，产品市场规模不断扩大，有望在几年内占据较大的市场份额。

本章将系统讲解各类基于 n 型晶体硅的太阳电池结构，分析各器件结构设计思路及关键参量；将重点讲解 a-Si:H/c-Si 异质结太阳电池和 PERT 结构晶体硅太阳电池，以及二者的制备技术。本章的难点在于各类太阳电池结构之间的区别与联系，制备技术控制要点的理解。

## 7.2　n 型晶体硅太阳电池特点及发展概况

### 7.2.1　n 型晶体硅材料的基本特性

目前，太阳电池产业所用 n 型晶体硅片(后文所提 n 型晶体硅均指太阳电池产业所用)主要是指 n 型单晶硅材料，作者除了看到德国 Fraunhofer 研究所采用的 n 型多晶硅片研究特种太阳电池结构效率达到了 22.3%[1]的报道之外，未见到其他该类太阳电池的显著研究成果。概因 n 型晶体硅太阳电池的研究与生产均在追求高转换效率，而多晶硅材料品质普遍比单晶硅差，并且很多 n 型高效太阳电池结构和制备技术并不适用于多晶硅材料。

目前 n 型单晶硅片主要采用磷(P)作为掺杂元素，其相比于硼掺杂的 p 型单晶硅片具有以下特点：

➢少子寿命高。电阻率范围为 1～3Ω·cm 的 p 型晶体硅片的少子寿命一般为几百微秒，而类似电阻率范围的 n 型晶体硅片的少子寿命可达几千微秒，高出一个数量级。

➢抗光致衰减。p 型晶体硅片太阳电池的光致衰减主要是由掺杂元素硼与硅片中的氧结合形成硼氧对所致。n 型晶体硅片中掺杂原子为磷，从根本上消除了造成太阳电池光致衰减的原因。

➢对金属杂质不敏感。硅中金属杂质多为施主，与 n 型晶体硅片中多数载流子一致，不易于形成少数载流子(空穴)的复合中心。这种情况将降低硅片制造过程中金属杂质控制的难度，有利于生产进行和成本降低，也有利于太阳电池性能提升。

太阳能级 n 型单晶硅片的制造主要采用 Cz 法(图 7-1)。在硅棒拉制过程中，由于磷原子的分凝系数(0.35，硼的为 0.9)太小，所以硅棒从头部到尾部的电阻率差别很大，这一问题可通过拉棒过程中的补料等方式予以纠正。

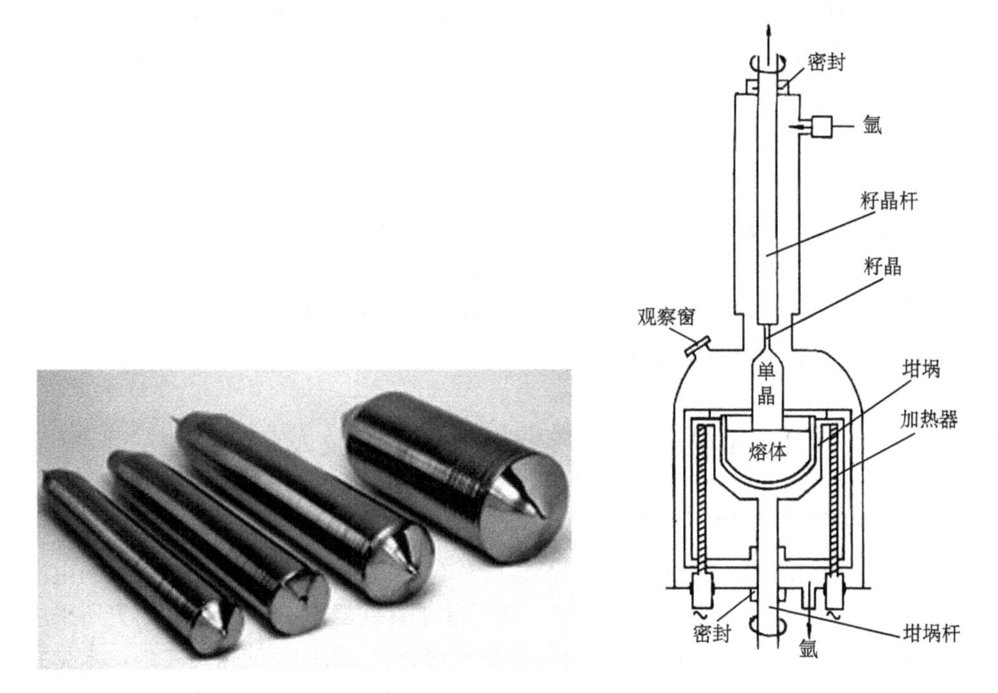


图 7-1 单晶硅棒照片及 Cz 法拉单晶示意图

### 7.2.2　n 型晶体硅太阳电池结构种类及发展概况

目前，技术已成熟到批量生产阶段的 n 型晶体硅太阳电池技术主要有三种：a-Si:H/c-Si 异质结太阳电池(heterojunction of amorphous silicon and crystalline silicon, 简称 HAC，也称 SHJ 或 HJT，其中以日本的 heterojunction with intrinsic thin layer 结构为典型代表，简称 HIT)，IBC 结构太阳电池(integrated back contacted, IBC) 和 PERT 结构太阳电池(passivation emitter and rear totally diffused, PERT)。除此之外，尚有处于研发阶段的 HBC(HIT-IBC)太阳电池、Topcon(tunnel oxide passivated contact)技术等。

前三种结构各有特点，从不同的侧重点出发来提高太阳电池的性能，进而设计了相应的器件结构。HAC 结构通过宽带隙的 a-Si:H 作为发射极拉升 pn 结的内建电势来提高晶体硅太阳电池的开路电压，从而提高其转换效率。IBC 结构，通过将太阳电池的发射极和背电场集成到器件背面的设计，使得太阳电池的金属电极全部集成于器件的背面，这样器件的迎光面就完全无金属电极遮挡，从而提高了短路电流和转换效率。PERT 结构太阳电池相对于前两者性能上的特殊性较少，其性能优点仅限于双面进光和利用了 n 型晶体硅片高少子寿命，但其充分利用了现行扩散制结 p 型太阳电池的生产技术，技术难度低、成本低，利于现行 p 型晶体硅产线的转型升级，所以很被产业界看好。

当然，对于这三种结构除了上述基本设计特征外还有其他优点，同时也有各自的不足和可改进之处，所以又发展了 HBC 和 Topcon 等新型结构。其中，HBC 结构就是将 a-Si:H/c-Si 异质结和发射极背电场的背面集成两个设计理念集成在一起的产物；Topcon 设计则是针对扩散结太阳电池的背表面性能不够理想而采用隧穿氧化物层来进行钝化的理念进行改善的。上述各类结构的特征和详细制备技术后文将详解。

n 型晶体硅太阳电池的研发历史并不短于 p 型晶体硅太阳电池，且具有前述多个优点，可为什么现在 p 型晶体硅产品占据了市场的主导地位呢？这是个很有意思的现象。20 世纪 80 年代太阳电池发展初期，太阳电池的制造成本极其昂贵，主要在宇宙空间应用。p 型晶体硅太阳电池的抗宇宙射线辐射的能力优于 n 型晶体硅太阳电池[1]，所以 p 型晶体硅太阳电池技术先发展起来。而后来随着地面应用规模的扩大，p 型晶体硅太阳电池技术（Al 背场扩散制结技术，而相对应同时期 n 型的为 HIT 和 IBC 技术）因其技术相对简单，对硅片性能要求低，设备成本低，易于大规模生产而迅速扩产，占领了大部分市场份额。而 n 型晶体硅太阳电池只有日本 Sanyo（HIT 技术）、美国 Sunpower（IBC 技术）等少数几家公司在生产，虽然这几家公司的产品性能也在不断提升、规模也在逐渐增大，但相比于 p 型晶体硅光伏技术来说在产品性价比、技术成熟度方面的差距却越来越大。尤其是 2000 年后，随着中国光伏产业的爆炸式增长，这种差距变得更为显著。但最近几年，尤其是我国光伏电站建设的“领跑者计划”实施以来，各企业对太阳电池性能提升的要求越来越迫切，投入大量人力物力来研发太阳电池的新技术，企业在 n 型晶体硅太阳电池方面的技术储备和人才储备也越来越丰富，相应的生产装备、生产技术、原辅材料水平均提升很快。再者，随着双玻组件技术的发展， HAC、PERT 两种双面进光结构的 n 型晶体硅太阳电池的优点得以充分发挥，更加快了 n 型晶体硅太阳电池的发展和市场推广。在可以预期的三五年之内，n 型晶体硅太阳电池在光伏市场的比重一定会越来越高。

## 7.3 n-HAC 晶体硅太阳电池结构及制造技术

非晶硅/晶体硅异质结太阳电池(HAC)的基本结构是基于重掺杂非晶硅薄膜(a-Si:H)与晶体硅(c-Si)形成的异质结结构，可为 p-a-Si:H/n-c-Si 结构，也可为 n-a-Si:H/p-c-Si 结构，但基于半导体能带理论的分析表明：在不考虑器件结构的其他限制条件下，p-a-Si:H/n-c-Si 结构有更高的转换效率[3]。原因在于如图 7-2 所示的代表 a-Si:H/c-Si 异质结太阳电池开路电压所能达到最大值的内建电势 $\Phi_B$ 在 p-a-Si:H/n-c-Si 结构中相比于另外一种结构具有更大值。

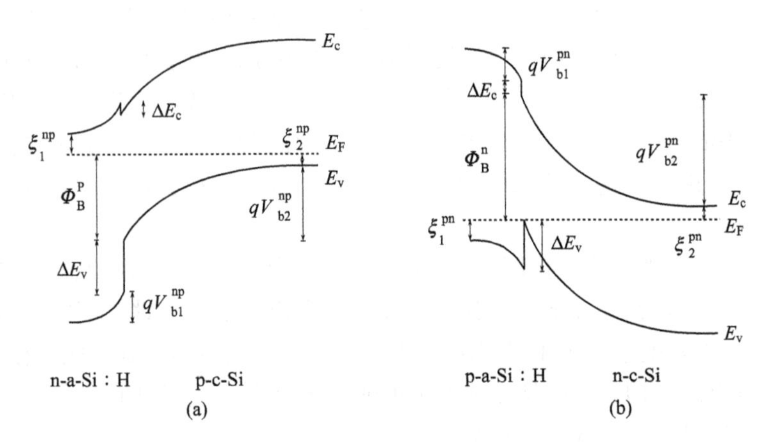


图 7-2 p 型和 n 型晶体硅基底的 a-Si:H/c-Si 异质结能带结构示意图[3]

此处要注意非常重要的一点：其实该类太阳电池的内建电势与 p、n 层的禁带宽度并非绝对的单调递增的对应关系。应该说它是由“发射极材料”能够使吸收层的导带或者价带“弯曲”的程度决定的。与之相关的另外一个现象是在非晶硅发射极和后文经常提到的本征钝化层、TCO 层中光吸收所产生的光生载流子的复合损耗特别大，该现象称之为光吸收损失或者寄生光吸收损失。从这一角度讲我们希望 HAC 太阳电池结构的所有非晶硅层和 TCO 层尽量薄。但过薄会带来另外的问题，我们在后文会一一讲到，其器件结构设计过程中要不断“平衡”各种性能。

$$J_0 = \left(\frac{D_n}{L_n N_A} + \frac{D_p}{L_p N_D}\right)(qN_c N_v)\exp\left(-\frac{E_g}{k_0 T}\right) \tag{7-1}$$

对于基于半导体能带理论的 pn 结结构太阳电池，在只考虑 pn 结结构和材料特性的条件下，其反向饱和电流是由 p 型和 n 型材料中的少数载流子在一定电压下流动所造成的，其值的大小与 p、n 型材料中的少数载流子浓度成正比。因非晶硅禁带宽度大，由式(7-1)可知，其中本征载流子浓度相对于晶体硅低很多，所以其反向饱和电流密度仅约为晶体硅同质结的一半。表现在太阳电池的性能上即 a-Si:H/c-Si 异质结太阳电池的弱光效应好。也因非晶硅的禁带宽度大，器件发射极的载流子浓度随温度升高而增加的程度远低于晶体硅，导致 a-Si:H/c-Si 异质结太阳电池相对于 pn 同质结晶体硅太阳电池的温度系数低了很多，如图 7-3 所示。

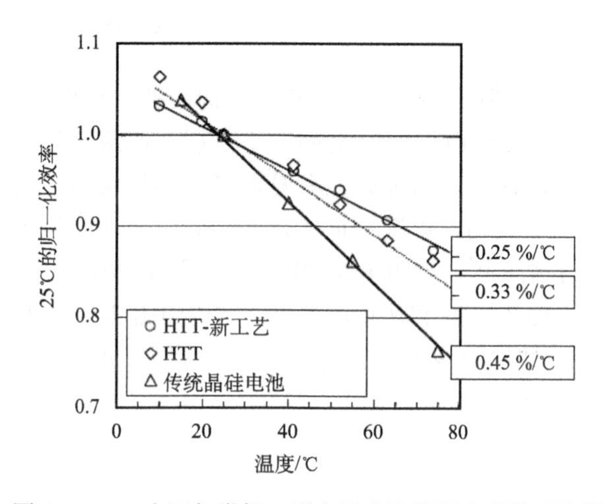


图 7-3　HIT 太阳与常规 p 型太阳电池的温度系数对比图

因上种种，基于 n 型晶体硅片的 a-Si:H/c-Si 异质结太阳电池相比基于 p 型晶体硅片的同质结太阳电池普遍具有：转换效率高、弱光效应好、温度系数小、无光致衰减四大优点。

### 7.3.1　n-HAC 太阳电池的结构及特性

a-Si:H/c-Si 异质结太阳电池的具体器件结构可分成两大类，一类是发射极与背电场分别位于硅片的两面，典型结构为 HIT 结构(图 7-4(a))，一类为发射极和背电场位于硅片的同一侧，典型结构为 HBC 结构(图 7-4(b))。其中前者结构较为简单，制备技术路线简单，易于低成本实现，但转换效率较低，例如，HIT 结构的转换效率的世界纪录为 25.0%(AM1.5G，25℃。如无特殊说明，本章所提太阳电池效率均是在此条件下测试所得)；后者结构复杂，制备技术路线繁杂，实现成本高，但转换效率高，例如，HBC 结构的转换效率的世界纪录为 26.7%。下面将就几种典型结构进行较为详细的介绍和分析。

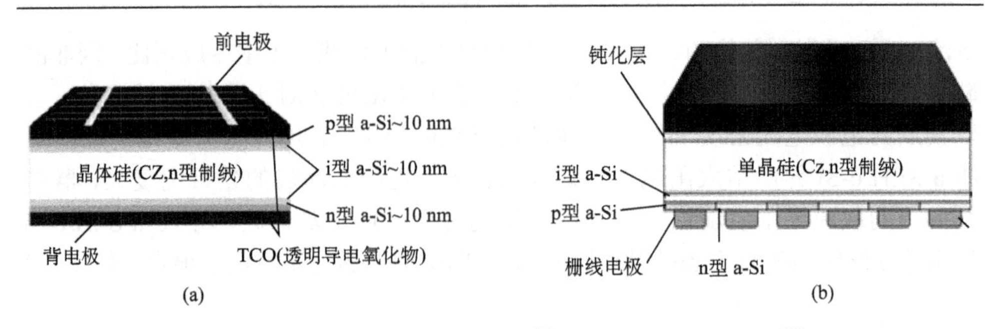


图 7-4　(a) 双面 HIT 结构示意图[4]和 (b) HBC 结构示意图[5]

在本书第 4 章已经概略地介绍过 HIT 结构最初为如图 7-5(a)所示重掺杂 a-Si:H/c-Si 结构，并无发射极与 c-Si 之间的本征层，但两部分结构之间的界面缺陷密度很高，器件性能很差。后来研究者发现可在硅片表面预先沉积一层本征非晶硅层钝化硅片表面的缺陷，再沉积重掺杂非晶硅层，从而得到较高转换效率的太阳电池，即为 HIT 结构[6]，也叫单面 HIT 结构(图 7-5(b))。后来又进一步将该理念发展用于异质结太阳电池的背面，所得器件结构如图 7-5(c)所示，称为双面 HIT 结构[7] 。该双面 HIT 结构的两个表面均可进光，可作双面进光太阳电池用，相比于单面进光太阳电池可额外获得 10%～30%的发电量(由应用环境的光反射情况等决定)。

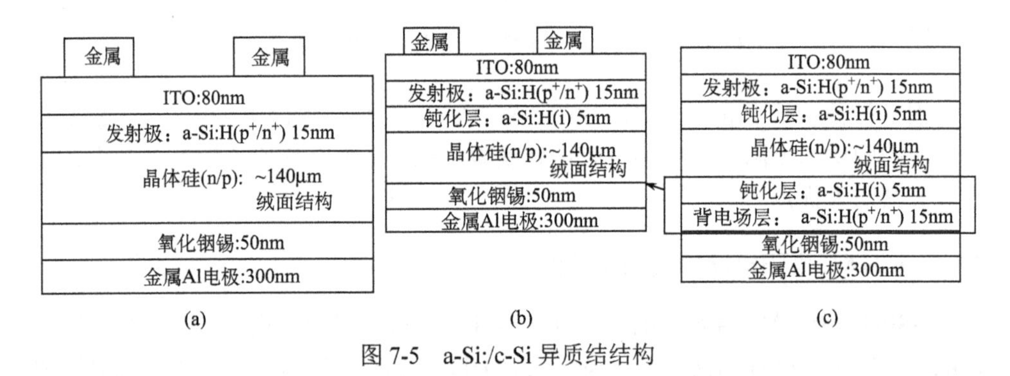


图 7-5　a-Si:/c-Si 异质结结构

(a) 无本征钝化层的单面异质结结构；(b) 有本征钝化层的单面异质结结构；(c) 有本征钝化层的双面异质结结构

双面 HIT 电池是目前晶体硅异质结太阳电池的最经典结构，很多研究以该结构为基础。其主要优点有以下几点：

➢发射极禁带宽度大：高 $V_{oc}$；

➢低温度系数：适合温度高的地区使用；

➢弱光效应好：实际可获得更多的发电量；

➢其制备过程全程低温(一般不超过 200℃，后文详解)：能耗低，成本低。

虽然有上述种种优点，但双面HIT结构仍然不够完美，尚有改进空间。其不足之处主要有：

➢迎光面TCO层、非晶硅层的吸光损失仍较为严重，使得该太阳电池的短路电流较小。

➢作为发射极的p型a-Si:H的掺杂较为困难。如要形成更高开路电压，则需要厚度变厚，会增加光吸收损耗。

➢所用电极材料——低温银浆形成的栅线串联电阻较大。

➢TCO层与重掺杂非晶硅层之间的接触电阻较大，这是电池填充因子低的原因之一。

➢目前TCO层主要采用的是基于氧化铟的TCO材料，其性能不够完美且价格很高。另外，铟在地球上的储量很少，是稀有原材料。

针对上述问题，研究者们从材料选择、制造技术优化和器件结构改进等方面做了大量工作。例如，

➢采用本征掺氧非晶硅薄膜取代本征非晶硅薄膜作为钝化层材料，可以改善钝化效果，增加本征层制备的工艺窗口并且减少本征层的光吸收损失。

➢采用重掺杂/浅掺杂的双层a-Si:H结构取代单层重掺杂a-Si:H薄膜作为发射极，可以减少TCO与掺杂层的接触电阻且提高太阳电池的短波长响应。

➢采用IWO(氧化铟掺钨)取代ITO作为透明导电氧化物材料可以改善TCO层与非晶硅层的功函数匹配，减少接触电阻，增加转换效率。

➢以“背结”取代“前结”结构，即将p型a-Si:H发射极置于器件的背光面。这样可以减少p型层厚度增加导致的光吸收损耗增加，可以更好地调节p型a-Si:H层的电学特性。但这样的设计也导致器件短波吸收发生在FSF(前表面电场)区域，此处电场强度低，光生载流子的复合概率会增加。

➢采用热丝CVD法沉积本征钝化层，相比于PECVD法可减少等离子体对非晶硅-晶体硅之间界面的损伤。

➢采用反应等离子体沉积(reactive plasma deposition, RPD)的方法取代磁控溅射法沉积TCO层，可获得更优的TCO层性能。

上述改进方案基本未改变双面HIT的结构特征，当然还有更加彻底的技术改进方案，例如，后文将提到的HBC和HACD结构，虽然可更大范围地调节优化器件性能，但其制备技术路线也发生了显著的变化，给技术的推广应用带来了更多更大的困难，尚需要较长时间的研发和推广。

### 7.3.2　n-HAC结构太阳电池的制备技术

n-HAC结构太阳电池在市场上已经有较大的产销量，其中最为著名的日本Panasonic公司(该公司收购了Sanyo公司HIT太阳电池部分的业务)的产能超过

了 1GW，除此之外，日本 Kaneka 公司、美国 SolarCity 公司、我国上彭公司等均有几十 MW 至几百 MW 不等的产能。除此之外，2016～2017 年是我国异质结技术的工厂建设爆发年，中智(泰兴)电力公司、福建钧石能源公司、山西晋能清洁能源科技股份公司、汉能移动能源控股集团等纷纷建厂组线，一期产能均在百 MW 级。晶体硅异质结电池揭开了神秘的面纱，将迅速推广应用。

目前各家企业的产品均是基于双面 a-Si:H/c-Si 异质结结构，但在具体器件结构的设计和生产技术路线上各有特色。因涉及技术机密，技术细节我们无从得知，但万变不离其宗，所有技术路线和产线设计都由清洗制绒段、CVD 沉积非晶硅层段、PVD 制备 TCO 段，以及栅线制备段这几大部分构成。以下我们将按照上述生产工艺段划分对 HAC 电池的生产技术进行讲解分析。

1. 清洗制绒段

制绒清洗是该类太阳电池生产的第一步，对双面 HAC 电池的性能有非常显著的影响，是生产控制中的关键工艺步骤之一。目前全部采用(100)单晶硅片制造，采用碱溶液制绒。但其清洗工艺与制绒步骤刻蚀的厚度与扩散制结的 n 型或者 p 型晶体硅太阳电池有很大不同。其主要原因在于：①如图 7-6 所示，HAC 电池是通过“沉积”方法获得重掺杂发射极层和 BSF(或 FSF)层的，硅片的表面在沉积过程中变为了“界面”。该界面尤其特别影响 pn 结的特性，在膜层沉积前需要更加严格的缺陷和杂质消除。而“扩散制结”技术所得重掺杂层是通过硅片表面的掺杂元素扩散进入硅片内部形成的。硅片表面不在“结”的内部，相对影响弱了

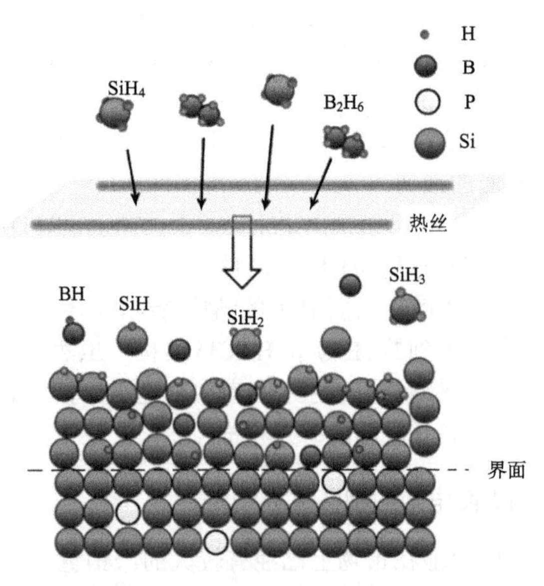


图 7-6　沉积过程成结示意图

很多。②HAC 电池的制备均是在“低温”下进行的，200℃左右，硅片表面的损伤层无法进行重结晶修复。而“扩散制结”工艺过程中，硅片需经历长时间 840℃甚至 900℃以上的高温过程，该过程会导致清洗制绒后硅片表面残留的部分损伤层中的缺陷“消失”(硅片的重结晶过程)。而且磷硅玻璃或硼硅玻璃的形成和去除过程也相当于“刻蚀”了硅片表面的一层质量不够完美的硅。

因上述原因，双面 HAC 太阳电池的清洗制绒主要有以下要求和特点：①硅片表面的刻蚀深度深(在生产上通过“减重量”控制)，以保证硅片表面的损伤层去除完全；②在制绒步骤完成后，一般要进行“圆滑”工艺，即用酸溶液将制绒所得金字塔的“尖”及“谷”部分抛平，这样可以减少薄膜沉积时的“奇点”，使得所得薄膜更加均匀平整；③要进行以 RCA 清洗工艺为代表的清洗，严格去除表面各种杂质和污染；④目前清洗装备多为“槽式”。

典型双面 HAC 的清洗流程如图 7-7 所示，因各清洗工艺步骤的作用和机理在本书前面章节中已有详细说明，此处不再赘述。生产装备照片如图 7-8 所示。

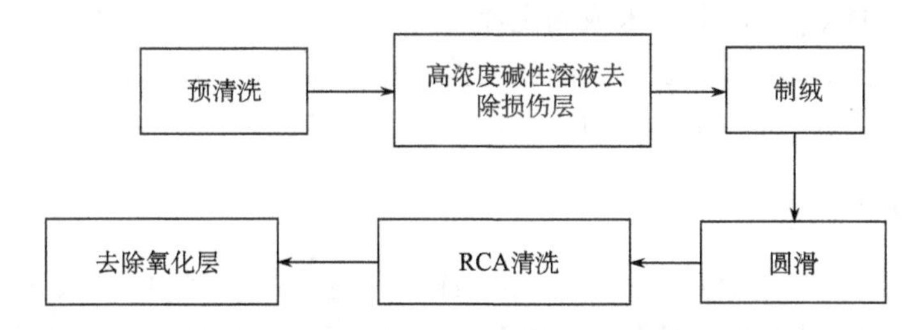


图 7-7　HAC 电池清洗制绒流程概况

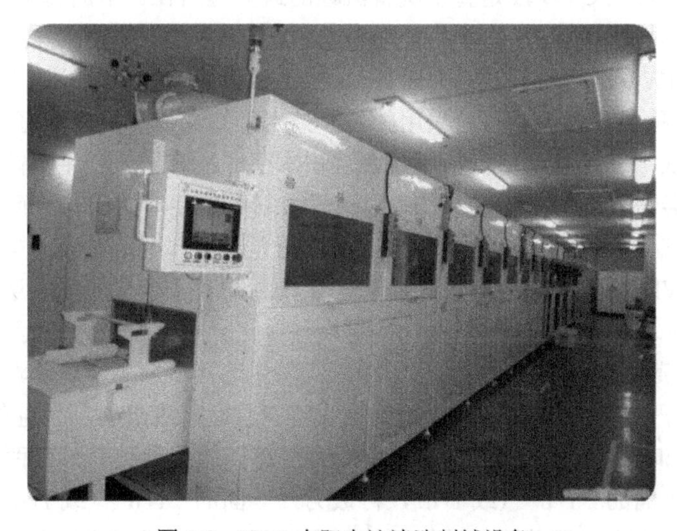

图 7-8　HAC 太阳电池清洗制绒设备

现就几步比较特殊的工艺略作说明。

(1) 预清洗：此步可选择方案较多，各个厂家会根据后继清洗流程的不同做出相应的调整。

(2) 刻蚀、制绒：众所周知，单晶硅的制绒分为一步制绒法与两步制绒法。这两种方法各有优缺点，一步制绒法工序简单，但其制绒效果受硅片原始表面的情况影响比较大，比如不同批次、厂家的硅片切割损伤层不同，会对制绒效果造成差异，给产品性能的控制带来困难。两步制绒在预制绒步骤将硅片表面先进行一步预清洗——刻蚀，这样可以弱化硅片原料之间的差异，保证制绒效果的均匀一致。

(3) 圆滑：圆滑工艺一般采用硝酸和氢氟酸的混合液。该步骤如果刻蚀过大，会造成反射率偏大，刻蚀量过少又会减弱后继工序沉积的a-Si:H膜层的钝化效果。

(4) 清洗：清洗要去除硅片表面的金属离子、有机沾污等。一般采用RCA的清洗流程，氨水+$H_2O_2$以及盐酸+$H_2O_2$两步清洗，近年来也有一些替代工艺，如采用臭氧代替$H_2O_2$等，但还未成为主流。

(5) HF去自然氧化层：硅片表面在清洗过程中所形成的自然氧化层致密度差，保留在pn结内会严重劣化器件的性能，所以一定要去除。

### 2. CVD沉积非晶硅层段

双面HAC太阳电池两面的本征a-Si:H层、重掺杂p型和n型a-Si:H层，均在CVD段完成。因“发射极”和“BSF”(或FSF)是完成太阳电池“光电转换”功能的核心，所以CVD段是整个制备流程的最关键所在。下面将重点进行讲解。

CVD段所采用的制备技术主要有PECVD和HWCVD两种。其中PECVD被普遍采用，HWCVD目前只有日本Panasonic和我国中智(泰兴)电力公司在用。PECVD是一种半导体行业普遍采用的生产技术，均匀性和重复性好，可控性高，但沉积速率低，气源利用率低。而且在沉积本征非晶硅层过程中高能等离子体对硅片表面的轰击会造成一定的损伤，限制了太阳电池性能的提升。而HWCVD沉积过程是将气体分解为中性基团，对硅片表面无轰击作用，比较“柔和”，而且相比于PECVD所得非晶硅薄膜中的氢含量较高，利于本征非晶硅层钝化效果的提升。但其均匀性较差、热丝需周期性更换等缺点导致其至今未被行业普遍接受。

PECVD薄膜沉积时绕镀问题(即硅片背面无遮挡情况下，薄膜沉积时硅片背面也会镀上)严重，这是由等离子体镀膜的反应原理所决定的。为避免这一问题，PECVD沉积时的载板必须要对硅片背面完全遮挡。这导致在硅片两面镀膜时一般要先镀完一面的“i+p”(或i+n)，再镀另外一面的“i+n”(或i+p)。这样只需翻片一次即可镀完4层薄膜。这样既简化了流程，节省了产线投入，又减少了硅片暴露在大气中的次数，保证了产品质量，也减少了翻片产生碎片的概率。

1) 本征钝化层材料及制备

本征钝化层的引入是非常“奇妙”的设计，是 a-Si:H/c-Si 异质结太阳电池获得优异性能的关键。它主要通过薄膜中的氢原子等与硅表面的悬挂键成键，主要以化学钝化的方式钝化硅片表面。因为其电阻率很高，所以必须非常薄以保证载流子可以隧穿通过。既不造成器件串联电阻过大，又保证良好的钝化效果，厚度一般为 5～10nm。本征钝化层材料一般为氢化非晶硅薄膜(a-Si:H)，但已有研究证明掺氧氢化非晶硅薄膜(a-SiO$_x$:H)具有更好的钝化效果、更少的遮光损失，且相比于 a-Si:H 有更宽的制备工艺窗口[8, 9]。本征层钝化后硅片的表面复合速率可降至 10cm/s 以下。

如图 7-9 所示，理想状态下对于硅片表面悬挂键的钝化需要的其实仅是一层氢原子，但实际材料构成和制造技术决定这是不可能的事情，所以实际材料构成中需要一个“网络”来固定氢原子，即非晶硅中 Si-Si 网络结构，这是需要本征非晶硅层的根本原因。如此一来，则带来另外的问题，除了硅片表面原本的悬挂键，Si-Si 网络本身会引入新的悬挂键和其他的缺陷。所以，实际上氢原子所要钝化的悬挂键有：①硅片表面的悬挂键；②非晶硅的 Si-Si 网络形成过程中产生的新悬挂键和缺陷。最终钝化效果表现为两种类型残留的总量。如此分析，更易于

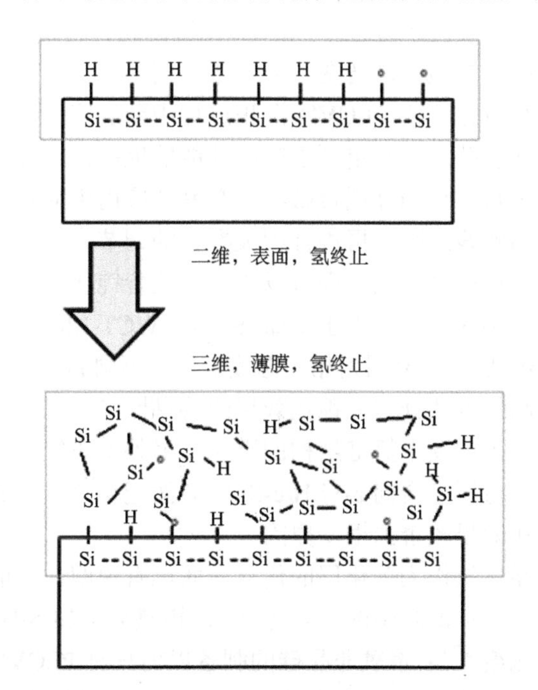


图 7-9　理想状态下对于硅片表面悬挂键的钝化仅需一层氢原子；实际材料构成中需要一个“网络”固定氢原子：非晶硅中 Si-Si 的网络结构

我们分析 CVD 沉积工艺对钝化效果的影响，并更准确地判断工艺优化方向。比如说“proto-crystallized”状态(趋近晶化)的非晶硅作为钝化层性能更好(因为在此状态下，非晶硅的 Si-Si 网络本身所导致的新悬挂键和缺陷比较少)；再比如说多数研究结果表明钝化效果的改善和本征层中氢含量的增加并非无限制地正相关(因为氢含量增加到一定量之后会使 a-Si:H 向 μc-Si:H 转变，可能会导致缺陷态的增加。此过程非常复杂，受多种因素共同影响)。

本征钝化层的制备方法有 PECVD 和 HWCVD。从技术方法的反应原理来说，HWCVD 法应该比 PECVD 法得到更好的钝化效果，因其无等离子对硅片表面的轰击作用，且所得薄膜的氢含量也要高些。但由于 a-Si:H 材料结构的复杂性、我们对本征钝化层的钝化机制的认识程度，以及人们对两种方法的认识和熟悉程度等各方面的问题，在实际应用中反而是 PECVD 应用更广。

通过上文对钝化机理的分析，可知道 PECVD 工艺参数的调节方向，应以减少硅片表面和非晶硅膜层中的综合缺陷总量为目标，以在设计非晶硅薄膜结构“趋近晶化”的基础上尽量增加氢含量为导向。当然除了上述内容，还包括调节薄膜中 Si-H、Si-$H_2$ 的相对含量等细节问题，限于篇幅在此不再一一展开叙述。

PECVD 沉积非晶硅薄膜的工艺参数对薄膜结构和性能的影响很复杂，是多方面的。例如，适度增加沉积过程中(氢气:硅烷)的比例可增加薄膜中的氢含量，但过高也会促使非晶硅向微晶硅转变，会造成界面外延；适度增加沉积气压会增加沉积速率，但过高也会造成 PECVD 沉积过程中副反应的增多，导致膜层结构的成分和键结构更加复杂，不一定利于产品性能的提高；而且沉积的气压、功率密度、衬底温度等参数还会相互耦合影响。在具体应用中应查阅总结大量文献，结合设备的情况总结实践经验，再进行相关参数的调节。

钝化层沉积结束后适度的热处理可以进一步改善钝化效果。如图 7-10 所示为双面沉积非晶硅钝化层的硅片的少子寿命(Sinton WCT-120 测)，(a)图为不同温度沉积，相同温度热处理；(b)图为相同温度沉积，不同温度热处理的结果。可见两图中均有部分样品经过热处理后钝化效果改善(硅片的少子寿命提高)。究其原因，作者认为主要在于薄膜中氢键结构的重排。另外本研究团队最新研究结果显示适度热处理过程中氢原子会向 a-Si:H/c-Si 的界面迁移[10]，造成界面处氢原子的富集，这应该是钝化效果改善的根本原因。

本征非晶硅薄膜掺氧作为钝化层的优点前面已有说明。目前已知机理有：掺氧有固氢的作用，可增加薄膜中的氢含量[8,12]；掺氧会增加 Si$H_2$ 键的含量；掺氧会提高薄膜的禁带宽度[8,25]；掺氧非晶硅的制备以前只有 PECVD 法，但最近本研究组研究表明 HWCVD 法亦可，且所得掺氧 a-Si:H 薄膜相比于 a-Si:H 的特点与 PECVD 法制得的两种薄膜的差异规律类似[12]。

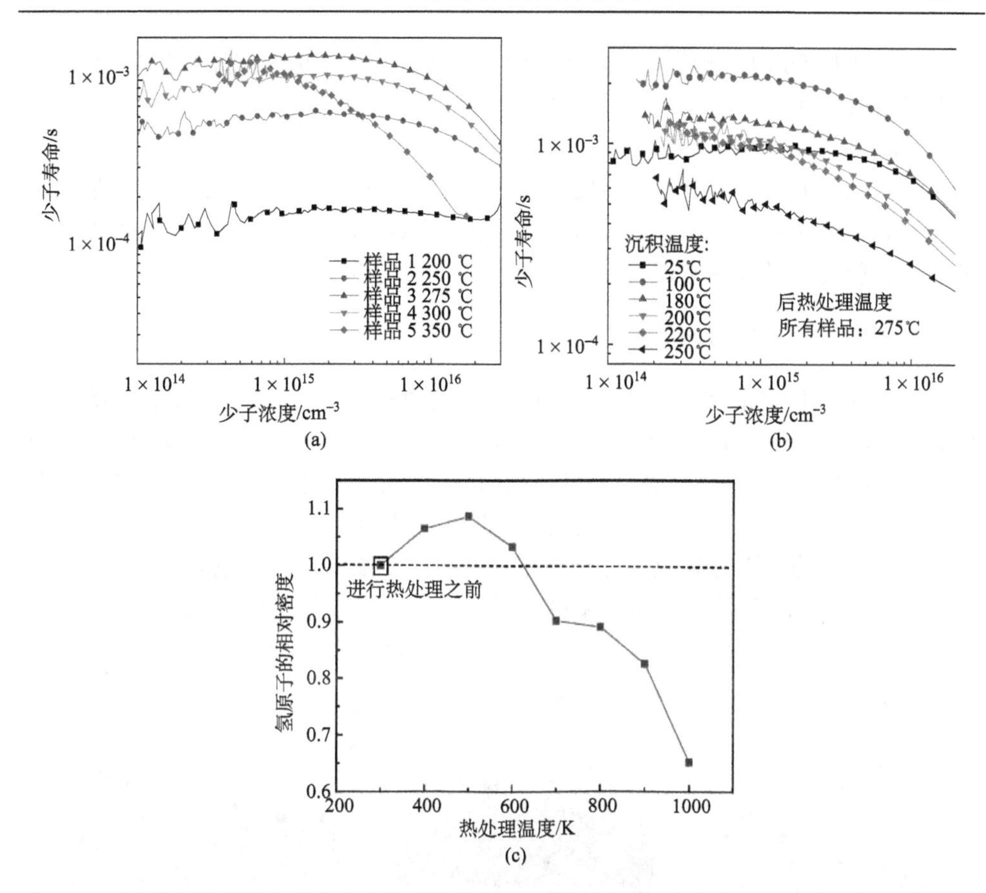


图 7-10　(a) 两面沉积钝化层的硅片经历热处理，热处理温度对少子寿命的影响；(b) 钝化层沉积时衬底温度对经历了相同条件热处理的硅片少子寿命的影响；(c) 分子动力学模拟 a-Si:H 钝化层与硅片之间的界面氢原子浓度与热处理温度的关系[9,10]

2) $p^+$发射极材料及制备

a-Si:H 的 p 型掺杂常用乙硼烷 ($B_2H_6$) 作为气态掺杂源，相比于 n 型掺杂较为困难。主要原因是硼原子掺杂到 a-Si:H 中的激活率比较低，大概只有 10%[13]。为提高硼的激活率，一般做法是将薄膜微晶化，比如说提高沉积过程的氢气稀释比 (氢气流量占全部源气体流量的比值)。但此种做法会导致膜层的禁带宽度变窄，造成更大的吸光损耗，而且会造成太阳电池内建电势降低。因为这一情况，也有将 p 层放在太阳电池背光面的设计，这样可以不必很顾忌 p 层吸光损失的问题，可更加偏重电学性能的设计优化。除了 a-Si:H 材料外，还有研究将 p 型 a-SiC$_x$:H、a-SiO$_x$:H 薄膜作为发射极的，但至今仍未见到非常成功的应用案例。

掺杂 a-Si:H 薄膜的制备采用 PECVD、HWCVD 法均可。p 型薄膜一般采用 $SiH_4$、$H_2$ 和 $B_2H_6$ 作为气源，有效掺杂均在 $10^{19}cm^{-3}$ 及以上数量级。对于 PECVD

方法，常用 13.56MHz 频率的射频源，但多项研究表明 40MHz 或其他甚高频源可改善其掺杂特性。

3) $n^+$背电场层材料及制备

n 型 a-Si:H 的掺杂相比 p 型较为容易，无须像 p 型掺杂一样尽量使薄膜微晶化。一般采用 $PH_3$ 作为掺杂源，有效掺杂在 $10^{19}cm^{-3}$ 及以上数量级。因其制备技术、工艺参数的影响规律等与 p 型掺杂类似，在此不再赘述。

### 3. PVD 制备 TCO 段

非晶硅/晶体硅异质结太阳电池的透明导电氧化物薄膜(transparent conductive oxide, TCO，如图 7-11 所示)材料常用 ITO 材料(氧化铟掺锡)，还有 IWO(氧化铟掺钨)、ITiO(氧化铟掺钛)等。TCO 材料最关键的指标是透过率和电阻率，我们希望透过率越高越好、电阻率越低越好。但对一种 TCO 材料来说，这两个指标一般是相互掣肘的。因为导电性好一般意味着载流子浓度高，而载流子浓度高会造成近红外区域吸收的增加，透过率则降低。另外，TCO 材料的功函数也是一个很重要的性能指标，如图 7-12 所示，会显著影响 TCO 与发射极或背电场(或前电场)的接触电势差，影响器件串联电阻。

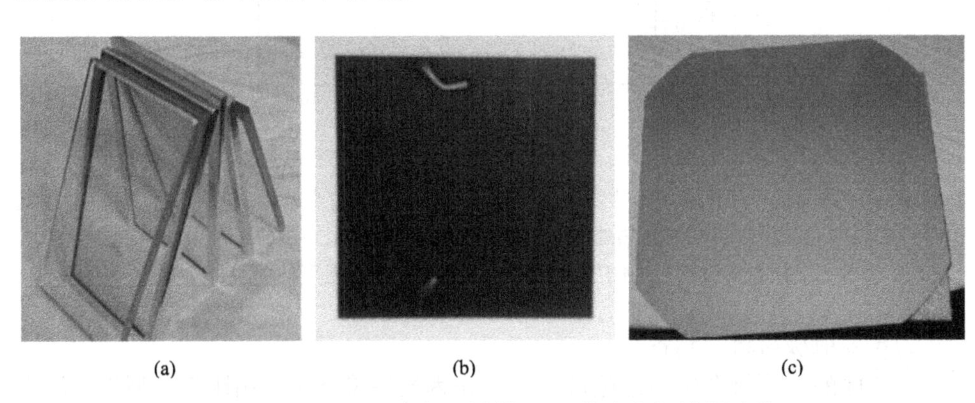

(a)　(b)　(c)

图 7-11　(a) TCO 玻璃，(b) 镀 TCO 的硅片和 (c) 裸硅片

TCO 材料制备一般采用的 PVD 方法是磁控溅射法。该方法非常适合大面积介电薄膜和金属薄膜的制备，均匀性、稳定性好。一般工业生产制备 ITO 薄膜均采用该技术。还有一种为反应等离子体沉积技术(RPD)，该技术较为特别，其反应原理及设备内部构造、靶材等均显著异于磁控溅射(图 7-13)，目前只有日本住友重工机械股份有限公司、台湾精耀科技有限公司等少数公司可以生产该设备。采用该方法制备 IWO 薄膜用于 HAC 太阳电池可显著改善其性能。相比于磁控溅射法制备的 ITO 薄膜，该方法可提高异质结太阳电池转换效率绝对值～1%。

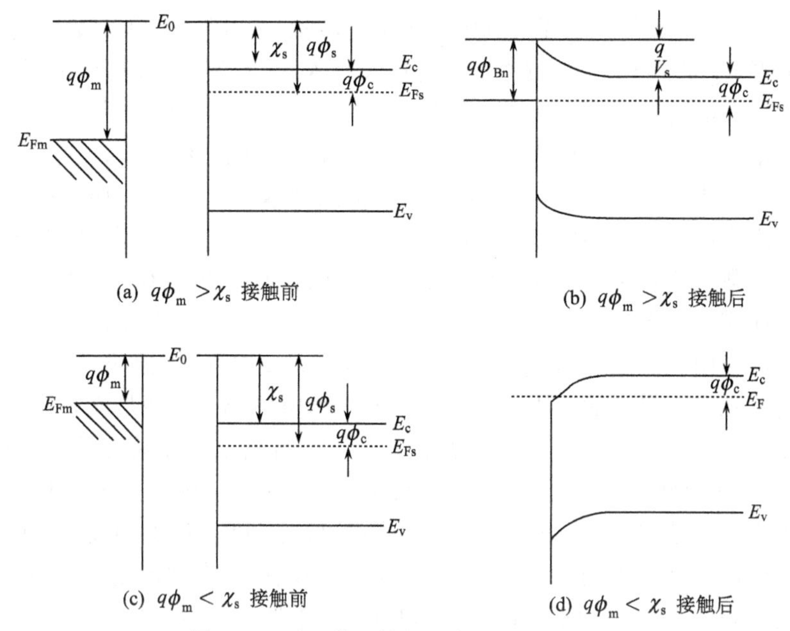


图 7-12　功函数对接触势垒的影响示意图

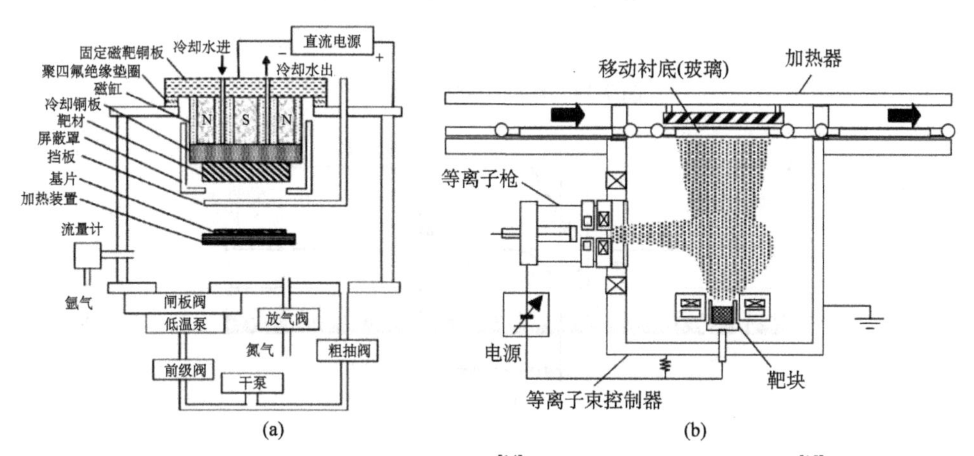


图 7-13　(a)磁控溅射原理示意图[14]与(b)RPD 反应原理示意图[15]

对于双面异质结结构，虽然其两面的结构类似，但因为两面进光情况不同，为获得最佳性价比，一般来说两面的 TCO 厚度会略有差异，甚至材料构成也会不同。这要各家单位根据自己对产品的定位、器件结构的设计和技术路线的选择来综合考虑。

4. 栅线制备段

目前，该类太阳电池生产中所用栅线制备技术路线主要有两条：丝网印刷低温 Ag 栅线和电镀铜导线技术。其中前者工艺步骤少，制程简单，技术成熟度高，但所用低温 Ag 浆料耗量大，成本高。而且低温 Ag 浆是有机物混合 Ag 颗粒所得，制成栅线后不能充分发挥 Ag 导电性好的特性，串联电阻较大，且做组件的串焊性能不是很好。后者要辅以光刻的方法才能得到良好的栅线图案，工艺流程长，技术复杂，成熟度低。但所用主要材料——铜的成本低于 Ag，且所得栅线结构可控性高，高宽比大，最终太阳电池的串联电阻小，做组件的串焊性能应该较好。因为现在多数机构均采用的是丝网印刷法，所以我们重点介绍该技术。

丝网印刷法制备低温 Ag 栅线的技术流程、设备状况与扩散制结的 p 型晶体硅太阳电池所用高温烧结 Ag 栅线的十分类似，其技术流程大致如图 7-14 所示。最显著的差别在于最后的“固化”工艺。异质结所用 Ag 栅线是靠浆料中的有机高分子成分在“固化”这一步高温交联达到将栅线牢固粘附在电池片表面与 TCO 形成良好接触，并且栅线内部 Ag 颗粒接触导电。该过程一般在 100～200℃完成，因为异质结中的非晶硅层一般来说不能耐受 200℃以上的高温。这一过程较长，大概需要几分钟到几十分钟。而常规 p 型晶体硅电池所用高温烧结 Ag 栅线却只需在 800℃左右几秒钟即可。所以异质结的固化炉要特殊设计。

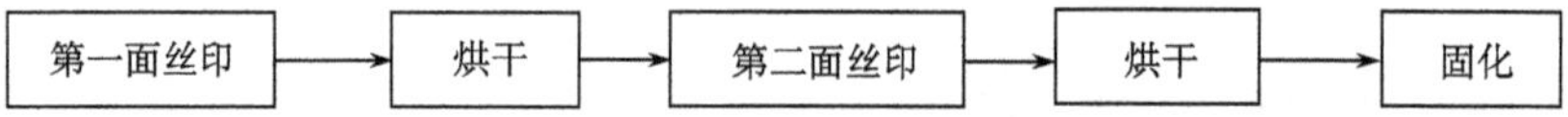

第一面丝印
烘干
第二面丝印
烘干
固化

图 7-14　丝网印刷技术流程图

铺展区域
S
w
(a)
S
更高
w
更窄
(b)

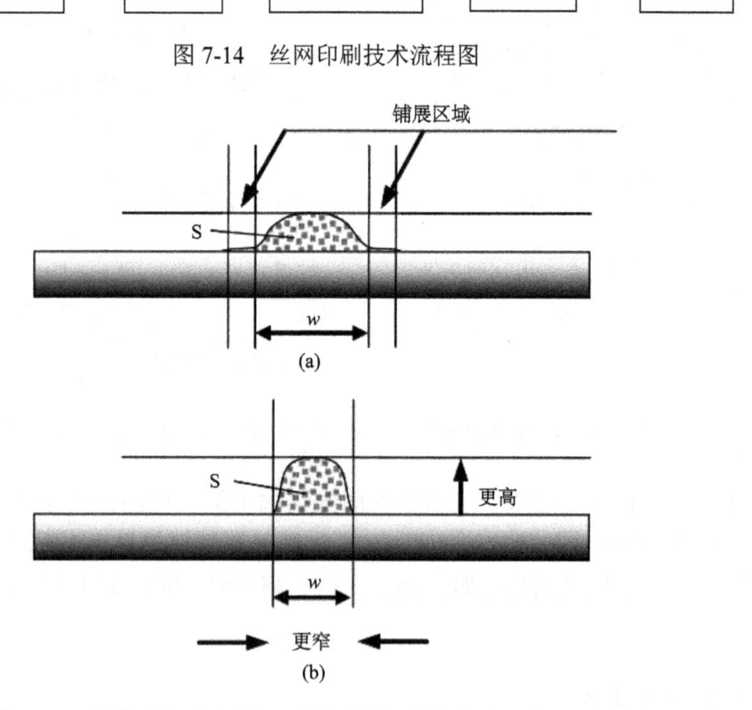

图 7-15　(a)单次印刷和(b)二次印刷的细栅线高宽比的对比示意图

为了得到良好的导电效果而又尽量减少栅线遮光损失，经常会采用“二次印刷”的方法来提高细栅线的高宽比(图 7-15)。这样太阳电池性能会提高一些，但 Ag 浆的消耗量也会增加，要根据具体产品的设计要求综合考量。

Ag 浆(图 7-16)是由高纯度银微粒、黏合剂、溶剂、助剂所组成的一种机械混合物，是一种黏稠状的浆料。

(a)　(b)

图 7-16　(a) Ag 浆照片和(b)印刷栅线的显微照片示意图

黏合剂又称结合剂，是导电银浆中的成膜物质。在导电银浆中，导电银的微粒分散在黏合剂中。在印刷图形前，依靠被溶剂溶解了的黏合剂使银浆构成有一定黏度的印料，完成以丝网印刷方式的图形转移；印刷后，经过固化过程，导电银浆的微粒与微粒之间、微粒与基材之间形成稳定的结合，这是黏合剂的双重责任。黏合剂通常采用合成树脂，是高分子聚合物。合成树脂可分为热固型和热塑型两大类。热固型树脂，如酚醛树脂、环氧树脂等，特征是在一定温度下固化成形后即使再加热也不再软化，也不易溶解在溶剂中。热塑型树脂分子间相对吸引力较低，受热后软化，冷却后则恢复常态。黏合剂的树脂都是绝缘体，由于黏合剂本身并不导电，若不在一定温度下固化，导电微粒则不能形成紧密的连接。不同的树脂加入同一种导电物质，固化成膜后，其导电性能各不相同，这与黏合剂树脂凝聚性有关。导电银浆对黏合剂树脂的选择，有多方面的考虑。不同黏合剂的黏度、凝聚性、附着性、热特性等有较大的差异。导电银浆的制造者对于导电银浆所作用的基材、固化条件、成膜物的理化特性都需要统筹兼顾。

导电银浆中溶剂的作用：①溶解树脂，使导电微粒在聚合物中充分分散；②调整导电银浆的黏度及黏度的稳定性；③决定干燥速度；④改善基材的表面状态，使浆料与基体有很好的黏着性能。导电银浆中溶剂的溶解度与极性，是选择溶剂的重要参数，这是由于溶剂对印刷性与基材的结合固化都有较大的影响。此外，溶剂沸点的高低、饱和蒸气压的大小、对人体有无毒性，都是应该考虑的因素。溶剂的沸点与饱和蒸气压对印料的稳定性与操作的持久性关系重大；对加热固化的温度、速率都有决定性的影响。一般都选用高沸点的溶剂。

导电银浆中的助剂主要是指导电银浆的分散剂、流平剂，金属微粒的防氧剂、稳定剂等。助剂的加入会对导电性能产生不良的影响，只有在权衡利弊的情况下适宜地、选择性地加入。

## 7.4 n-PERT 晶体硅太阳电池结构及制造技术

2016 年 12 月 28 日，全球首张“双面发电产品认证证书”颁给了英利绿色能源控股有限公司的“熊猫”n 型双面发电光伏组件。至此，双面太阳电池作为一类有别于单面太阳电池的产品正式获得了行业认可。双面太阳电池相比于单面太阳电池可额外获得背光面 5%～30%的入射光，即可多 5%～30%的发电量！目前，双面太阳电池主要有两类，一类是基于 a-Si:H/c-Si 异质结的 n-HAC 电池(图 7-17(a))，一类是基于 c-Si/c-Si 同质结的 n 型 PERT 电池(n-type, passivated emitter and rear totally diffused，如图 7-17(b)所示)。前者转换效率高，但大规模生产设备成本投入大，工艺难度大，目前成本较高；后者转换效率较低，但大规模生产设备成本投入小，且可以利用现在的 p 型晶体硅太阳电池生产的绝大多数设备，工艺难度小，成本较低。

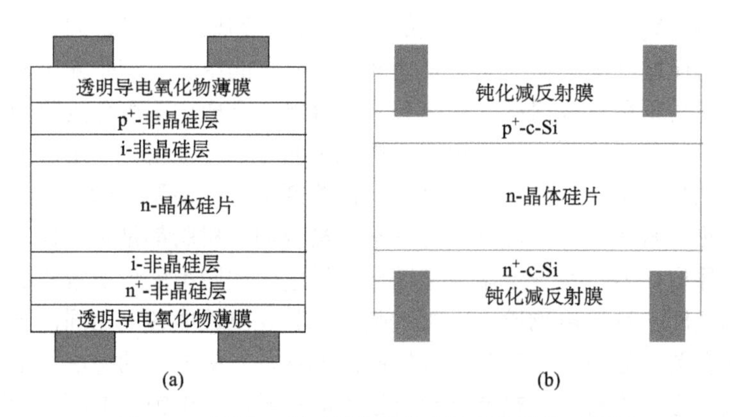


图 7-17　两类 n 型双面晶体硅太阳电池结构示意图

(a) n-HAC 结构；(b) n-PERT 结构

### 7.4.1 n-PERT 晶体硅太阳电池的结构及特性

n-PERT 太阳电池的基本结构如图 7-17(b)所示，目前所知 PERT 太阳电池的研发和生产均采用 n 型单晶硅硅片。其发射极由重掺杂 p 型 c-Si 层构成，其背电场由重掺杂 n 型 c-Si 层构成。在发射极表面的钝化减反射膜目前较好的选择是由氧化铝/氮化硅的复合膜构成，导电栅线由 Ag 浆或 Ag-Al 浆烧结而成。目前在背电场表面的钝化减反射膜是由氮化硅膜构成的，导电栅线由 Ag 浆烧结而成。

如表 7-1 所示，n-PERT 电池的转换效率最高已经超过了 22%(发射极面入光)，批量生产也已经达到 20.5%～21.5%[16]，相比于 n-Topcon，n-IBC 等几类基于 c-Si/c-Si 同质结的太阳电池仍有不少差距。但如果考虑其背面进光的情况，假定 n-PERT 的发射极面转换效率为 21.0%，背面入射光强为正面的 20%，则其实际光电转换效率可以达到 25.2%！又因其制备技术路线多数装备和工艺与现行产业规模最大的 p-Si 扩散制结太阳电池一致，利于现行主要生产 p 型晶体硅太阳电池的工作技术升级转型，所以广为晶体硅太阳电池行业所看好。

**表 7-1　几类典型的基于 c-Si/c-Si 同质结的晶体硅太阳电池单面入光的最优性能**

| | $V_{oc}$/V | $I_{sc}$/(mA/cm$^2$) | FF/% | 效率/%(AM1.5G，25℃) | 备注 |
|---|---|---|---|---|---|
| n-PERT[17] | 0.681 | 40.3 | 80.3 | 22.0 | 156×156mm$^2$ |
| n-PERT(多主栅)[18] | 0.689 | 40.5 | 79.4 | 22.2 | 156×156mm$^2$ |
| n-IBC[19] | 0.726 | 41.5 | 82.8 | 25.0 | 120.94cm$^2$ |
| n-Topcon[20] | 0.718 | 42.5 | 82.8 | 25.3 | 4.0cm$^2$ |
| p-PERL[20] | 0.706 | 42.7 | 82.8 | 25.0 | 4.0cm$^2$ |

### 7.4.2　n-PERT 晶体硅太阳电池的制造技术

n-PERT 晶体硅太阳电池的制造研究年限尚短，各家企业的技术各有特点，目前尚未形成一套广为接受的技术路线，大致来说，其制备流程如图 7-18 所示。

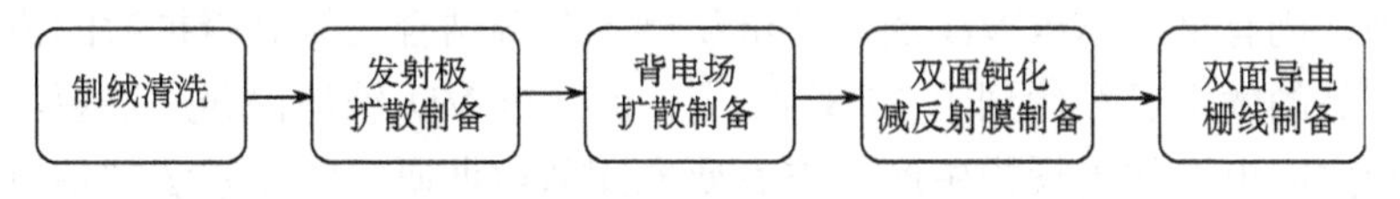


图 7-18　PERT 太阳电池制备流程示意图

下面就上述各技术分段进行简要介绍：

1)制绒清洗

PERT 太阳电池常用 n 型单晶硅片的制绒清洗技术是基于 NaOH 等碱性制绒剂。因为其制结采用的是扩散技术，所以对表面洁净程度的要求与 p 型单晶太阳电池相同，远低于 HAC 太阳电池的要求。相关知识已经在前文 p 型单晶硅太阳电池技术部分进行了详细介绍，在此不再赘述。

2) 发射极扩散制备、背电场扩散制备

PERT 太阳电池技术目前的瓶颈主要在扩散制结(包括制备发射极和 BSF)技术上，尤其是发射极的扩硼技术。目前适合规模生产的 n-PERT 制结技术路线主要有如表 7-2 所示的几种。

**表 7-2　目前几种适合规模生产的 n-PERT 电池制结技术路线**

| | 主要工艺步骤 | 研究单位 |
|---|---|---|
| $BBr_3$ 扩散+ $POCl_3$ 扩散 | $BBr_3$ 扩散+BSG 去除、清洗+扩硼面阻挡层沉积+三氯氧磷扩散+PSG 和阻挡层去除+清洗 | YingLi/ECN[21] |
| $BBr_3$ 扩散+P 离子注入 | $BBr_3$ 扩散+BSG 去除、清洗+P 离子注入+高温退火+清洗 | LG、中来[22] |
| 硼浆旋涂扩散+P 离子注入 | 硼浆旋涂+高温扩散+BSG 去除+P 离子注入+高温退火+清洗 | 中来、航天机电 |
| 硼浆旋涂扩散+$POCl_3$ 扩散 | 硼浆旋涂+高温扩散+BSG 去除+三氯氧磷扩散+PSG、阻挡层去除+清洗 | 大族激光[23]、中利腾晖[24] |

我们可以将其统称为两步扩散法。一般先扩散硼，再扩散磷，因为扩硼需要的温度更高。这几种技术路线具体实施过程中工艺步骤多，且存在制结可控性和均匀性差、重复性不够好等缺点。尤其是制备发射极的 $BBr_3$ 扩散或硼浆旋涂扩散法，均匀性、重复性不够好的问题更严重。n-PERT 技术的研发目前多在企业进行，其目标直接面向生产，所以研究中都是采用已有的适合晶体硅光伏生产的设备。而之前晶体硅光伏行业生产据作者所知近乎全部为 p 型晶体硅太阳电池，所用装备用于 n 型晶体硅太阳电池难免存在某些技术瓶颈或缺陷，目前尚未听说非常成功的改进方案。

在针对 n-PERT 电池 $p^+$发射极和 $n^+$背电场的制备技术的创新研究方面，除了上述几种，尚有采用 APCVD 的方法沉积硼扩散源结合三氯氧磷扩散的方法，该法所得产品的效率已经达到了 21.3%[25,26]。但 APCVD 维护保养周期短，不太适合晶体硅太阳电池的大规模生产。作者研究团队前期研究的真空法制备重掺杂固态薄膜作为掺杂源可精确控制扩散源层的厚度和掺杂元素硼、磷等的含量，结合扩散过程中温度、时间、气氛等的控制可在很大范围内精确控制扩散层中的掺杂元素浓度分布和深度。已实现了固态源硼扩散制备 $p^+$层的方块电阻为 30～700Ω/□、磷扩散制备 $n^+$层的方块电阻可在 10～500Ω/□内精确调控。所采用生产装备均为光伏行业常用设备且可进一步简化设备构造和运营成本，产能理想且价格低廉，将是一种适合大规模生产的扩散制结方法。

对于 $p^+$发射极的制造技术，$BBr_3$ 扩散和旋涂硼源扩散均需在 900℃以上才可形成较好的扩散效果。主要原因有以下几点：一是硼原子本身在硅片中扩散系数较小，扩散速度较慢(图 7-19(a))；二是相比于晶体硅，硼原子更容易在作为扩散源的硼硅玻璃中富集(图 7-19(b))；三是空穴的扩散速率相比于电子更小，为形成较为合适的方块电阻需要更高的硼掺杂浓度(相比于 n 型的扩磷而言)。

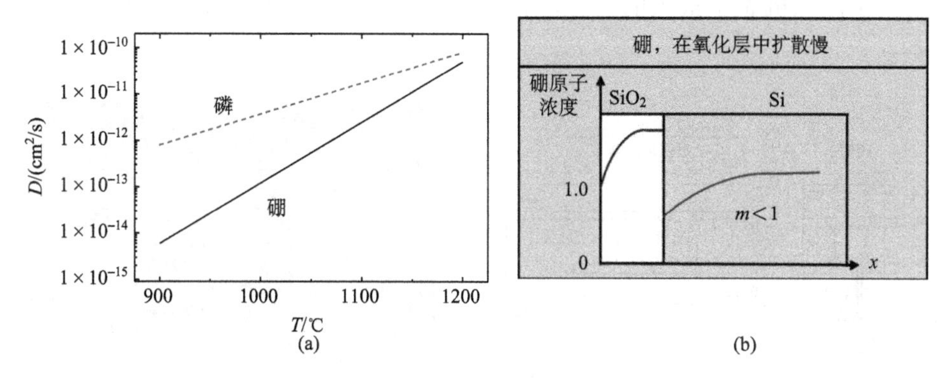


图 7-19　(a)硼、磷的扩散系数对比和(b)硼扩散后在 Si、BSG 中的分布示意图

硼扩散结束后要根据后继不同扩磷技术对硅片进行针对性处理。如果扩磷采用离子注入+高温热处理的方式，只需对扩磷面进行刻蚀清洗，清除可能存在的硼扩散层和表面氧化层；如果扩磷采用三氯氧磷扩散技术，除了对扩磷面进行清洗，还需要对扩硼面进行隔离保护(常用为沉淀氮化硅膜层隔离)，防止磷扩散的“绕扩”破坏硼扩面的特性。

目前适合 PERT 太阳电池规模生产的常用扩磷技术有三氯氧磷扩散和离子注入两种，原理及装备照片如图 7-20 所示。对于前者，其扩散步骤与 p 型太阳电池的发射极扩散类似，只是具体的参数要求不同。该方法在晶体硅产业领域技术成熟度高、设备价格低廉、产能高。但扩散的均匀性、重复性要略差一些。因其具体扩散原理、技术要求、特性等在 p 型太阳电池章节已经详细讲解，在此不再赘述。对于后者，离子注入方法是半导体行业中常用的一种经典掺杂技术，一般用于半导体表面区域的掺杂。其基本原理是将带电离子束引入电磁场中旋转加速，赋予带电离子更高的能量并进行提纯筛选，待达到设定能量值后将其注入基片中一定深度。其注入的束斑尺寸小，一般需在基片表面以束斑“扫描”的方式实现所设定区域的全部注入。可以想象，该方法的成本是很高的，工艺时间很长。为应用到晶体硅太阳电池生产中，离子注入技术做了很多的技术改进，以适应批量大、速度快、成本低的晶体硅太阳电池生产的特点。曾被用于 p 型晶体硅太阳电池的 n 型发射极制造，具有较好的转换效率，但因为成本等问题一直未能大范围推广。现在用于 n-PERT 电池的 n 型掺杂背场的制备。

对于晶体硅太阳电池掺杂，离子注入磷原子会严重破坏硅片表面的晶格，而且注入的磷原子多数也处于未激活状态，所以进行离子注入后一定要进行“高温热处理”——恢复晶格结构，激活掺杂的磷原子。该方法可精确控制注入量、注入的深度和位置，结合热处理步骤可获得性能良好的 $n^+$层。但该方法的离子注入机价格昂贵，产能也较小，离子注入参数的可调节范围小。最近上海凯世通公司对离子注入机做了很大的改进，有望显著提高该技术的产能并降低该设备的成本。

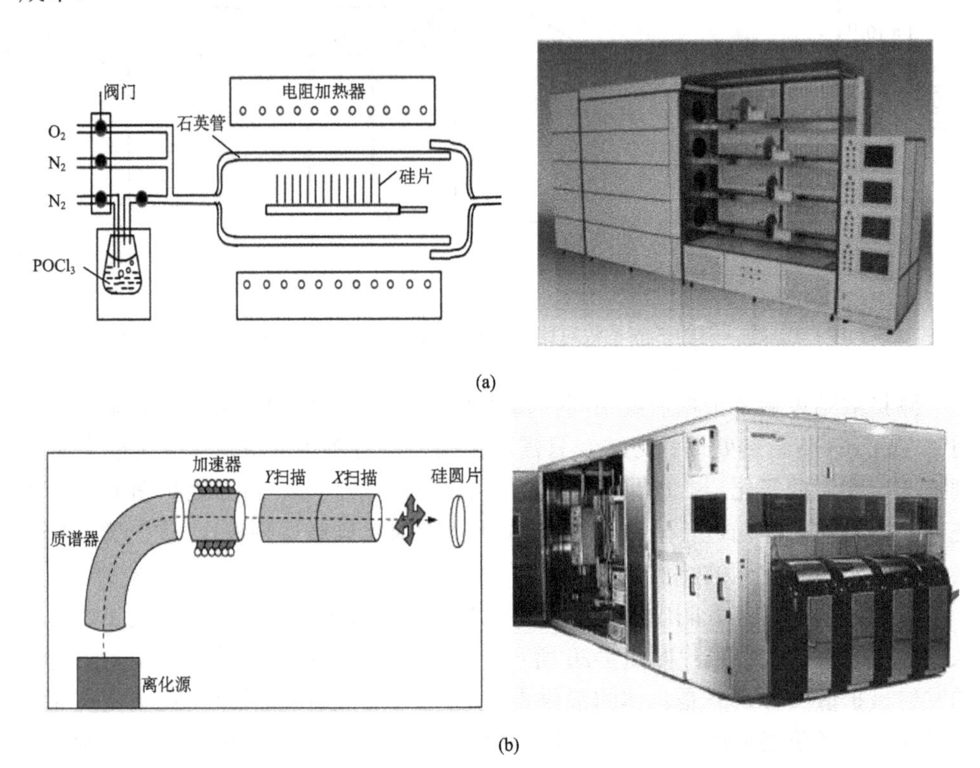


图 7-20　(a)三氯氧磷扩散原理示意图及扩散炉照片和(b)离子注入原理示意图及设备照片

3)双面钝化减反射膜制备

n-PERT 太阳电池的两个表面的钝化与 p-PERC 太阳电池十分类似。在 n 型重掺杂 c-Si 一面，采用 $SiN_x$:H 钝化，在 p 型重掺杂 c-Si 一面，采用 $Al_2O_3/SiN_x$:H 钝化。不同之处在于 PERT 太阳电池的 p 型面迎光，n 型面背光，考虑其减反射效果，钝化层的厚度可能要做适当调整。因 p-PERC 章节已经对这几类钝化减反射技术进行了详解，在此不再赘述。

4)双面导电栅线制备

n-PERT 太阳电池为保证进光效果，双面均要采用栅线结构。目前，对于重掺杂 n 型 c-Si 面，采用高温 Ag 浆；对重掺杂 p 型面，目前有高温 Ag 浆和 Ag-Al 浆两种选项，各有优缺点。目前这方面的研究还很少，大致情况与本书前文其他类型晶体硅太阳电池介绍的类似，其他未尽细节，读者们可参阅相关的研究文献。

# 7.5 n-IBC 晶体硅太阳电池结构及制造技术

## 7.5.1 n-IBC 晶体硅太阳电池的结构及特性

IBC 晶体硅太阳电池的结构如图 7-21 所示。其最重要的设计思想是通过将正负电极全部集成到电池片的背面，来实现太阳电池正面无任何栅线的遮挡，从而获得更大的光生电流。为减少载流子在器件内部传输损耗，背面重掺杂 p 型和 n 型区域必须交替排列，且间隔距离足够短才行。再考虑到“汇流”，所以设计了如图中所示背面栅线结构，称之为“叉指状”栅线结构。太阳电池的“迎光面”要做成绒面，且需要良好的钝化。因为该表面区域产生了大量的光生载流子，但内建电场不如 pn 结区强，如钝化效果不好会导致载流子复合严重。一般在制备钝化层前要制备一个“前表面场”且选用载流子迁移率大的硅片，以保证光生载流子的有效收集。

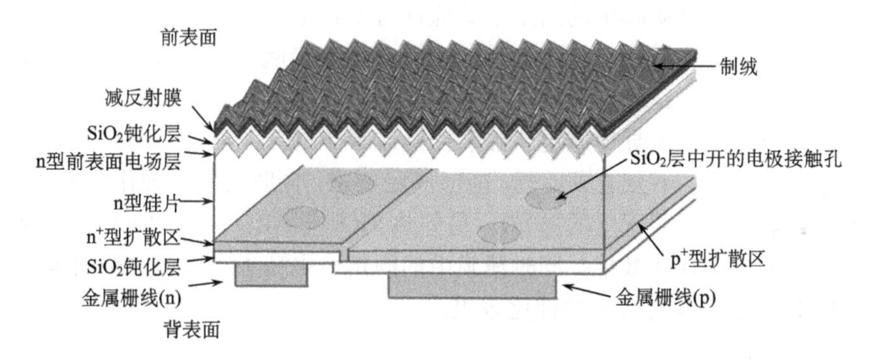


图 7-21 IBC 晶体硅太阳电池结构示意图

综上可知，IBC 性能最大的特点是短路电流高，但其对硅片材料的性能及制备技术都提出了更高的要求。例如，需要硅片有很高的少子寿命，器件结构复杂，其背面重掺杂的制备一般要用到光刻的方法，其组件结构和原辅材料与常规晶体硅太阳电池有巨大的差异，等等。

## 7.5.2 n-IBC 太阳电池的制造技术

IBC 太阳电池制造相比于常规扩散制结太阳电池的难点在于背面的区域化扩散，因为“叉指状”结构必须要精准控制各区域的边界。在 IBC 技术发展的前期，p、n 型的扩散必须要借助“掩模”的方法。工艺流程很长，技术复杂性极高。随着技术的发展，激光掺杂、离子注入等技术慢慢被引入 IBC 太阳电池的制造中，器件的制备流程不断简化。全球最著名的 IBC 太阳电池的制造公司为美国的 Sunpower 公司。近年来我国常州天合、中来等公司陆续投入该技术的研发生产。其中常州天合公司采用丝网印刷的方法来简化 IBC 制造技术，2017 年其自主研发的大面积 6 英寸(1 英寸=2.54 厘米)全背电极太阳电池效率达到了 24.13%，开路电压超过 700mV。

IBC 太阳电池结构要求硅片具有高体少子寿命和低前表面复合速率。因为光生载流子在钝化很差的前表面会很容易发生复合损失，而不能到达背面结区域。即使前表面已经很好地钝化，载流子在体硅内迁移距离长也存在很大的复合概率。在地面一倍太阳光强的照射下，表面复合是主要的损失机理[27,28]。使用钝化膜能够有效地降低表面复合速度，例如，高品质的热生长氧化硅、PECVD 法沉积的氮化硅等。为进一步提高载流子收集效果，一般在迎光面采用介质钝化层结合方块电阻为 150Ω/□左右的重掺杂“前电场层”的方法来钝化前表面。背表面也需要低的表面复合速度，对于背接触背结电池，需要寻找合适的钝化薄膜来兼容对 $p^+$和 $n^+$层的钝化。根据电池的设计结构，当在背面沉积介质膜时，会在表面形成空间电荷区。如果介质膜中的固定电荷选择得不合适将会造成表面空间电荷区的反型；如果该反型区域通过背面金属电极与 $p^+$区连接起来，那么将会产生寄生漏电，降低了电池的开路电压和填充因子[29]。因此必须要保证在发射极和基极接触区域之间没有形成表面导电通道。热氧化硅或者 PECVD 法沉积的致密氧化硅的表面固定电荷较低，不会造成反型，能够满足要求，同时也能够钝化背表面(背表面被抛光或者具有一定程度的抛光)，另外热 $SiO_2$ 与 ALD 沉积的 $Al_2O_3$ 组成的叠层具有较高的化学钝化效果，同时薄膜中的固定负电荷不足以形成空间电荷区反型，因此对 $n^+$层也具有较好的钝化效果。

## 7.6 其他 n 型晶体硅太阳电池结构简介

### 7.6.1 n-HBC 晶体硅太阳电池简介

HBC 太阳电池结构示意图如图 7-22 所示，主要特征有以下几点：①p、n 型重掺杂非晶硅层集中于器件的背光面，二者是“叉指状”交替平行排列的；②器件的迎光面仍需要钝化层和减反射膜。发射极和背电场集成于器件的背面，可使迎光面无 Ag 栅线、TCO 和部分非晶硅层造成的反射损失和吸光损失。而相比于普通的 IBC 电池，其采用重掺杂非晶硅层作为发射极和背电场则可提高器件的内建电势，从而增加开路电压和工作电压。HBC 的最高转换效率目前已经达到了 26.33%，是晶体硅太阳电池转换效率的世界纪录(AM1.5G，25℃标准情况下)[30]。

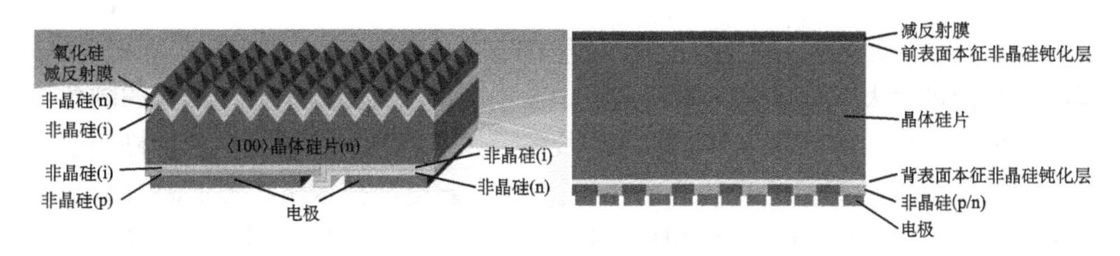


图 7-22 HBC 结构示意图

但各家研究机构所设计和制备的结构细节略有差异，如图 7-22 所示的两种区别有：①迎光面略有差异，一个有重掺杂 n 型层，一个没有；有重掺杂层可增加迎光面的表面电势，利于光生载流子快速迁移到背表面，但器件的吸光损失会变大；而无重掺杂 n 型 a-Si:H 层的情况则刚好相反，光生载流子的复合可能会增加，但前表面的吸光损失降低。②背面本征钝化层略有差异，一个是 p、n 型重掺杂层对应的本征层是分开制备的，一个是 p、n 型重掺杂层对应的本征层是一步制备的。此区别应是各研究团队的制备硬件条件和制备技术路线差异所致，在器件结构的基本原理上并无二致。

HBC 结构目前尚处于实验室研发阶段，其器件结构复杂，制造难度大，下一步研发中如何兼顾高性能与低成本，将是需要突破的重点和难点。

### 7.6.2 HACD 结构

HACD 结构(heterojunction of a-Si:H/c-Si with a diffused c-Si front surface field layer)太阳电池的结构如图 7-23 所示[31]。其基本结构特征是将 a-Si:H 的发射极面作为双面太阳电池的背面结构；用重掺杂 c-Si 晶体硅层作为器件的 FSF 层，置于器件的迎光面。如此一来，相比于双面 HIT 结构可减少迎光面的遮光损失，且可减少至少一半的 TCO 用量。迎光面采用氮化硅钝化，高温烧结 Ag 栅线的结构，

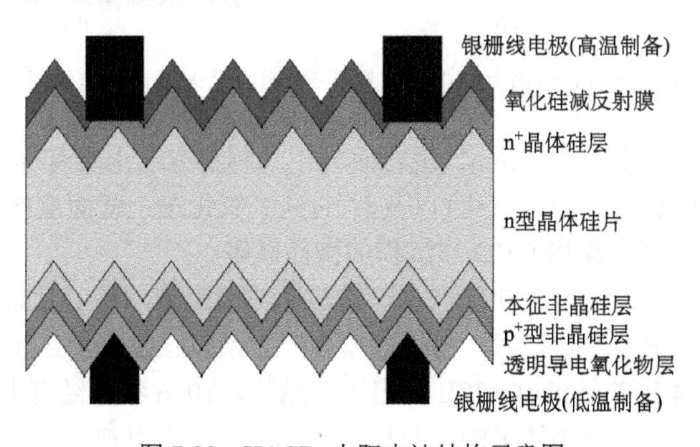


图 7-23 HACD 太阳电池结构示意图

可获得良好的钝化效果，并且相比于双面 HIT 背场所用 TCO 减反射膜和低温 Ag 栅线的结构可大大减少器件的串联电阻。在生产技术方面，本器件结构的制备一半利用现在 p 型晶体硅太阳电池的生产装备，技术成熟，控制稳定且价格低廉。

该结构集成了高温扩散制结 p 型晶体硅太阳电池技术路线与低温沉积制结 HAC 电池技术路线在器件结构和制造技术方面的优点，兼顾了器件的高性能与制造的简便性、低成本，有较大的发展潜力。

### 7.6.3 TOPCon 技术简介

TOPCon 太阳电池的全称是隧穿氧化物钝化接触 n 型晶体硅太阳电池(tunnel oxide passivated contact n-type c-Si solar cell)，是由德国 Fraunhofer ISE 首先提出的，目前制备的最高水平是该太阳电池的转换效率已经达到了 25.7%[32]。结合 TOPCon 技术的 n 型晶体硅太阳电池基本结构如图 7-24 所示。其特殊设计之处在于器件的背光面。采用致密高质量二氧化硅层起到钝化作用，并且控制该层厚度可保证载流子选择性隧穿通过。在二氧化硅表面沉积一层很薄的重掺杂晶体硅或者非晶硅层，起到背电场钝化和提高与电极欧姆接触特性的作用。

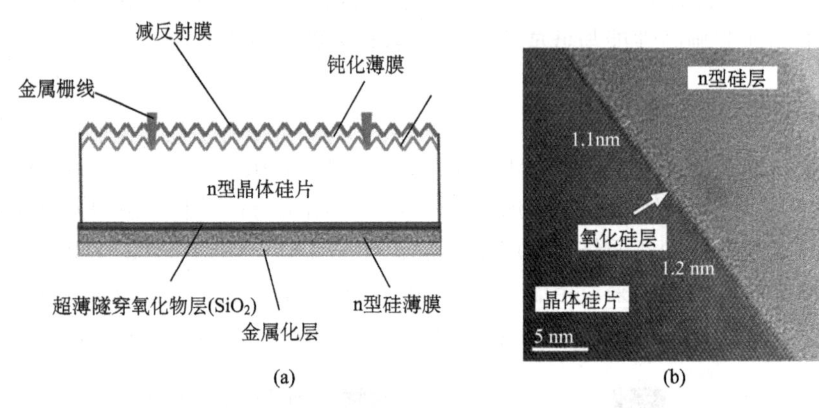


图 7-24　(a) TOPCon 结构太阳电池示意图[33]及 (b) 背表面氧化硅界面 TEM 图[34]

该氧化硅层厚度为 1～2nm，现在研究中的制备方法主要有 ALD 法(原子层沉积)、湿化学氧化法(硝酸氧化)以及紫外/臭氧氧化法。背面重掺杂硅层可为结晶性较好的晶体硅或者 PECVD 法沉积的微晶硅等。

TOPCon 太阳电池最大的优点在于其器件结构简单，易于大面积制备，兼容现有晶体硅太阳电池产业技术，易于规模生产。所以该技术的进步与产业化进展速度很快！2014 年 Fraunhofer ISE 提出了该结构，2016 年已经有上海神舟光伏、海润光伏等企业在研发该技术的产业化技术。2016 年上海神舟光伏研发的全尺寸 ($156\times156mm^2$) 的 TOPCon 太阳电池的转换效率已经超过了 21%！[35]

整体说来，基于 n 型晶体硅片的太阳电池结构和制造技术正处于发展阶段，尤其是在制备技术方面仍有巨大的发展和改进空间。期待有志于此的读者们投入这一光伏发展的大潮中来，为光伏产业的发展贡献一份力量，分享一份收获和快乐。

## 思考练习题

(1) 只考虑地面应用，基于 n 型晶体硅片的太阳电池相比基于 p 型晶体硅片的太阳电池的优点有哪些？

(2) 请画出 HIT 结构示意图；画出其制备技术路线示意图并就 HIT 电池结构中某一部分的材料构成和制备技术路线进行阐述，分析其优缺点并预测发展趋向。

(3) 请写出 n-PERT 太阳电池的中文全称，并画出其结构示意图；请说明为什么其两面要用不同的钝化层材料(结构)？

(4) 请给出一种除了 HIT 和 n-PERT 结构之外的基于 n 型晶体硅片的太阳电池结构设计，并就设计的独特之处和其制备技术路线进行阐述。

## 参 考 文 献

[1] Benick J, Müller R, Schindler F, et al. Approaching 22% efficiency with multicrystalline n-type silicon solar cells. 33rd European Photovoltaic Solar Energy Conference and Exhibition, P. 460 - 464. Paper DOI: 10. 4229/EUPVSEC20172017-2DO. 3. 1., Proceeding of the 33rd EU PVSEC, 24-29th, September, 2017, Amsterdam, the Netherland.

[2] Wolf M. 3rd IEEE Specialists Conference. Washington, p. B-12 DC, 1963.

[3] Jensen N, Hausner R M, Bergmann R B, et al. Optimization and characterization of amorphous/ crystalline silicon heterojunction solar cells. Progresss in Photovoltaics: Research and Applications, 2002, 10(1): 1-13.

[4] Taguchi M, Yano A, Tohoda S, et al. 24.7% record efficiency HIT solar cell on thin silicon wafer. IEEE Journal of Photovoltaics, 2014, 4(1): 96-99.

[5] http: //news. panasonic. com/global/press/data/2014/04/en140410-4/en140410-4 html.

[6] Wakisaka K , Taguchi M , Sawada T , et al. More than 16% solar cells with a new 'HIT' (doped a-Si/nondoped a-Si/crystalline Si) structure//IEEE Photovoltaic Specialists Conference. IEEE, 1991.

[7] Sakata H, Nakai T, Baba T, et al. 20. 7% highest efficiency large area (100.5 $cm^2$) HITTM cell. 28th IEEE PVSC, 2000: 7-12.

[8] Mueller T, Schwertheim S, Fahrner W R. Crystalline silicon surface passivation by high-frequency plasma-enhanced chemical vapor-deposited nanocomposite silicon suboxides for solar cell applications. Journal of Applied Physics, 2010, 107(1): 14504.

[9] He Y P, Huang H B, Zhou L, et al. Effect of substrate temperature and post-deposition annealing on intrinsic a-$SiO_x$: H film for n-Cz-Si wafer passivation. Journal of Materials Science: Materials in Electronics, 2016, 27(5): 4659-4664.

[10] Luo Y R, Sui X X, He Y P, et al. The influence of annealing, temperature upon the structure of a-Si: H/c-Si thin films. Journal of Non-Crystalline Solids, 2017, (471): 379-383.
[11] Lucovsky G, Yang J, Chao S S, et al. Oxygen-bonding environments in glow-discharge-deposited amorphous silicon-hydrogen alloy films. Phys. Rev. B, 1983, 28: 3225-3233.
[12] He Y P, Huang H B, Zhou L, et al. A-SiO$_x$: H passivation layers for Cz-Si wafer deposited by hot wire chemical vapor deposition. Materials Science in Semiconductor Processing, 2017, 61: 1-4.
[13] Winer K, Street R A, Johnson N M, et al. Impurity incorporation and doping efficiency in a-Si: H. Physical Review B, 1990, 42(5): 3120.
[14] 郝晓亮. 磁控溅射镀膜的原理与故障分析. 电子工业专用设备, 2013, (6): 57-60.
[15] Iwata K, Sakemi T, Yamada A, et al. Improvement of ZnO TCO film growth for photovoltaic devices by reactive plasma deposition (RPD). Thin Solid Films, 2005, 480: 199-203.
[16] Shi J, Li X, Song D, et al. Mass production and modeling of high efficiency n-PERT solar cells with ion implanted BSF/selective-BSF. Solar Energy, 2017, 142: 87-90.
[17] 张忠卫. 高性价比电池组件技术进展. 2016 12th CSPV, 11 月 25 日.
[18] Tous L, Russell R, Cornagliotti E, et al. 22% Bifacial n-PERT cells (BiPERT) with plated contacts for multi-wire interconnection. 2016 12th CSPV, 11 月 24 日.
[19] Green M A, Emery K, Hishikawa Y, et al. Solar cell efficiency tables (version 44). Progress in Photovoltaics Research & Applications, 2014, 22(7): 701-710.
[20] Green M A, Emery K, Hishikawa Y, et al. Solar cell efficiency tables (version 49). Progress in Photovoltaics Research & Applications, 2016, 25(1): 565-572.
[21] 史金超. 高效 N-PERT 双面电池工业技术研究. 嘉兴: 第 12 届中国太阳级硅及光伏发电研讨会(12th CSPV ), 2016.
[22] 杨智. N 型单晶双面电池技术及产业化介绍. 嘉兴: 第 12 届中国太阳级硅及光伏发电研讨会(12th CSPV ), 2016.
[23] 张为国. 浅析涂硼扩磷高效 N 型双面 PERT 太阳电池产业化. 嘉兴: 第 12 届中国太阳级硅及光伏发电研讨会(12th CSPV ), 2016.
[24] 刘晓瑞. N 型双面电池硼掺杂量产工艺选择. 嘉兴: 第 12 届中国太阳级硅及光伏发电研讨会(12th CSPV ), 2016.
[25] Cho J Y, Shin H N R, Lee J, et al. 21%-efficient n-type rear-junction PERT solar cell with industrial thin 156mm Cz single crystalline silicon wafer. Energy Procedia, 2015, 77: 279-285.
[26] Nishimura S, Watahiki T, Niinobe D, et al. Over 21% efficiency of n-type monocrystalline silicon PERT photovoltaic cell with boron emitter. IEEE Journal of Photovoltaics, 2016, 6(4): 1-6.
[27] Sinton R A, Swanson R M. Design criteria for Si point-contact concentrator solar cells. IEEE Transactions on Electron Devices, 1987, 34(10): 2116-2123.
[28] Sinton R A, Swanson R M. An optimization study of Si point-contact concentrator solar cells. Conference Record of the IEEE Photovoltaic Specialists Conference, 1987: 1201-1208.
[29] Tirén J, Grelsson Ö, Söderbärg A, et al. Investigations of evaporated silicon p-n junctions and their application to junction field - effect transistors. Journal of Applied Physics, 1990, 67(4):

2148-2152.

[30] Yoshikawa K, Kwasaki H, Yoshida W, et al. Silicon heterojunction solar cell with interdigitated back contacts for a photoconversion efficiency over 26%. Nature Energy, 2017, 2: 17032.

[31] Huang H B, Tian G Y, Zhou L, et al. Simulation and experimental study of a novel bifacial structure of silicon heterojunction solar cell for high efficiency and low cost. Chin. Phys. B, 2018, 27(3): 038502.

[32] https://www.ise.fraunhofer.de/en/press-media/news/2017/new-world-record-efficiency-of-25-point-7-percent-for-both-sides-contacted-monocrystalline-silicon-solar-cell.html

[33] Feldmann F, Bivour M, Reichel C, et al. Passivation rear contacts for high-efficiency n-ype Si solar cells providing high interface passivated quality and excellent transport characteristcs. Solar Energy Materials & Solar cells, 2014, (120): 270-274.

[34] https://www.ise.fraunhofer.de/en/press-media/press-releases/2015/fraunhofer-ise-achieves-new-world-record-for-both-sides-contacted-silicon-solar-cells.html

[35] 汪建强. 隧穿氧化钝化技术在 N 型双面电池上的应用研究. 嘉兴: 12 届中国太阳级硅基光伏发电研讨会, 2016.

# 第 8 章　硅基薄膜太阳电池技术

## 8.1　引　　言

在 20 世纪六七十年代，晶体硅材料的价格极其昂贵。降低硅材料用量是当时硅太阳电池一个重要的研究方向。从技术层面上减少硅材料用量有两个方案：一是将硅片做得尽量薄，直到今天这仍是晶体硅太阳电池的重要发展方向；二是直接抛弃硅片的方式，将硅材料在廉价衬底上做成薄膜形态，这样只需极少量的硅材料即可制备出太阳电池，但电池的效率较常规的晶硅电池有一定损失。对于薄膜硅太阳电池，可根据硅薄膜的组分结构分为多晶硅薄膜太阳电池、微晶硅薄膜太阳电池、纳米硅薄膜太阳电池、非晶硅薄膜太阳电池等。除多晶硅薄膜太阳电池外，其他几类太阳电池常统称为非晶硅薄膜太阳电池(这几类硅基薄膜均是以非晶硅网络结构为基础的，性质较为接近)。为了进一步调节薄膜的性质，又发展了锗硅薄膜、碳化硅薄膜，并使用这些不同性质的薄膜构建了叠结太阳电池。本章将主要以非晶硅薄膜太阳电池为主介绍硅基薄膜太阳电池材料及结构特点，对其他类别略作介绍。

硅是一类间接带隙的半导体材料，其光吸收系数偏低。若使用晶体硅材料制备太阳电池，其吸收层的厚度需 100μm 以上。若打乱晶体硅的晶格结构，则得到非晶硅材料。非晶硅材料的性质与晶体硅材料表现出较大的差异，其光学带隙变宽且转为直接带隙，光吸收系数大大提高(两种材料的吸收系数示意如图 8-1 所示)。因

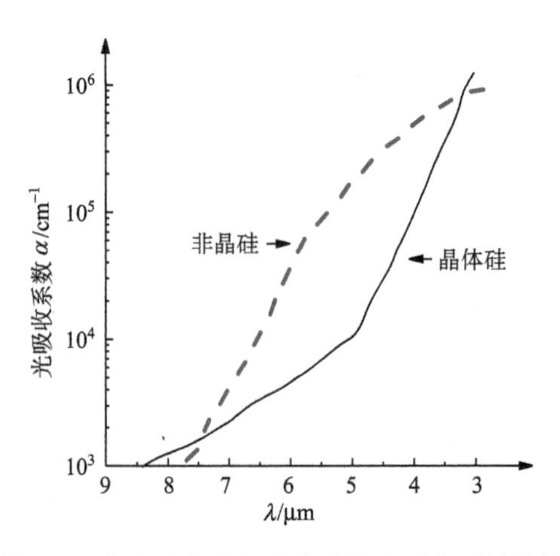


图 8-1　非晶硅薄膜与晶体硅的光吸收系数比较

此可使用非晶硅材料制备薄膜太阳电池。但是，非晶硅材料内部被打乱的晶格结构也导致了材料内部存在大量的缺陷，即使经过氢原子等钝化，其电学特性较晶体硅仍有大幅下降。这使得非晶硅太阳电池效率偏低(单结电池效率 11.9%，面积～$1cm^2$；多结电池效率 14.0%，面积～$1cm^2$；多结组件效率 12.3%，面积 $14322cm^2$)。虽然如此，非晶硅太阳电池仍然具有可低温制备(制备温度可低于 200℃)、可制备透光太阳电池器件等优势，具有一定的市场需求。本章将对非晶硅材料及太阳电池进行介绍[1]。

1975 年 Spear 和 Le Comber 提出了辉光放电制备非晶硅薄膜的技术，所制备的非晶硅薄膜可应用于半导体器件[2]。1976 年美国 RCA 实验室使用非晶硅制备出第一块非晶硅太阳电池(效率 2.4%)，并很快将效率提升至 4%[3]。20 世纪 90 年代，非晶硅薄膜在转换效率和稳定性上得到了突破，并实现了商业化(可制备转换效率～6%，面积～$1m^2$ 的组件)。2005 年左右，设备制造商推出更大面积的非晶硅制备设备，同时将非晶硅薄膜的转换效率提升至～8%(单结)。这一时期为非晶硅太阳电池产业化发展的高峰期。此后，由于非晶硅电池效率迟迟得不到突破，其发展受到了阻碍，非晶硅电池的市场份额不断下降。但是非晶硅材料在光伏行业仍有应用(应用在晶体硅/非晶硅异质结太阳电池中)。

非晶硅材料及太阳电池存在如下特点：非晶硅材料光吸收系数大，可制备成薄膜及柔性太阳电池；弱光响应好；非晶硅太阳电池结构及制备工艺简单、制备成本低且可大面积连续生产；制备温度低、能耗小，可使用多种衬底材料。但是，非晶硅太阳电池也有其不足。与晶体硅相比，非晶硅薄膜太阳电池的效率相对较低，并且存在光致衰减效应(效率相对衰减～20%)。

## 8.2　非晶硅材料的特性

1) 非晶硅材料的结构特征

所谓非晶硅，即打破晶硅的晶格结构得到的一种材料。如图 8-2 和图 8-3 所示，在非晶硅材料中，硅原子仅在近邻及次近邻的原子间距范围内存在结构上的有序，并不具备晶体硅的长程有序。与晶体硅类似，非晶硅中的硅原子和硅原子之间由共价键连接，价电子被束缚在共价键中，满足外层 8 电子稳定结构的要求，但其共价键呈现连续的无规则的网络结构。非晶硅比晶体硅具有更高的晶格势能，因此在热力学上处于亚稳状态。在合适的热处理条件下，非晶硅可以转化为多晶硅、微晶硅或纳米硅。实际上，后者的制备常常通过非晶硅的晶化而来。

另外，非晶硅材料中大量硅原子的可成键电子未全部与周围硅原子的成键电子形成共价键(即存在悬挂键)。实际上在半导体器件中使用的非晶硅材料多是使用氢原子来钝化非晶硅中的悬挂键，改善非晶硅薄膜的性能的。以下介绍的非晶硅均为使用氢原子钝化的非晶硅材料(氢化非晶硅，简称 α-Si:H)。

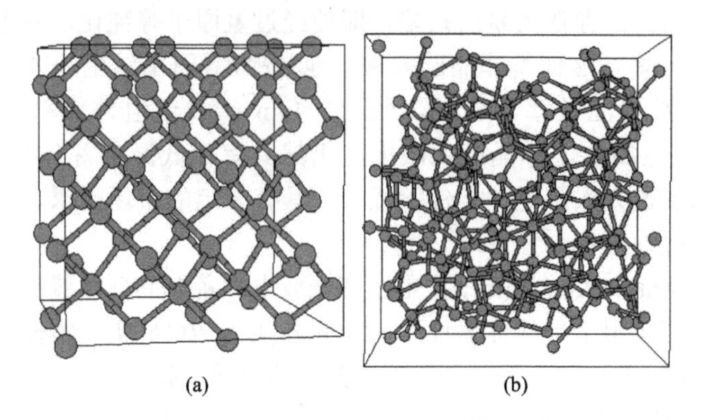


图 8-2　(a)晶体硅和(b)非晶硅结构示意图

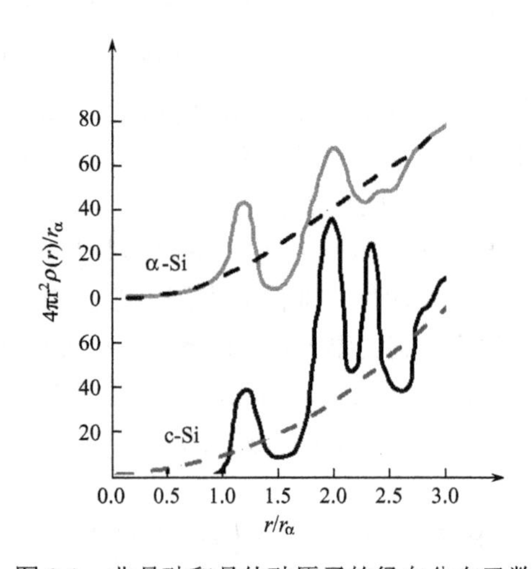


图 8-3　非晶硅和晶体硅原子的径向分布函数

通常采用 PECVD 制备得到的非晶硅薄膜中都含有 5%～15%的氢。氢与硅形成共价键，减少了非晶硅结构中的悬挂键。然而，这样高浓度的氢含量又远远超过了硅悬挂键的量，多余的氢在非晶硅薄膜中具有多种组态，形成如 $SiH_2$、$(SiH_2)_n$、$SiH_3$ 等基团以及氢致微孔洞等缺陷(非晶硅薄膜中 $SiH_x$ 键的主要类型和其傅里叶红外吸收峰如表 8-1 所示)。所以，氢对非晶硅薄膜的沉积、电子和原子结构都有重要的影响，直接影响非晶硅薄膜太阳电池的性能。氢在非晶硅中的状态很多，可用氢的态密度来定义。所谓氢的态密度是指单位能量中不同氢键的数目。与氢在真空中的能量相比，氢的态密度大致可以分为输运态、浅俘获态、集聚态和深俘获态。

**表 8-1　$SiH_x$ 的振动模和红外波数**

| 键的类型 | 振动模 | 波数/$cm^{-1}$ | 键的类型 | 振动模 | 波数/$cm^{-1}$ |
|---|---|---|---|---|---|
| SiH | 伸缩 | 2000 | $SiH_3$ | 对称 | 862 |
| | 变角 | 630 | | 横向摆动 | 630 |
| $SiH_2$ | 伸缩 | 2090 | $(SiH_2)_n$ | 伸缩 | 2090～2100 |
| | 变角剪切 | 880 | | 变角剪切 | 890 |
| | 横向摆动 | 630 | | 纵向摆动 | 845 |
| $SiH_3$ | 伸缩 | 2140 | | 横向摆动 | 630 |
| | 衰减 | 907 | | | |

氢在非晶硅薄膜中，会很好地与悬挂键结合，钝化悬挂键，降低非晶硅中缺陷密度，还可以改变非晶硅的禁带宽度。但随着非晶硅中氢含量的增加，氢在非晶硅中也会引起负面作用。研究指出，含氢非晶硅中能够产生光致亚稳缺陷。非晶硅在长期光照下，其光电导和暗电导同时下降，然后才保持稳定，其中暗电导可以下降几个数量级。若随后在 150～200℃短时间热处理，非晶硅材料的性能又能恢复到原来的状态，这种效应被称为 Steabler-Wronski 效应(S-W 效应)[4]。目前对 S-W 效应起因的认识尚未统一，目前公认的一点是该效应与非晶硅中的氢移动有关。就目前而言，S-W 效应可以通过一定的方法减弱，但无法完全消除。不同条件制备的非晶硅薄膜的光致衰减效应是不同的，薄膜生长参数和光照条件对光致衰减都有影响，而且电池在 50℃以上光照时，还会出现光致衰减的饱和现象。但是，薄膜内部应力和光致衰减的关系不大。

2) 非晶硅材料的能带结构和光电特性

非晶硅的结构复杂多变，所以学术界对非晶硅的能带结构至今未能有统一认识。从表象来看，非晶硅的能带不仅有导带、价带和禁带，还存在明显的导带带尾、价带带尾。其晶格缺陷在能带结构中引入的缺陷能级较晶体硅更为显著。其载流子输运特性也与晶体硅有很大区别，电子和空穴的迁移率很小。晶体硅为间接带隙结构，而非晶硅为准直接带隙结构，所以非晶硅的光吸收系数很大。非晶硅的禁带宽度也不是晶体硅的 1.12eV，其常见变化范围为 1.4～1.7eV(禁带宽度与薄膜中氢含量有关)。通过在非晶硅薄膜中掺入与硅同族的碳、锗等元素，其带隙的变化范围更大。通过改变合金组分和掺杂浓度，非晶硅的密度、电导率、能隙等性质可以连续地变化和调整，易于实现新材料的开发和优化。

## 8.3　等离子化学气相沉积制备非晶硅薄膜

由熔融态的硅直接冷却制备非晶硅需要很快的冷却速率，一般要大于 $10^5$℃/s，这种极端的制备条件实现起来较为困难。因此，实际常利用物理或化学气相沉积技术制备非晶硅。使用物理气相沉积法制备的非晶硅，内部含有大量的硅悬挂键，造成费米能级钉扎，难以通过掺杂形成 p 型和 n 型半导体，实际不能应用到半导体器件中。可应用于半导体器件的非晶硅主要利用化学气相沉积技术制备，包括 PECVD、光化学气相沉积、HWCVD 等。因为 PECVD 法最为常用，所以本书以 PECVD 法为例讲解非晶硅薄膜的制备原理和技术要点。

PECVD 利用辉光放电促使硅烷等反应气体反应来制备非晶硅薄膜。在辉光放电过程中，等离子体的温度、电子的温度和浓度是重要因素，其中电子的温度最为关键。因为辉光放电产生等离子体的过程是非平衡的状态，虽然反应气体的温度只有几百 K，但经过电场加速，等离子体中电子的温度可以更高，实际决定了辉光放电的效率。所以，电子的温度成为表述辉光放电过程中最重要的物理量，而它主要取决于气体压力和射频源的频率、功率等。

$$T_e = \frac{C}{\sqrt{K}}\frac{E}{p}$$

式中，$C$ 为常数；$E$ 为电场；$p$ 为压力；$K$ 为电子由于碰撞而损耗能量的损耗系数，是 $E/p$ 的函数。一般而言，等离子体的温度为 100～500℃，而电子的能量在 1～10eV，电子的浓度达到 $10^9$～$10^{12}\text{cm}^{-3}$，电子的温度达到 $10^4$～$10^5$K。

根据辉光放电的功率和频率的不同，辉光放电可分为：直流辉光放电、低频辉光放电(数百 kHz)、射频辉光放电(RF，13.56MHz)、甚高频辉光放电(30～150MHz)、微波辉光放电等。现在最为通用的是射频和甚高频两个频段。

非晶硅薄膜生长的物理过程很复杂。对于 $SiH_4$ 和 $H_2$ 的反应体系，可能存在的基团有 Si、SiH、$SiH_2$、$SiH_3$、H、$H_2$，以及少量的 $Si_mH_n^+$ ($n, m>1$) 等基团。一般认为，在 $SiH_4$ 分解反应中，$SiH_2$ 和 $SiH_3$ 是主要的活性基团。非晶硅薄膜的形成过程包括三个步骤：在非平衡等离子体中，$SiH_4$ 分解产生活性基团；活性基团向衬底表面扩散，与衬底表面反应；反应层转变为非晶硅薄膜(图 8-4)。

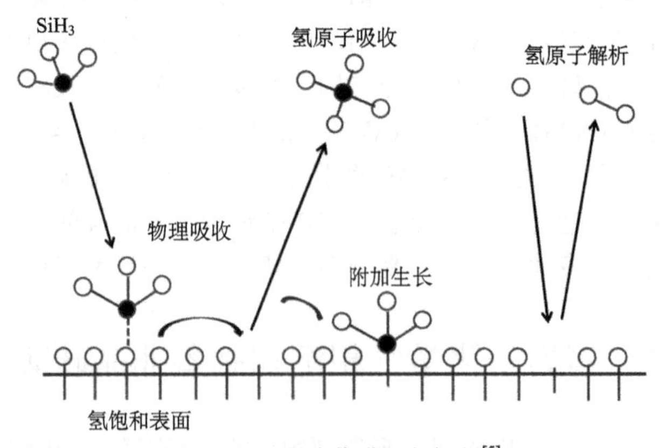


图 8-4　非晶硅薄膜沉积机制[5]

非晶硅沉积的实际流程一般如下：首先对真空腔室预抽真空(图 8-5)，随后通入反应气体(气压控制在 13.3～1333.3Pa)。在正负电极之间加上电压，由阴极发射出电子，并在电场中碰撞反应室内的气体分子或原子，使之分解、激发或电离，形成等离子体。最终，等离子体中的活性基团在衬底上沉积，形成非晶硅薄膜。沉积过程中需调节的工艺参数主要有：源气体的流量、气压、衬底温度、功率。由于复杂的形成机理，非晶硅薄膜的性能对制备条件十分敏感。不同的设备都需要独特的优化工艺，才能制备出高质量的非晶硅薄膜。一般而言，硅烷浓度在 10%以上，衬底温度为 200～300℃，功率为 300～500W/$m^2$，比较适宜制备非晶硅薄膜。

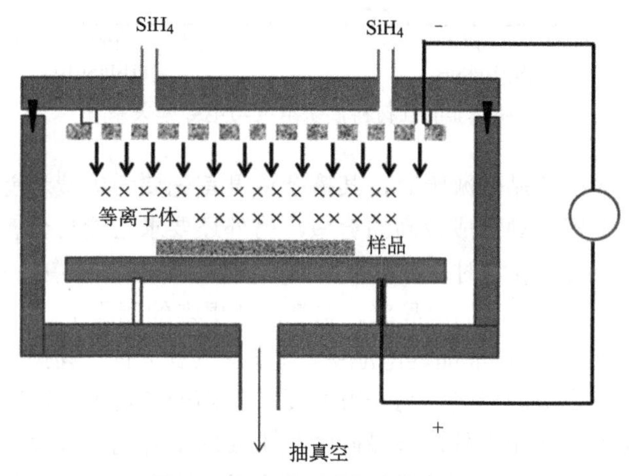


图 8-5　PECVD 系统结构示意图

非晶硅的掺杂方法是在薄膜生长过程中，在反应室内直接通入掺杂气体，与硅烷一起分解，在非晶硅薄膜形成的同时掺入杂质原子。对于 n 型非晶硅薄膜，需要掺入Ⅴ族元素如 P、As 等。对于 p 型非晶硅薄膜，需要掺入Ⅲ族元素如 B、Ga 等。考虑到杂质气体的分解温度、纯度、成本等因素，一般利用磷烷($PH_3$)和硼烷($B_2H_6$)分别作为非晶硅的 n 型和 p 型掺杂气体。非晶硅中，掺杂原子一般也是处于替代位置。但由于非晶硅中存在大量的晶格缺陷、氢离子等，非常容易和掺杂原子相互作用，所以部分掺杂原子不能提供自由移动的电子和空穴，最终无法起到施主和受主的作用。图 8-6 为所得薄膜电导率与磷烷、硼烷与硅片流量比的关系。能够被激活的掺杂原子数目和掺入非晶硅的总掺杂原子数目是不同的，两者的比称为掺杂原子的活化率。活化率的大小主要取决于非晶硅薄膜中的缺陷密度以及非晶硅的结构特性(如非晶、微晶、纳米晶等)。对于 n 型掺杂，$PH_3/SiH_4$ 的掺杂浓度一般为 0.1%～1%，非晶硅薄膜的电导率可达到 $10^{-3}$～$10^{-2}$S/cm。一般认为，1%的掺杂浓度已经达到饱和，磷原子的活化率可达 30%。

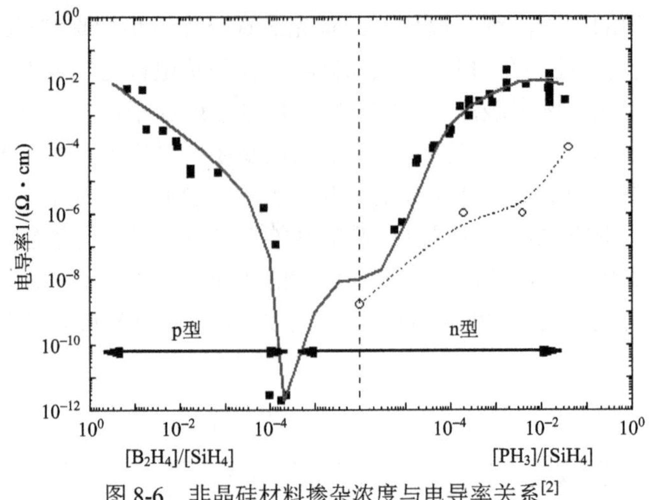

图 8-6　非晶硅材料掺杂浓度与电导率关系[2]

在实际制备 n 型非晶硅薄膜时，其掺杂浓度首先要考虑费米能级的控制，其次要考虑能够与 i 层接触形成较高的势垒，另外还要求它能与金属电极接触形成良好的欧姆接触。制备 p 型时，一般采用 $B_2H_6$ 进行掺杂。与磷掺杂相比，硼原子的活化率更低。要达到相同的电导率，需要掺杂更多的硼原子。$B_2H_6/SiH_4$ 的掺杂浓度一般为 0.1%～2%。在非晶硅电池中，p 型层为受光面，其掺杂时一方面要考虑掺杂浓度对费米能级的影响，另一方面要有较高的透过率；同时还要满足势垒展宽的需要。除了掺杂元素外，非晶硅中最主要的杂质为氧和氮，它们主要来源于源气体中的杂质和真空系统的漏气。但其含量一般较低，且多数与硅形成共价键，并无电活性，对非晶硅薄膜的性质无明显影响。

热丝化学气相沉积是另外一种制备非晶硅薄膜的成熟工艺。热丝化学气相沉积设备与 PECVD 类似(图 8-7)。沉积时，反应气体被引入真空腔室中并通过高温加热(可高于 1600℃)的灯丝。在高温及热丝的催化作用下反应气体分解为活性基团并扩散到加热的衬底上反应得到非晶硅薄膜。与 PECVD 类似，沉积时可通入 $PH_3$、$B_2H_6$ 或 $GeH_4$、$CH_4$ 等气体实现非晶硅材料的掺杂及非晶合金材料的制备。

## 8.4　非晶硅合金材料

在非晶硅制备过程中，如果引入其他元素，可得到一些相应的非晶合金材料。常见的与非晶硅形成合金的元素为锗元素和碳元素。锗元素和碳元素的引入会调节非晶合金材料的带隙：非晶硅锗材料(α-SiGe:H)的带隙可低于 1.2eV，非晶硅碳材料(α-SiC:H)的带隙可高于 2.0eV。图 8-8 为不同硅基薄膜样片的照片，因禁带宽度不同表现出不同的颜色。另外，随着非晶合金中锗元素和碳元素浓度的增加，非晶薄膜内部的缺陷也会相应增加，从而降低材料的电学性质。

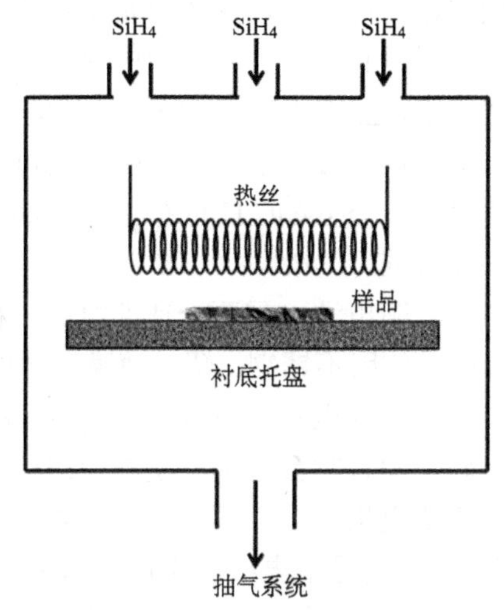


图 8-7　热丝化学气相沉积设备示意图

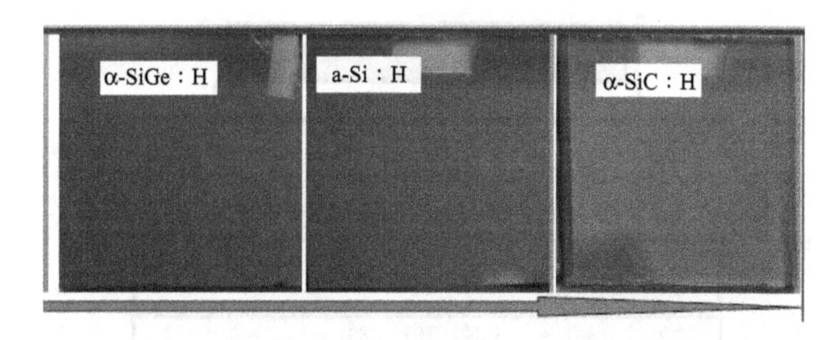


图 8-8　非晶硅以及掺入不同元素的非晶硅薄膜的照片

# 8.5　pin 结构的非晶硅电池

非晶硅太阳电池的结构并非晶硅太阳电池的 pn 结构。这是因为 p 型和 n 型掺杂的非晶硅材料内部缺陷密度很大，非晶硅的 pn 结并不具有整流特性(结构中的复合电流或隧道电流极大)。因此非晶硅太阳电池采用了 pin 结构(图 8-9)，即在 p 型层和 n 型层之间插入一层低缺陷密度的本征非晶硅层。该结构利用了 p 型非晶硅和 n 型非晶硅功函数的差异在整个结构中形成内建电场(整个本征层均为耗尽层)，使得在本征层中形成的光生载流子在电场作用下分离并被收集。由于 p 型层和 n 型层内部中缺陷密度很大，在 p 型层和 n 型层中形成的光生载流子并不对光生电流产生贡献。因此 p 型层和 n 型层的厚度仅 5～20nm。考虑到非晶硅的高吸收系数以及低迁移率，本征非晶硅的厚度一般在 500～2000nm 范围内。非晶硅太阳电池一般选择 p 型层作为迎光面，这主要是由于非晶硅中空穴迁移率低于电子迁移率，光从 p 型层入射可有利于光生空穴的收集。由于 p 型层吸收的光多数无法形成有效的光生载流子，也有研究人员使用 p 型的非晶硅碳合金(α-SiC:H)代替非晶硅电池中的 p 型非晶硅。使用 p 型 α-SiC:H 层可以减少 p 型层的吸光损失，增加太阳电池的短路电流，但 α-SiC:H 的掺杂比非晶硅更为困难，可能会导致电池内部的内建电场强度减弱。

非晶硅太阳电池为薄膜太阳电池，需要合适的衬底材料作为支撑。非晶硅电池常用的衬底为玻璃，也可以使用不锈钢、塑料薄膜等柔性衬底。如图 8-9 所示，在玻璃衬底之上先制备一层透明导电膜(可使用 $SnO_2$:F、ZnO:Al、$In_2O_3$:Sn)作为透明电极。透明电极与衬底之间有时会增加一层减反射膜($SiN_x$等)。如果选择从玻璃衬底一侧入光，则在透明电极上依次沉积 p 型、本征型，以及 n 型非晶硅。最后制备金属电极(也可使用透明导电电极以实现双面进光或半透太阳电池)以完成整个太阳电池结构的制备。

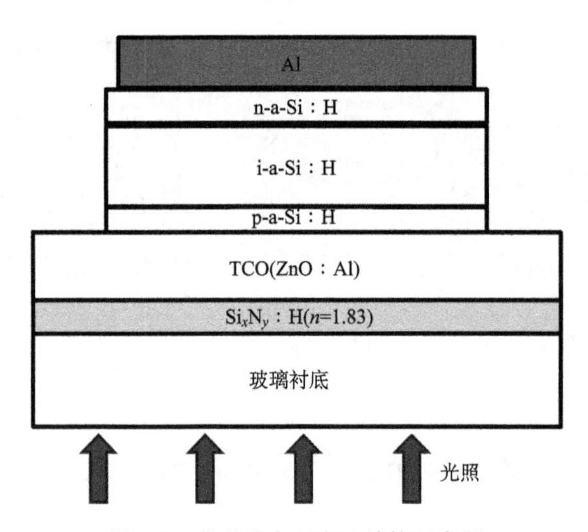


图 8-9　非晶硅太阳电池结构示意图

虽然非晶硅电池的成本比较低，但其转换效率也很低，提高非晶硅电池竞争力的一个重要途径是提高其效率。单结非晶硅电池的性能主要受限于非晶硅材料的性质，但目前的技术手段很难提高非晶硅材料的性能。所以提高非晶硅太阳电池效率需要从太阳电池的结构改进上寻找思路。如前所述，在非晶硅中调节工艺参数或者掺入 C、Ge 等元素可调节材料的光学带隙。因此，可使用不同带隙的材料制备多结太阳电池(常见为 2 结或 3 结)，使得电池能够更有效地利用太阳光子的能量，可提高太阳电池的效率。图 8-10 为三结非晶硅太阳电池的结构示意图，该结构使用了三种不同带隙的材料作为吸收层分别制备成 pin 结构。由于非晶硅或非晶硅合金制备的 pn 结不具备整流效果，因此相邻两个 pin 结构相连而形成的 np 结会因隧道效应起到欧姆接触的作用。多结结构可以显著提高非晶硅太阳电池的效率(单结～9%，多结～14%)。

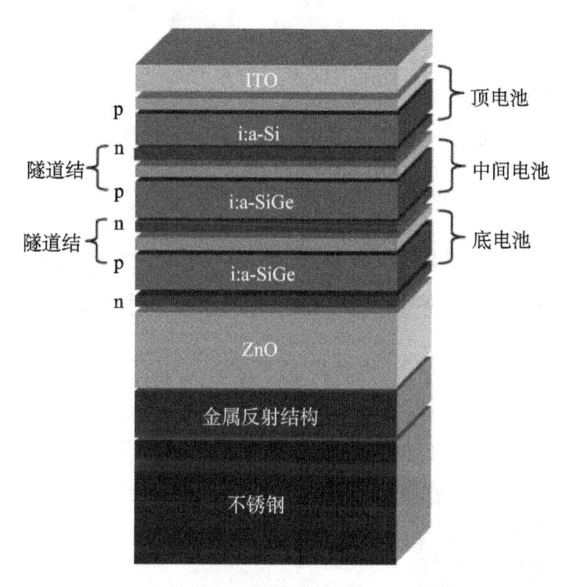


图 8-10　三结非晶硅太阳电池结构示意图[1]

多结非晶硅太阳电池中除了可使用 α-SiGe:H 以及 α-SiC:H 外，也可使用微晶硅材料。微晶硅材料中含有一定量的结晶相，其光学带隙更接近晶体硅材料的带隙，可作为多结电池中的底电池。

## 8.6　非晶硅太阳电池制备

受非晶硅材料及器件特性所限，非晶硅薄膜太阳电池与非晶硅薄膜太阳电池组件是在一个工厂顺次完成的，不可能发生如晶体硅太阳电池和组件那样在一个公司中完成电池，在另一个企业中完成组件制造的现象。

非晶硅太阳电池制备流程如图 8-11 所示。以玻璃衬底为例，首先对衬底进行清洗并制备电极(TCO)，随后将衬底放入 PECVD 等沉积设备中依次沉积不同掺杂类型的非晶硅层或非晶合金层，最后制备顶部电极，此时电池部分已经完成，紧接着进行封装以完成组件制备。为了使组件有更好的性能，在整个制备工序中还要有三步激光划线工序，目的是将较大面积上的非晶硅电池变成部分串联的结构(图 8-11)！这是十分重要的一个设计理念和技术过程。

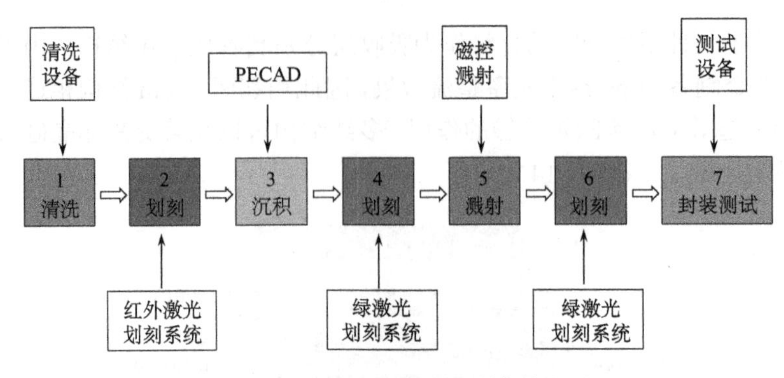


图 8-11　非晶硅太阳电池制备流程图

如图 8-12(a)所示，照片中平行排列的条纹即为激光划线所致，其微观示意图如图 8-12(b)所示，每条条纹实际上是由三条平行排列的激光划线所造成的条纹构成的。

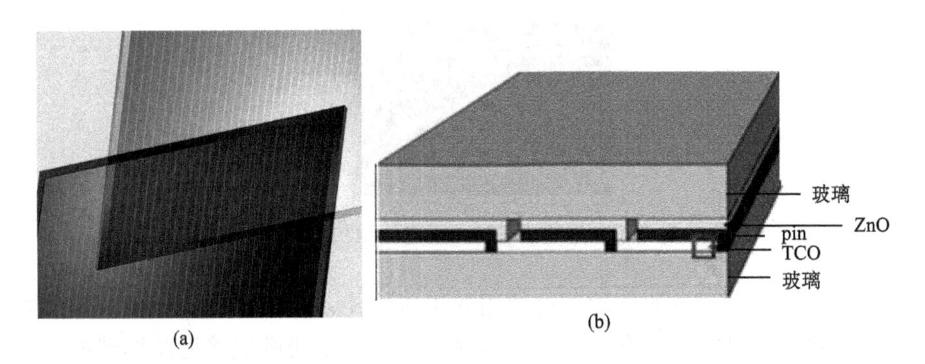


图 8-12　非晶硅组件照片以及组件中子电池串接结构示意图

对如图 8-11 所示主要工序解释如下：

1)清洗

一般来说非晶硅组件制造过程中所用的玻璃为沉积有 TCO 的导电玻璃，常用的 TCO 材料有 ITO(氧化铟锡)、FTO(掺氟的 $SnO_2$)和 AZO(掺铝 ZnO)三种。ITO 透明性、导电性能以及与玻璃的黏结强度均比 FTO 好，但 FTO 造价便宜，且更易于激光划线。AZO 是最新发展起来的透明导电氧化物材料，导电性、透光性均有优势，且耐等离子氢轰击的能力比前两种材料更好。

其清洗采用如图 8-13 所示装备。清洗过程中要注意玻璃表面颗粒物的控制。玻璃表面粘附的颗粒会在后继制备过程中造成微孔洞，进而造成漏电，降低组件的性能。有时候还会在此工序中对 TCO 膜层进行雾化处理，即将 TCO 表面刻蚀得凹凸不平，以减少入射光的反射。

图 8-13　玻璃衬底清洗设备

2) TCO 激光划线——第一次激光划线

此步激光划线要采用红外激光(～1064nm)。原因是 TCO 对可见光的吸收太弱，如采用可见光波段的激光，激光的大部分能量将透过 TCO 而无法加热刻蚀薄膜。为减少划线过程中产生的颗粒粘附在衬底表面，此过程经常将 TCO 膜面朝下进行刻蚀。刻蚀以后还要对玻璃表面进行清洗，以去除粘附的颗粒和其他杂质。

3) pin 结的制备

此步为整个组件制造的最核心环节。具体原理和工艺细节前文已述，在此主要介绍几种产线 PECVD 装备的结构。为防止薄膜沉积过程中不同气体源的残留对沉积膜层的交叉污染，高端装备基本会采用多腔体的设计思路，每个腔体只用来沉积一种类型的薄膜。但沉积系统的设计思路，主要分为直列式和团簇式两种。如图 8-14(a)所示为直列式的结构，所有衬底依次进入装载腔、加热腔、p 型薄膜沉积腔、本征 i 型薄膜沉积腔、n 型薄膜沉积腔、卸载腔等，然后出来后通过传送通道进行传输。因为 i 型非晶硅层较厚，需要的沉积时间长，所以其腔体的长度要比其他腔体大，这样才能保证整个系统的工艺节拍一致。如图 8-14(b)所示为团簇式的设计，该设计中产品进出每个工艺腔都是通过传送腔进行的。这样的设计可保证每一个工艺腔的生产不受其他腔室工艺节拍的影响，可以更加自由地设计工艺参数。团簇式多用于研发使用，因为研发过程中参数条件变化幅度大。而生产中所用直列式，因为工艺相对稳定，且制造成本相对要低很多。

4) pin 结划线——第二次激光划线

pin 结制备完成后要再进行一次激光划线，此次划线的目的是要将 pin 结划穿，因此一般采用绿色激光。但此次划线要求不能损伤 TCO 顶电极。本次划线要求细且连续，划线时也采用膜面朝下的方式，防止划线掉落的颗粒落在电池表面，影响底电极的生长。

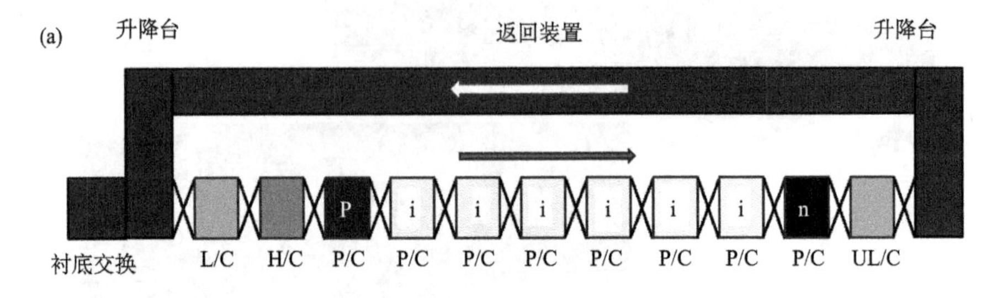


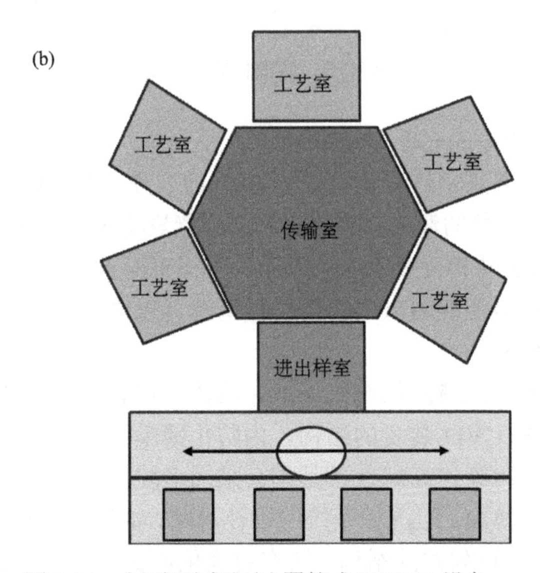


图 8-14　(a) 直列式和 (b) 团簇式 PECVD 设备

5) 底电极的制备

底电极一般来说有 TCO+Al 复合电极和 Al 两种设计。生产中一般均采用磁控溅射法(图 8-15 为生产型磁控溅射装备示例)完成生产。经常是采用溅射过程中衬底移动的方式，这样可简化设备的结构，也可提高产品的均匀性。

6) 背电极激光划线——第三次激光划线

该步划线一般采用绿色激光。工艺要点是将底电极划穿，但尽量不能损伤 pin 结；划线要求细且连续。

图 8-15　生产型磁控溅射装备示例

7) 组件封装

根据组件应用的环境，可采用不同的背板材料进行封装，可用 TPE 有机材料进行封装，也可采用玻璃进行封装。前者封装后组件是不透明的，优点是组件的质量较轻。后者封装后组件是透明的，适用于光伏建筑一体化等需要透光的特殊场合，具有刚性好、电池板弯曲小等优点。

非晶硅薄膜组件封装比晶体硅太阳电池组件更为简单。也是先铺上 EVA，再铺上玻璃(或 TFE 背板)，进层压机封装；层压机的温度基本上都在 140℃左右，时间基本在 20～30min。

8) 测试分挡

任何产品完成后均要检测分挡，非晶硅薄膜太阳电池组件也不例外。其检测分析与其他类太阳电池并无明显差异。

## 思考练习题

(1) 请对非晶硅薄膜的 PECVD 法沉积制备的反应过程进行说明，非晶硅薄膜中氢有何作用？

(2) 请描述 S-W 效应现象，并对其形成原因及机理进行说明。

(3) 作为太阳电池用的 TCO 薄膜材料，需要哪些特性？

(4) 请说明你对 pin 结优缺点的理解，并根据所学知识，认为哪些工艺方法或结构可对 pin 结的性能进行改进，并进行说明。

## 参 考 文 献

[1] Antonio L, Steven H. Handbook of Photovoltaic Science and Engineering. Chichester: John

Wiley & Sons Ltd, 2003.

[2] Spear W, LeComber P. Substitutional doping of amorphous silicon. Solid State Commun., 1975, (17): 1193-1196.

[3] Carlson D, Wronski C. Amorphous silicon solar cell. Appl. Phys. Lett., 1976, (28): 671.

[4] Staebler D, Wronski C. Reversible conductivity changes in discharge-produced amorphous Si. Appl. Phys. Lett., 1977, (31): 292-294.

[5] Robertson J. Growth mechanism of hydrogenated amorphous silicon. 2000, (266-269): 83.

[6] Ferlauto A, Koval R, Wronski C, et al. Extended phase diagrams for guiding plasma-enhanced chemical vapor deposition of silicon thin films for photovoltaics applications. Appl. Phys. Lett., 2002, (80): 2666.

# 第 9 章　CdTe 太阳电池技术

## 9.1　引　　言

CdTe 是一种性能优异的光伏材料，其光学带隙(约 1.46eV)与太阳光谱比较匹配，且光吸收系数较大(可见光范围内大于 $10^4cm^{-1}$)，可作为薄膜太阳电池的吸收层材料(常见器件结构如图 9-1 所示)。CdTe 太阳电池有比较好的稳定性、太阳电池温度系数低且弱光响应好。另外 CdTe 电池的结构及制备技术相对简单，方便规模化生产并能保持比较低的制备成本。随着 CdTe 太阳电池转换效率的不断提高(电池效率最高 22.1%，组件效率最高 18.6%)，CdTe 电池吸引了越来越多的注意力。本章将对 CdTe 材料以及 CdTe 太阳电池进行简要介绍[1]。

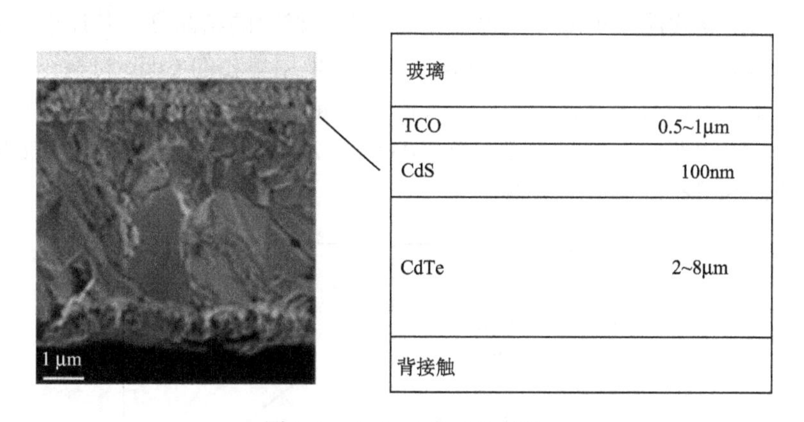


图 9-1　CdTe 太阳电池结构

第一块薄膜形态的 n-CdTe/p-$Cu_2Te$ 太阳电池出现在 1963 年(美国 GE)，然而由于 Cu 的扩散系数高，电池性能衰减很大。1972 年出现了 p-CdTe/n-CdS 结构的异质结电池。20 世纪 80 年代初，入射光从衬底一侧进入电池内部的结构提出并沿用至今，这种结构所适宜的制备技术路线可以使器件中的 CdTe 与 CdS 层在制备过程中发生元素互扩散，从而降低界面复合。这使得 CdTe 电池的转换效率提升到 10%以上。随后出现了在 CdTe 制备过程中引入氧气以及氯激活等工艺，CdTe 电池的效率提高到 15%(1993 年)。2001 年，CdTe 电池的效率提高到 16.5%(美国可再生能源国家实验室)，其中高迁移率窗口层的引入被认为是效率提升的关键。自 2010 年开始，美国 First Solar 和 GE 等公司和研究机构对 CdTe 太阳电池做了大量研发，对 CdTe 材料的制备和电池结构进行了优化，使 CdTe 电池效率快速提高到了 22.1%。[1]

## 9.2 CdTe 材料性质

### 9.2.1 Cd-Te 相图及 CdTe 材料基本性质

CdTe 是一种闪锌矿结构的化合物，Cd-Te 相图如图 9-2(a)所示。从相图上可以看出 CdTe 材料只有一种相结构(Cd:Te=1:1，其单相区为一条线而非一个成分范围)。CdTe 材料的熔点要高于单质 Cd 和单质 Te 的熔点。CdTe 的自扩散系数比较大(500℃下其自扩散系数可达 $3\times10^{-7}cm^2/s$)，因此高温制备 CdTe 材料时，材料成分的均匀性比较容易控制。图 9-2(b)为 CdTe-$CdCl_2$ 准二元相图，由图可见 CdTe-$CdCl_2$ 共晶点的温度为 778K，因此高温下 CdTe-$CdCl_2$ 材料体系可出现液相。若在 CdTe-$CdCl_2$ 体系中掺入其他元素，如氧等，共晶点的温度还有可能进一步降低。目前绝大多数 CdTe 薄膜在制备完成后都会做进一步 $CdCl_2$ 激活处理。激活处理除了能提高载流子浓度外，也会提高 CdTe 材料的结晶度，其原理可能与高温下 CdTe-$CdCl_2$ 体系中可产生液相有关。除了使用单相的 CdTe 材料作为太阳电池吸收层外，人们也考虑将 CdTe 与其他材料混合制备成固溶体，从而实现对吸收层材料带隙的调控，如 $Cd_{1-x}Zn_xTe$(CdTe 与 ZnTe 形成的固溶体)、$CdTe_{1-x}Se_x$(CdTe 与 CdSe 形成的固溶体)等。

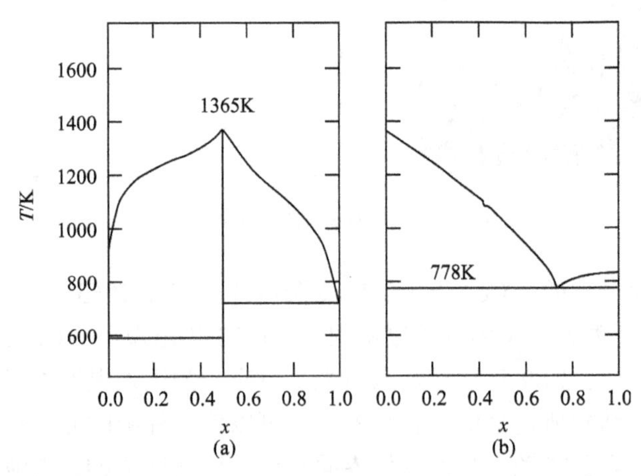


图 9-2 (a) $Cd_{1-x}Te_x$ 及(b) $CdTe_{1-x}Cl_{2x}$ 相图(标准大气压下)[2,3]

### 9.2.2 CdTe 材料的电学性质

CdTe 半导体材料既能实现 n 型掺杂(使用铟等掺杂元素)，也能实现 p 型掺杂

(使用磷、氮等掺杂元素)。在 CdTe 电池中，常使用 p 型掺杂的 CdTe 与 n 型掺杂的 CdS 形成异质 pn 结。图 9-3 为 CdTe 中常见的本征缺陷与杂质缺陷及各缺陷对应的能级。p 型 CdTe 材料中常见的本征缺陷为 $V_{Cd}$，对应的缺陷能级在价带以上约 0.1eV 处。$V_{Cd}$ 还可与 $Cl_{Te}$ 形成缺陷对[$V_{Cd}$+$Cl_{Te}$]，从而使其缺陷能级更靠近价带，有利于增加 CdTe 材料的 p 型掺杂浓度。Cu 元素掺入 CdTe 中形成的 $Cu_{Cd}$ 缺陷可形成受主能级。Na 元素掺入虽然能够形成浅受主能级($Na_{Cd}$)，然而同时也能够形成浅施主能级($Na_i$)。V 族元素 N，P 掺入 CdTe 中可形成较浅的受主能级。在 CdTe 材料的 p 型掺杂上，一方面能够形成浅受主能级的缺陷较少，另一方面浅受主缺陷的形成能大多偏高(CdTe 中常见缺陷的形成能如表 9-1 所示)，这增加了提高 CdTe p 型掺杂浓度的难度。另外，从图 9-3 及表 9-1 也可以看出 CdTe 材料内部往往同时存在施主缺陷和受主缺陷，从而影响最终的有效掺杂浓度。虽然 CdTe 材料的有效掺杂浓度较低，但其内部缺陷的浓度可能偏高，这造成 CdTe 材料的少子寿命偏低(通常为几个纳秒)。

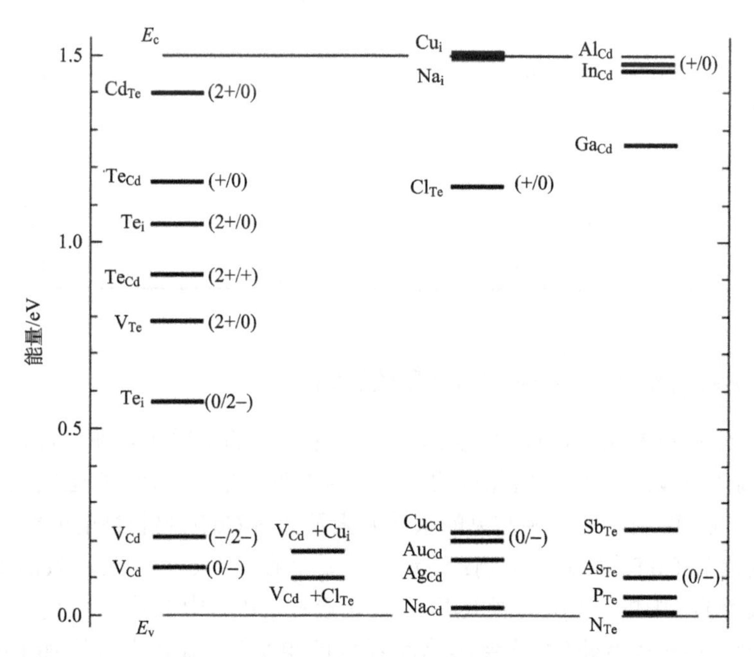


图 9-3　CdTe 材料中常见的本征缺陷、杂质缺陷及其对应的缺陷能级[4]

对 CdTe 的 p 型掺杂，使用分子束外延技术可得到具有较高掺杂浓度的 CdTe 薄膜(～$10^{18}cm^{-3}$)，但除分子束外延外绝大多数工业上使用的技术制备出的 CdTe 掺杂浓度仅能达到～$10^{15}cm^{-3}$ 或更低。较低的掺杂浓度减弱了电池内部内建电场的强度，使电池开路电压降低。模拟计算结果显示，要得到高于 1V 的开路电压，

CdTe 的掺杂浓度必须高于 $10^{16}cm^{-3}$，同时少子寿命大于 10ns。CdTe 材料 p 型掺杂浓度偏低的一个可能的原因是目前工业上应用的 CdTe 制备工艺与 CdTe 的掺杂特性不匹配，使得高掺杂浓度较难实现，另外一个可能的原因是目前工业上所使用的掺杂元素不合适(Cl，Cu)，需要选择更为合适的掺杂元素。

**表 9-1　CdTe 材料中常见本征缺陷和杂质缺陷的形成能[4]**

| 缺陷 | 形成能/eV | 缺陷 | 形成能/eV |
|---|---|---|---|
| $V_{Cd}$ | 2.67 | $Cd_{Te}$ | 3.92 |
| $V_{Te}$ | 3.24 | $Te_{Cd}$ | 3.70 |
| $Te_i^a$ | 3.52 | $Cd_i^a$ | 2.26 |
| $Te_i^c$ | 3.41 | $Cd_i^c$ | 2.04 |
| $Na_{Cd}$ | 0.45 | $Al_{Cd}$ | 1.17 |
| $Cu_{Cd}$ | 1.31 | $Ga_{Cd}$ | 1.23 |
| $Ag_{Cd}$ | 1.32 | $In_{Cd}$ | 1.23 |
| $Au_{Cd}$ | 1.30 | $F_{Te}$ | −0.08 |
| $N_{Te}$ | 2.62 | $Cl_{Te}$ | 0.48 |
| $P_{Te}$ | 1.83 | $Br_{Te}$ | 0.62 |
| $As_{Te}$ | 1.68 | $I_{Te}$ | 0.99 |
| $Sb_{Te}$ | 1.72 | $Cu_i^a$ | 2.14 |
| $Bi_{Te}$ | 1.96 | $Cu_i^c$ | 2.24 |
| $Na_i^a$ | 0.60 | $Ni_i^c$ | 0.45 |

### 9.2.3　常见杂质元素对 CdTe 材料性质的影响

在 CdTe 材料的制备过程中，除了原材料中包含的杂质元素外，有时还会故意引入其他杂质元素，这些杂质元素的引入会对 CdTe 的电学特性产生较大影响。下面简单介绍 CdTe 材料中几种常见的杂质元素及其对 CdTe 材料性能的影响。

氯元素对 CdTe 性能的影响：氯元素主要是在 CdTe 的 $CdCl_2$ 激活处理过程中被引入 CdTe 中的。$CdCl_2$ 处理后，氯元素在 CdTe 中的浓度可达 $10^{19}cm^{-3}$，且大部分分布在晶界处(可能会影响晶界处的电势)。氯元素可增加 CdTe 材料中的 p 型掺杂浓度，如本章 2.2 节所述，这可能与$[Cl_{Te}+V_{Cd}]$缺陷对的形成有关。另外，氯元素也可以增加 CdTe 材料的少数载流子寿命，但其具体机制尚不明确。

氧元素对 CdTe 性能的影响：若在 CdTe 材料沉积过程中通入适量氧气，或在有氧环境下进行 $CdCl_2$ 激活处理，则氧元素可自环境中进入 CdTe 材料中。有研究认为氧可能会降低 CdTe-$CdCl_2$ 共晶点温度，这有利于 CdTe 材料在 $CdCl_2$ 激活处理中的再结晶。若在含氧气氛下进行 $CdCl_2$ 激活处理，可使 CdTe 材料的 p 型掺杂浓度提高一个数量级。若在 CdTe 材料沉积过程中引入氧气氛，可提高 CdTe 材料少数载流子寿命。另外，氧元素还会对 CdTe 材料的生长以及 $CdCl_2$ 处理中的元素互扩散产生影响。目前大部分研究认为氧是高效 CdTe 电池不可或缺的元素，但其影响 CdTe 材料电学性质的具体机制尚不够清晰。

铜元素一般是由含铜背接触中的铜扩散进入 CdTe 材料中的(靠近界面处 CdTe 中 Cu 的浓度在 $10^{17}$～$10^{18}cm^{-3}$)。另外，若源材料(如激活处理所使用低纯度 $CdCl_2$)纯度不高，也可能会造成铜元素的掺入。铜元素可提高 CdTe 材料 p 型掺杂浓度(可提高 1 个数量级)，降低背接触处的势垒，从而有利于提高 CdTe 电池的性能。但是，铜元素也会降低 CdTe 材料的少数载流子寿命，同时铜元素的快扩散特性也会造成 CdTe 电池性能的衰减，降低电池稳定性。实际上，源自背接触中的铜通过扩散主要聚集在 CdS 缓冲层中，补偿其 n 型掺杂。这对 CdTe 电池的性能也是不利的。关于 Cu 元素，目前的观点越来越倾向于认为其对 CdTe 的综合影响为负面。

### 9.2.4　CdTe 材料中的晶界

与 CIGS 电池不同，CdTe 吸收层材料的晶界被认为会降低 CdTe 太阳电池的性能。目前 CdTe 太阳电池发展的最大阻碍——开路电压较低的问题也被认为与 CdTe 材料中的晶界有关。从 Cd-Te 相图中也可以看出，并不存在一个成分可变的 CdTe 单相区。但是在实际制备过程中很难保证所沉积的薄膜中 Cd 元素与 Te 元素的原子比例为严格的 1:1 关系，薄膜中 Cd/Te 比例偏离标准化学计量比会导致 CdTe 材料内部本征缺陷的产生。由于晶界处原子排布不规则，因此 CdTe 材料内部本征缺陷可能更倾向于在晶界处产生。晶界处大量的本征缺陷将会使晶界成为严重复合区域，从而降低 CdTe 电池的性能。另外，引入 CdTe 材料中的 Cl、O、S 等元素除了进入 CdTe 晶格中形成替位或间隙缺陷外，更多的是在晶界处聚集。这些杂质元素可以对晶界起到部分钝化的效果，同时也会影响界面的能带结构。对 CdTe 晶界处的能带结构，目前有不同的看法。晶界处存在积累区、耗尽区或反型区的模拟或实验结果均有报道，这可能与 CdTe 材料具体的制备工艺有关。目前人们在单晶 CdTe 材料上得到的高开路电压(>1V)的太阳电池更使人们确信晶界钝化是提高 CdTe 电池开路电压以及转换效率的一个重要方向。然而如何对 CdTe 的晶界进行良好的钝化，仍然没有明确的技术路线。

## 9.3　CdTe 材料的制备工艺

近空间升华是制备高效 CdTe 电池常用的制备工艺之一，典型的近空间升华设备示意图如图 9-4 所示。该设备最主要的部件是两个间隔距离很近的石墨部件，其中下方的石墨部件中放置 CdTe 蒸发源材料，上方的石墨部件放置玻璃衬底。通过控制石墨部件上方或下方的加热器，可以分别控制上方和下方石墨部件的温度。由于石墨良好的热传导性，石墨部件内部可以保持较好的温度均匀性。在 CdTe 沉积过程中，控制 CdTe 源材料的温度高于衬底的温度。CdTe 源材料会首先分解形成 Cd 蒸气和 $Te_2$ 蒸气，随后 Cd 蒸气和 $Te_2$ 蒸气遇到温度较低的衬底重新反应形成 CdTe，其沉积机理可使用如下化学反应方程式描述：

$$CdTe(s) \longleftrightarrow Cd(g) + \frac{1}{2} Te_2(g)$$

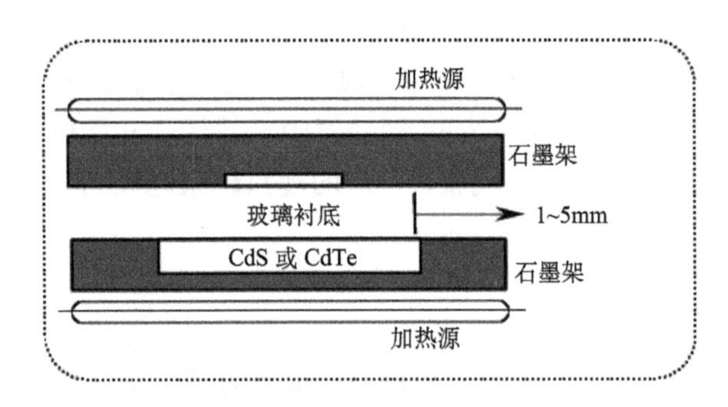


图 9-4　近空间升华制备 CdTe 材料示意图

CdTe 制备过程中的气氛常见为约 $10^3$ Pa 惰性气体以及 $10^2$ Pa 氧气，Cd 与 $Te_2$ 蒸气压典型值为 $10^2$～$10^3$Pa，考虑到玻璃衬底的软化点，衬底温度一般控制在 500℃左右。由于 Cd 与 $Te_2$ 蒸气压较大，CdTe 的沉积速率也比较快。

使用近空间升华设备虽然可以制备出高效的太阳电池，但该工艺将衬底放置在上的构造限制了衬底温度不能太高(需低于玻璃衬底软化点)，不利于高质量 CdTe 材料的制备。另外由于沉积温度接近玻璃衬底的软化点，容易造成玻璃衬底的变形。因此，First Solar 公司在近空间升华原理的基础上发展出了气相传输沉积(vapor transport deposition)的技术。气相传输沉积原理示意图如图 9-5 所示。首先 CdTe 源材料通过中间的圆柱形管道被载气输运到沉积区域，在沉积区域的高温环境下 CdTe 被加热并分解，分解产物通过圆柱形管道上方开孔进入大圆柱体内部，随后在载气的作用下通过大圆柱体下方的开口沉积到温度较低的衬底上形成 CdTe 薄膜。这种沉积技术中衬底直接放置在加热基台上，同时由于 CdTe 沉积速率较高，因此衬底温度可以稍微高于玻璃软化点，有利于高质量 CdTe 材料的制备。

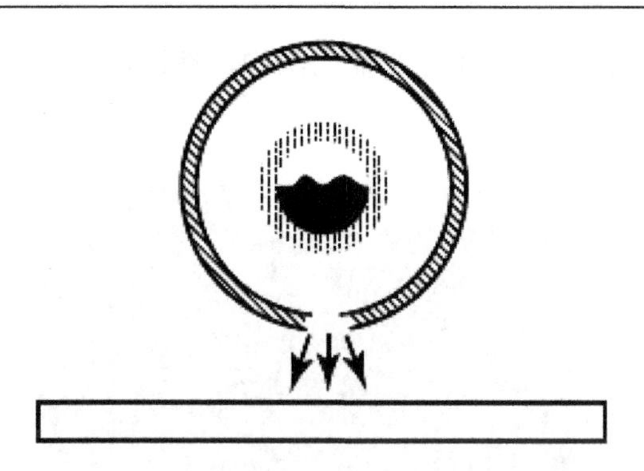

图 9-5 气相传输沉积制备 CdTe 材料[1]

除了近空间升华以及在其基础上发展起来的气相传输沉积技术，其他包括电化学沉积、喷雾热解、磁控溅射等技术也可以被用来制备 CdTe 材料，其中有部分工艺在工业生产上已有应用。使用以上工艺制备的 CdTe 材料在制备完成后一般还需要进行 $CdCl_2$ 激活处理，以使其性能更加适合作为太阳电池吸收层材料(然而 CdTe 材料的掺杂浓度依然偏低)。与以上工艺不同的是，使用分子束外延技术可以直接得到高掺杂浓度且高质量的 CdTe 吸收层材料，这可能与分子束外延技术可精确控制沉积过程中各蒸发束流的速率有关。

## 9.4 CdTe 太阳电池结构及制备

### 9.4.1 CdTe 太阳电池结构

CdTe 电池的典型器件结构如图 9-6 所示，其中最核心的结构由 CdTe 吸收层和 CdS 缓冲层组成。与 CIGS 电池不同的是，CdTe 电池采取了衬底端入射的结构。因此，需要在玻璃衬底上制备透明导电膜，再制备 CdS 缓冲层以及 CdTe 吸收层。在透明导电电极和 CdS 缓冲层之间往往有一层高阻的氧化物，其作用主要是阻止透明导电电极与 CdTe 通过 CdS 缓冲层的孔洞直接接触形成短路。CdTe 电池的背接触结构比较复杂(双层结构)，也是 CdTe 电池制备的难点之一。以下对 CdTe 太阳电池结构中的各层材料及其制备进行简单介绍。

CdTe 太阳电池常用的透明导电材料为 FTO($SnO_2$:F)，其原因主要是 FTO 能够耐受 CdTe 吸收层制备过程所需的高温。也有 CdTe 电池使用 $Cd_2SnO_4$ 作为透明导电电极。$Cd_2SnO_4$ 具有较高的迁移率，因此可以提高 CdTe 太阳电池的效率。透明导电层之上的高阻层可选用与透明导电层主要成分相同的材料，也可选择不同的材料。性能优异的高阻层材料如 $Zn_2SnO_4$，其本身带隙较宽，不会造成光的吸收损耗。另外 $Cd_2SnO_4$ 可在 CdTe 制备以及 $CdCl_2$ 激活处理过程中为 CdS 提供氧元素，增加 CdS 的带隙，减小缓冲层对光的吸收损耗，提高电池短路电流密度。

高阻层在 CdTe 电池结构中并不是必需的结构，然而高阻层的存在有利于提高电池制备工艺的稳定性。

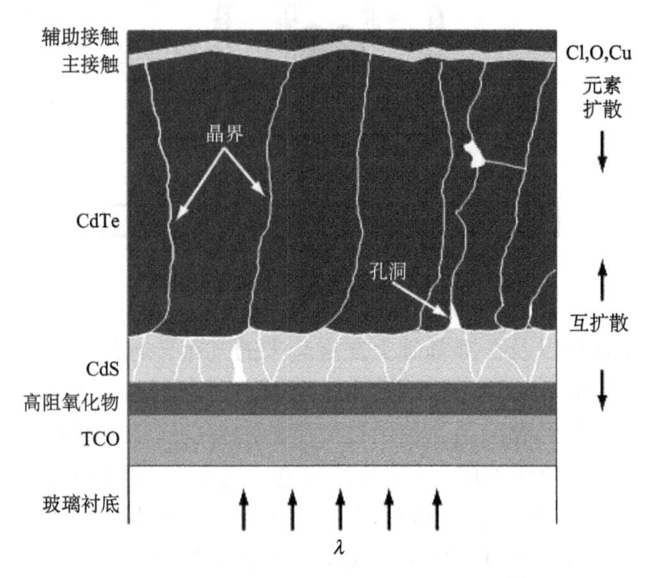


图 9-6　CdTe 太阳电池典型器件结构[5]

与 CIGS 电池的缓冲层类似，CdTe 电池的缓冲层一般也采用化学浴方法制备，其厚度一般在 100nm 左右。在 CdTe 的沉积以及随后的 $CdCl_2$ 激活处理过程中，CdS 中的 S 元素会向 CdTe 层中扩散，造成 CdS 层的消耗。若原始 CdS 层的厚度较薄，有可能会造成 CdS 层在 CdTe 电池制备过程中被完全消耗。

CdTe 电池背接触的问题主要源自 CdTe 材料的高功函数（～5.7 eV）。CdTe 材料的高功函数使得常用的金属材料作为 CdTe 背电极时，界面会形成对空穴的势垒。因此常用的金属电极材料与 CdTe 吸收层难以形成良好的欧姆接触。另外在目前的生产工艺条件下，高掺杂浓度的 CdTe 材料制备比较困难（掺杂浓度一般 $<10^{15}cm^{-3}$），因此通过提高 CdTe 掺杂浓度实现背部欧姆接触也比较困难。在实际 CdTe 电池的制备中，往往在 CdTe 与背金属电极之间插入一层其他材料来间接得到比较好的接触特性。在 CdTe 与背面金属电极之间插入一层 p 型重掺杂的 $Cu_xTe$ 有助于形成良好的背接触，但是背接触处仍然存在一定的空穴势垒（约 0.3 eV）。ZnTe 的价带略高于 CdTe 的价带，且 ZnTe 可以实现 p 型重掺杂（常用掺杂元素为 Cu）。若在 CdTe 与背面金属电极之间插入一层重掺杂的 ZnTe，则背面的空穴电流可几乎不受阻碍地经背接触流向外部电路。另外，ZnTe 材料的导带位置高于 CdTe 材料的导带位置，CdTe 与 ZnTe 界面导带阶所形成的势垒可阻碍电子靠近背面，从而使背面复合得到一定的抑制。据 First Solar 报道，使用这种背接触结构，

可实现更高的初始转换效率以及提高电池使用过程中的稳定性。

由于薄膜电池必须在衬底上逐层制备，因此电池中每层材料的制备不仅需要考虑如何能使该层材料的性能达到最优，同时也必须考虑各层材料性能与工艺上的兼容性，以及后续制备工艺对已制备结构(材料、界面)的影响。

### 9.4.2　$CdCl_2$ 激活处理及其对 CdTe 电池性能的影响

在 CdTe 电池的制备过程中，CdTe 吸收层制备结束后一般会进行 $CdCl_2$ 激活处理。$CdCl_2$ 激活处理的典型制备工艺是将 $CdCl_2$ 的甲醇溶液均匀喷涂在已沉积的 CdTe 层表面，干燥后在有氧气氛(如空气气氛)及高温(>400℃)下处理 10～30min，最后用水清洗掉表面残余的 $CdCl_2$。经 $CdCl_2$ 激活处理，Cl 元素进入 CdTe 材料内部并改善 CdTe 材料的电学性能(提高掺杂浓度，提高少子寿命)。同时，$CdCl_2$ 激活处理使 CdTe 发生重结晶，提高了 CdTe 的结晶质量。另外，$CdCl_2$ 激活处理也使 CdS 缓冲层与 CdTe 吸收层发生元素互扩散，改善了吸收层与缓冲层的界面质量，减少了界面复合。

如图 9-7 所示，$CdCl_2$ 激活处理前 CdTe 吸收层与 CdS 缓冲层所形成的界面存在大量的界面缺陷。同时 CdTe 与 CdS 的能带结构本身并不适合制备高效的异质结电池。但是，在 $CdCl_2$ 激活处理过程中，CdS 中的 S 元素在浓度梯度的驱动下向 CdTe 内部扩散，同时 CdTe 中的 Te 元素向 CdS 缓冲层扩散。互扩散的效果一方面减少了界面缺陷，另一方面也改善了界面的能带结构，使得界面复合得到抑制，提高了电池开路电压及转换效率。若 CdTe 或 CdS 材料含氧，氧会抑制界面的互扩散过程。因此可通过电池中氧的含量来合理调控 CdS 与 CdTe 的互扩散过程。

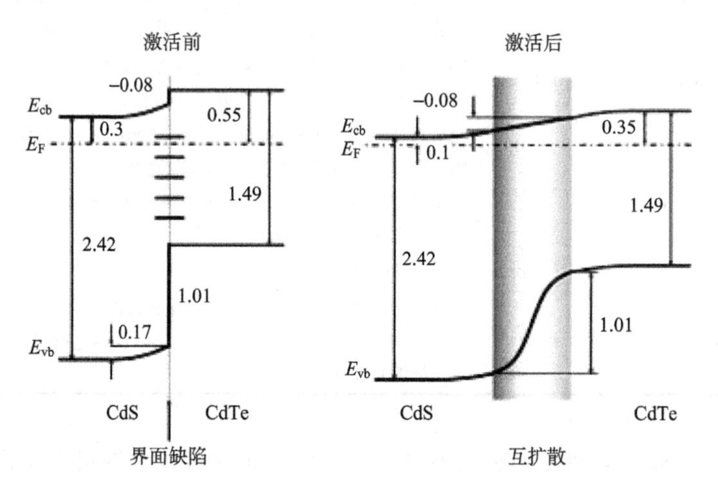


图 9-7　$CdCl_2$ 激活处理前后 CdTe 太阳电池能带结构的变化

## 9.5　CdTe 太阳电池的产业化现状及发展趋势

由于 CdTe 材料本身所具备的一系列特性，非常适合于大规模生产高性能、低成本的薄膜太阳能组件。在国外，早在 1991 年，美国第一太阳能(First Solar USA，其前身为 Solar Cell Inc)和 Abound 的前身 AVA 就开始从事 CdTe 薄膜电池的产业化。之后，又有德国 ANTEC 等二十余家企业加入这一行列。但是由于 CdTe 薄膜电池技术产业化有较高的技术壁垒，目前在国外硕果仅存的企业也只有 3～4 家(表 9-2)。

**表 9-2　国外从事 CdTe 薄膜太阳电池产业化的企业**

| 企业名称 | 所在国家 | 发展状况 |
| --- | --- | --- |
| First Solar(前身为 SCI) | 美国 | 全球最大薄膜组件生产商(CdTe 薄膜太阳电池组件)、全球最大 EPC 集成商；2013 年组件产量 1.8GW，组件平均效率 13.2%；2016 年组件出货量 2.7GW，全年所有生产线上的平均转换率可达 16.4% |
| GE(前身为 Prime Star) | 美国 | GE 已于 2013 年 8 月宣布退出 CdTe 薄膜组件制造行业，并将自己的 CdTe 薄膜电池相关业务卖给 First Solar |
| Abound(前身为 AVA) | 美国 | 已停止其 CdTe 薄膜组件生产 |
| Solar Field | 美国 | 目前该公司 CdTe 薄膜电池生产业务主要由其下属公司 Calyxo 承担 |
| W&K Solar | 美国 | 已暂停其 CdTe 薄膜组件生产 |
| Ascent Solar | 美国 | 目前专注轻质、柔性 CIGS 组件产品 |
| ZiaWatt Solar | 美国 | 已进入破产保护 |
| Antec Solar | 德国 | Antec Solar 公司拥有近 15 年的 CdTe 薄膜电池组件生产经验，主要产品为 ATF 系列，转换效率分别为 5.0%、6.0%、6.9%、8.3%、9.7%；目前无法获得该公司近期产能、产量及出货量情况 |
| Roth & Rau | 德国 | 2011 年已将其 CdTe 薄膜业务出售给一家中国企业(匿名)，并同时决定专注于设备制造业务，放弃 CdTe 薄膜组件产业化发展 |
| Calyxo | 德国 | 2011 年为美国 Solar Field 所收购。至 2013 年 12 月底，伴随其在德国工厂一条新的设计产能为 60MW 的生产线的成功搭建，Calyxo 目前 CdTe 薄膜组件产能已达到 85MW。从其最新产品目录上获悉，$0.72m^2$ 组件输出功率最高为 77W |
| ARENDI | 意大利 | 已暂停其产业化进程 |
| CTFSolar | 德国 | 成立于 2007 年，主要技术团队人员来自拥有碲化镉原创技术的德国 Antec Solar 公司。2011 年 10 月 11 日，中国建材国际工程集团正式收购德国 CTFSolar 公司 |

目前国内真正实现 CdTe 太阳电池产业化的企业极少，这可能是由于我国在 CdTe 太阳电池技术研究和产业设备方面的基础比较薄弱。杭州的龙焱能源科技有

限公司是我国 CdTe 太阳电池代表性生产厂家，该企业由国际著名光伏专家吴选之等在 2008 年创立，拥有具有完全自主知识产权的整套生产工艺和核心设备。目前该公司已建立了中国第一条全自动化、全国产化、设计年产量 30MW 的 CdTe 薄膜组件生产线(图 9-8)。2016 年龙焱能源科技有限公司生产的 CdTe 太阳电池组件的平均效率达到 13%，预计两年后组件的成本可降低至$0.2/W。

图 9-8　龙焱能源科技(杭州)有限公司第一条生产线

虽然目前 CdTe 电池的最高转换效率达到 22.1%，但离其理论转换效率(>30%)仍有较大差距。当前 CdTe 电池的性能主要受限于电池的开路电压，较低的开路电压一方面与 CdTe 吸收层中较低的载流子浓度及少子寿命有关，另一方面，也与未经良好钝化的晶界以及背接触有关。因此，若要进一步提高 CdTe 电池的性能，必须提高 CdTe 材料中的载流子浓度及少数载流子寿命，对 CdTe 材料界面进行良好钝化，以及提高 CdTe 电池背接触的接触特性。

如前所述，CdTe 材料中浅能级受主缺陷种类比较少，且浅能级受主缺陷的形成能大多偏高，这使得 CdTe 材料的 p 型掺杂较为困难。人们在总结近年来在 CdTe 掺杂方面的研究后越来越倾向于认为目前主流的 Cl 掺杂以及 Cu 掺杂的方式对提升 CdTe 材料 p 型掺杂效果有限。部分研究人员转而探索新的掺杂元素及掺杂工艺。最近有报道采用 V 族元素 P 实现 Te 位掺杂，可将基于近空间升华法制备的 CdTe 材料的掺杂浓度提高至 $10^{16}cm^{-3}$ 以上，同时载流子寿命提高至 10ns 以上。可见，CdTe 材料的低掺杂浓度问题在不久的将来有望得到解决。

最近人们在单晶 CdTe 材料上实现的高开路电压使人们基本确信 CdTe 材料的晶界会降低 CdTe 材料及 CdTe 电池的性能。由于单晶 CdTe 材料的制备要求及制备成本要远高于多晶 CdTe 材料，且制备单晶 CdTe 需要用到昂贵的单晶衬底材料。

因此，长远来看 CdTe 电池仍然会使用多晶 CdTe 材料作为吸收层，这就需要对多晶 CdTe 材料中的晶界进行良好的钝化。目前人们对 CdTe 材料中晶界的结构以及电学性能的研究还不够深入。在 CdTe 晶界的钝化方面，虽然确定氯元素可以部分钝化晶界，但仍未彻底解决晶界钝化的问题。另外氯元素掺杂在未来有可能被 V 族元素掺杂取代。因此需要发展能够有效钝化 CdTe 晶界的技术，在这方面还需要做大量的研究工作。

在 CdTe 电池的背接触方面，目前常使用 $Cu_xTe$ 和 ZnTe:Cu 来提高电池背面的接触特性。但是由于 Cu 元素在 CdTe 中有比较大的扩散系数，在背接触的制备及后续电池使用过程中，Cu 元素可扩散到 CdTe 电池内部造成电池性能的衰减。因此，人们希望能够实现无铜的背接触结构，在增强背面载流子输运的同时提高 CdTe 电池性能的稳定性。由于 ZnTe 材料在能带结构上与 CdTe 比较匹配，将其中的掺杂元素铜用其他掺杂元素代替可能是一个比较简单的方案。另外，也有将选择性接触的原理引入 CdTe 电池背接触的报道，如使用 $MoO_x$ 作为 CdTe 与背电极之间的缓冲层，利用 $MoO_x$ 的高功函数使得 CdTe 背面能带向上弯曲，从而形成与 CdTe/CdS 异质结内建电场方向一致的背电场。该结构可增强背部空穴的输运，减少背接触处载流子的复合，提高开路电压及电池转换效率。同时，使用这种背结构的太阳电池的稳定性要优于使用含铜背接触的 CdTe 电池。

## 思考练习题

(1) 请画出 CdTe 太阳电池的结构示意图，并简述各部分的构成和特性。

(2) 请概述 CdTe 太阳电池的生产流程，并对每一步的主要工艺方法和所得材料特性进行简要分析。

## 参 考 文 献

[1] Scheer R, Schock H. Chalcogenide Photovoltaics: Physics, Technologies, and Thin Film Devices. Weinheim: Wiley-VCH Verlag GmbH & Co. KGaA, 2011.

[2] Jianrong Y, Silk N J, Watson A, et al. Thermodynamic and phase diagram assessment of the Cd-Te and Hg-Te systems. Calphad, 1995, 19(3): 0-414.

[3] Tai H, Hori S. Equilibrium phase diagrams of the CdTe-$CdCl_2$ and CdTe-$CdBr_2$ systems. J. Jpn Inst. Met., 1976, 40(7): 722-725.

[4] Wei S, Zhang S B. Chemical trends of defect formation and doping limit in II-VI semiconductors: the case of CdTe. Phys. Rev. B, 2002, 66(15):155211.

[5] Antonio L, Steven H. Handbook of Photovoltaic Science and Engineering. Chichester: John Wiley & Sons Ltd, 2003.

# 第 10 章　CIGS 太阳电池技术

## 10.1　引　　言

Cu(In,Ga)$(S,Se)_2$(以下简称 CIGS)太阳电池材料是一种黄铜矿结构的化合物半导体材料。作为一种太阳电池吸收层材料，其性质优越。由于其光吸收系数较大，可用作薄膜太阳电池吸收层材料。经过几十年的发展，CIGS 太阳电池相关技术已经发展成熟并实现了商业化。截止到 2017 年末，CIGS 太阳电池的最高效率达到了 22.6%(ZSW，面积 $0.4cm^2$)，组件的效率可达到 17.0%(Solibro，面积 $9401cm^2$)。本章将对 CIGS 材料特性、电池结构等进行简要介绍及讨论[1]。

### 10.1.1　CIGS 材料及太阳电池特点

CIGS 材料可视为 $CuInSe_2$、$CuGaSe_2$、$CuInS_2$ 以及 $CuGaS_2$ 四种化合物的固溶体。如图 10-1 所示，通过调节材料成分，可调节 CIGS 材料的带隙(1.04～2.43eV)。在 CIGS 太阳电池的制备过程中，往往利用 CIGS 材料成分可调的特点，人为制造成分梯度从而实现渐变的能带结构，起到抑制背表面复合、提高电池转换效率的作用。

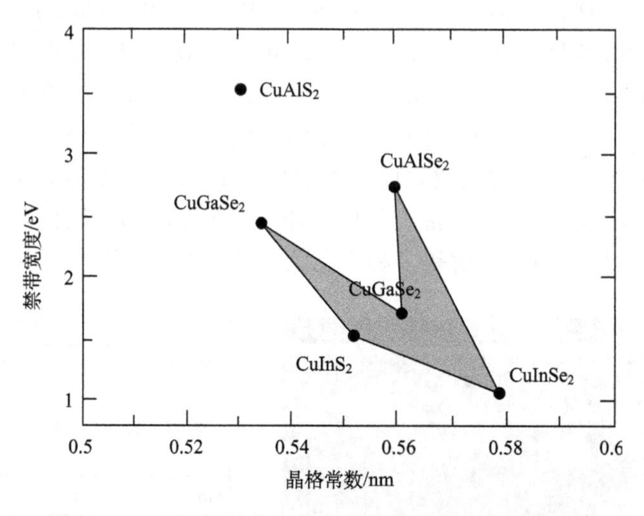


图 10-1　CIGS 相关化合物半导体禁带宽度及晶格常数

CIGS 材料及 CIGS 太阳电池主要有如下特点：

(1) CIGS 为直接带隙半导体材料，其可见光波段的光吸收系数可达 $10^5 cm^{-1}$。因此只需 1μm 厚度的 CIGS 材料即可吸收大部分入射的太阳光，CIGS 材料的这一特性，可节省 CIGS 太阳电池中吸收层材料的用量，从而保持较低的材料成本。由于电池整体厚度较薄，CIGS 电池可在柔性衬底上制备得到柔性器件。

(2) 电池效率稳定，无明显的光致衰减效应。在 CIGS 电池被安装使用的初期，其电池效率可能还会有小幅的提升，这一般被认为与 CIGS 电池内部 Cu 元素的扩散有关。

(3) 对工作温度不敏感，其电池温度系数在–0.3%/℃左右，小于晶体硅太阳电池的温度系数，因此在炎热的环境下 CIGS 太阳电池仍能保持较好的输出特性。

(4) 弱光响应好，对阴影遮挡不敏感。这一特性也会增加太阳电池的实际发电量。

(5) 耐宇宙射线辐射，若 CIGS 电池制备在轻质的柔性衬底上，可作为一种理想的空间太阳电池使用。

### 10.1.2　CIGS 太阳电池发展历史

CIGS 太阳电池的发展源于 $CuInSe_2$ 太阳电池。1976 年 Kazmerski 等用蒸发法制备出了第一块 $CuInSe_2$ 薄膜太阳电池(效率～5%)。随后，三元共蒸发的工艺被应用到 $CuInSe_2$ 材料的制备上，使得对 $CuInSe_2$ 材料成分的调节更为方便可控。使用这种工艺，Boeing 公司将 $CuInSe_2$ 电池的效率提升到 11.9%。同一时期，Arco Solar 公司开发出溅射后硒化的工艺路线，所制备的 $CuInSe_2$ 电池效率达 14.1%。20 世纪 90 年代初期，化学浴沉积的 CdS 缓冲层被应用于 $CuInSe_2$ 电池，同时多段共蒸发技术开始得到应用，使得 $CuInSe_2$ 电池的效率和工艺稳定性得到提升。到 20 世纪 90 年代中期，$CuInSe_2$ 中掺入钠元素和镓元素被发现可促进 $CuInSe_2$ 电池效率的提高(电池效率提升到 15%以上)。随后经过多家公司与科研机构的努力，逐渐将 CIGS 太阳电池的效率提升到 20%以上。CIGS 太阳电池的常见结构如图 10-2 所示。CIGS 材料的制备工艺也从开始的蒸发和溅射硒化两种技术路线发展到电沉积、印刷、喷雾热解等多种工艺路线并存的局面[1]。

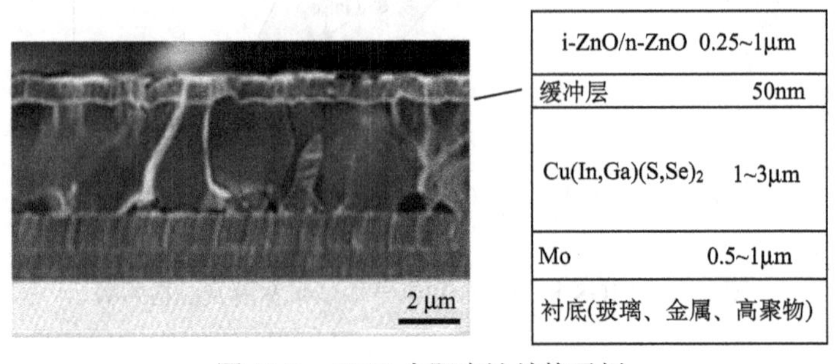


图 10-2　CIGS 太阳电池结构示例

# 10.2 CIGS 材料特性

## 10.2.1 CIGS 材料相图

图 10-3 为 $In_2Se_3$-$Cu_2Se$ 准二元相图[2]，相图中 α 相即为 $CuInSe_2$，β 相和 γ 相分别为 $CuIn_3Se_5$ 和 $CuIn_5Se_8$。其中 β 相和 γ 相的晶体结构与 α 相相同，只是晶格内部存在有序的 Cu 空位和 Se 空位，因此又称有序空位化合物(ordered vacancy compound，OVC)。从相图中可以看出 α 相区在室温下比较狭窄。若 $CuInSe_2$ 中金属元素的比例控制不当，很容易出现 $Cu_2Se$ 或者 β 相杂相。由于 $Cu_2Se$ 可表现出较强的 p 型导电性，当 $CuInSe_2$ 材料内部或表面出现 $Cu_2Se$ 杂相时，往往会引发电池内部短路，从而降低太阳电池性能。而对 β 相，有理论认为可利用其与 α 相材料性质上的差异(β 相带隙稍宽，且导电类型与 α 相相反)，在 $CuInSe_2$ 电池内部制造特定的能带结构，避免界面处光生载流子的复合。另外，从相图中也可以看出，α 相区中 Cu 元素的成分稍微偏离标准化学计量比(Cu 原子含量<24.8%)，

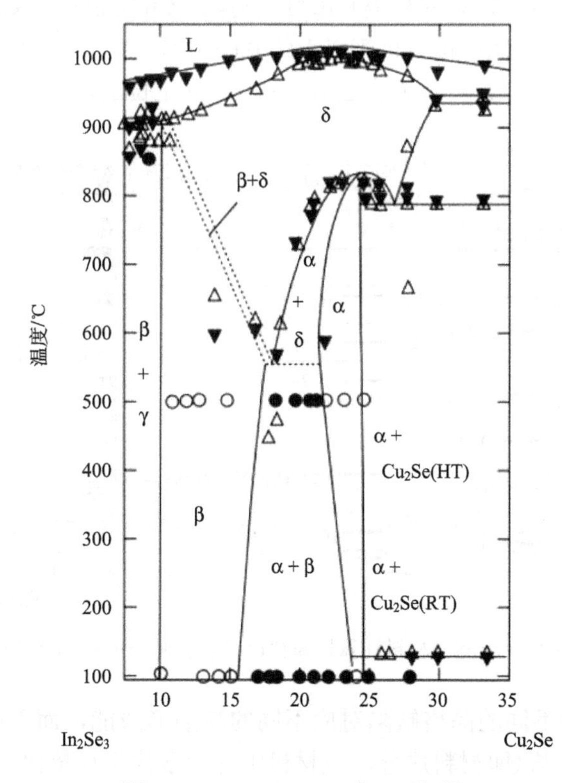


图 10-3 $In_2Se_3$-$Cu_2Se$ 准二元相图

因此单相的 $CuInSe_2$ 材料成分稍微贫 Cu，在材料内部应该存在一定浓度的 Cu 空位。此外，研究发现当在 $CuInSe_2$ 材料中掺入一定的 Na 元素或 Ga 元素后，相图中 α 单相区的范围有所扩大，这无疑有利于 CIGS 材料的制备(增加了制备过程中对材料成分波动的容忍度)。

### 10.2.2　CIGS 材料电学性质

CIGS 材料的电学性质主要取决于其内部本征缺陷以及杂质缺陷的种类及浓度(图 10-4 为 $CuInSe_2$ 材料中利用计算机模拟计算出的本征缺陷、杂质缺陷对应的能级以及对 $CuInSe_2$ 材料实验上测出的缺陷能级)。如前所述，单相的 $CuInSe_2$ 材料本身成分即为贫 Cu，因此材料内部会存在一定浓度的 Cu 空位。由于热力学上完美的晶体难以实现，另外由于材料制备过程中制备工艺的一些限制，所得到的材料很难达到热力学上的完全平衡，因此在 CIGS 材料内部往往存在一定浓度的晶格缺陷(例如，Cu 占据晶格中 In 原子应该占据的位置，就会形成 $Cu_{In}$ 缺陷)。CIGS 材料中不同的本征缺陷对应不同的缺陷能级，因此 CIGS 材料的电学特性取决于材料内部主要本征缺陷的种类和浓度。例如，Cu 空位在 CIGS 半导体禁带中可形成浅的受主能级(能级位于价带以上约 0.03 eV)。含 Cu 空位的 CIGS 材料可表现出 p 型导电特性，其掺杂浓度也与材料中 Cu 空位的浓度有关。

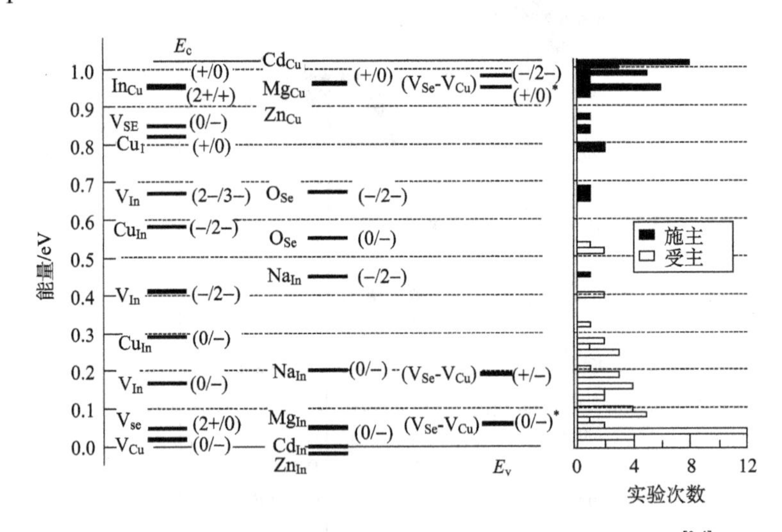


图 10-4　$CuInSe_2$ 材料计算机模拟以及实验测出的缺陷能级[3,4]

CIGS 材料中不同的晶格缺陷对应不同的缺陷形成能，而不同缺陷的形成能随 CIGS 组分化学势(即材料成分，或材料中各元素化学计量比)的变化而变化。例如，在单相区内，若 $CuInSe_2$ 材料的成分偏向更贫铜，则 $V_{Cu}$ 或 $In_{Cu}$ 缺陷的形成能会随之降低，相应在材料内部会形成更多的 $V_{Cu}$ 或 $In_{Cu}$ 缺陷。另外为了降低体系的能量，某些缺陷会倾向于结合在一起形成缺陷对。例如，当 $CuInSe_2$ 材料内部存在两个 $V_{Cu}$ 缺陷时，晶格失去两个正电荷，相应地，在晶格内部产生两个负电荷。此时如果在 $V_{Cu}$ 缺陷附近恰好有一个 $In_{Cu}$ 缺陷产生，则 $In_{Cu}$ 缺陷本身的正电荷会中和 $V_{Cu}$ 缺陷的负电荷，降低材料体系的能量。因此[$2V_{Cu}$+$In_{Cu}$]缺陷对的形成能要远小于单独形成两个 $V_{Cu}$ 缺陷和一个 $In_{Cu}$ 缺陷的形成能之和。不同的缺陷形成缺陷对后，缺陷对所对应形成的能级也发生变化。例如，单独的 $In_{Cu}$ 缺陷可形成能级较深的施主能级，但如果 $In_{Cu}$ 与 $V_{Cu}$ 缺陷形成[$2V_{Cu}$+$In_{Cu}$]缺陷对，则该缺陷对会对应形成新的能级，原来 $In_{Cu}$ 缺陷所形成的深施主能级消失。

由于不同缺陷形成能的差异，$CuInSe_2$ 内部不同本征缺陷的浓度存在差异。例如，虽然 $Cu_{In}$ 缺陷和 $V_{In}$ 缺陷可形成深能级，但是由于 $CuInSe_2$ 本身的贫铜富铟成分，$Cu_{In}$ 缺陷和 $V_{In}$ 缺陷的形成能比较大。因此这两种深能级缺陷在 $CuInSe_2$ 中的浓度一般比较低。在 $CuInSe_2$ 材料中，深能级的本征缺陷形成能一般都比较大，因此其浓度一般都比较低。浓度比较高的本征缺陷一般是 $V_{Cu}$ 缺陷(浅受主，提高材料 p 型导电性)，而浓度比较高的缺陷对一般是[$2V_{Cu}$+$In_{Cu}$]缺陷对(大量的[$2V_{Cu}$+$In_{Cu}$]缺陷对被认为是 $CuInSe_2$ 价带下移，有利于光生载流子的分离)。对 $CuGaSe_2$ 材料，其内部本征缺陷 $Ga_{Cu}$ 的形成较低，而 $Ga_{Cu}$ 所对应的是较深的缺陷能级。另外 $CuGaSe_2$ 材料中的缺陷对[$2V_{Cu}$+$Ga_{Cu}$]可形成电子的陷阱。这些可能是 CIGS 材料中 Ga 含量较高(Ga/(In+Ga)>30%)时电池性能下降的原因之一。

如果 CIGS 材料为单相且成分分布均匀，那么材料内部本征缺陷的种类和浓度应该仅与材料的成分有关。然而实际上制备的 CIGS 材料中可能会含有一些杂相，材料内部的成分也会存在一些波动(尤其是晶界处)，这些使得 CIGS 内部本征缺陷的种类及浓度与材料的整体平均成分发生偏离。另外，在 CIGS 材料制备中会有一些杂质元素自衬底或制备环境进入材料内部。例如，玻璃衬底中的钠在高温制备环境下会扩散到 CIGS 内部；化学浴制备 CdS 缓冲层时，Cd 会进入 CIGS 表层；沉积 ZnO 或对 CIGS 进行空气退火处理时 O 也会进入 CIGS 内部。这些外部元素进入 CIGS 内部，或者替代 CIGS 晶格中的原子形成杂质缺陷(对应产生新的杂质能级 $Na_{In}$、$Cd_{Cu}$ 等)，或者对 CIGS 内部本征缺陷的电学特性产生影响(钝化缺陷等)，因此会影响到 CIGS 材料的电学性质(详细可见 2.3 节)。总体而言，CIGS 材料电学特性的调控与材料成分的控制密切相关，但是必须考虑制备工艺对材料成分均匀性的影响，以及外部元素对 CIGS 电学特性的影响。通常能制备出高效电池的 CIGS 材料成分为：Se/(Cu+In+Ga)=0.95～1.10，Cu/(In+Ga)= 0.85～0.98，Ga/(In+Ga)=0.25～3。CIGS 材料的 p 型掺杂浓度可以高至 $10^{17}cm^{-3}$，一般 CIGS 电池中吸收层的掺杂浓度为 $10^{15}$～$10^{16}cm^{-3}$。

### 10.2.3 成分及外部掺入元素对 CIGS 材料性质的影响

由于 $CuInSe_2$ 本身带隙较小(～1 eV)，可在 $CuInSe_2$ 中掺入 Ga 元素提高带隙以增强与太阳光谱的匹配。Ga 元素的掺入除了可提高 CIGS 材料的带隙外，还可以扩大相图中 CIGS 单相区的成分范围，从而减小了 CIGS 材料制备中杂相出现的概率。然而由于 $Ga_2Se_3$ 比 $In_2Se_3$ 更稳定，且 Ga 元素在 CIGS 制备过程中的扩散比较慢，因此增加 CIGS 材料中 Ga 含量后材料的结晶会变差、晶粒尺寸变小，同时材料中的晶格缺陷增加。另外，Ga 含量增加也有可能增加材料中深能级缺陷 $Ga_{Cu}$ 的浓度。因此 Ga 含量过高反而不利于 CIGS 的结晶和电学特性。高效 CIGS 电池中 Ga 的含量(Ga/(In+Ga))一般在 0.3 左右，对应材料带隙约为 1.1eV。

Na 是 CIGS 材料中常见的杂质，Na 元素主要是在 CIGS 的高温制备过程中从玻璃衬底(常用钠钙玻璃)扩散到 CIGS 材料内部的。Na 在一定程度上可提高 CIGS 材料的性能，因此在 CIGS 材料的制备过程中，有时候也会采用一些故意掺杂的方式来提高或控制 Na 的掺杂(例如，在制备 CIGS 前先在衬底上沉积一薄层 Na 的化合物，或者在 CIGS 制备完成后在其表面沉积一层 Na 的化合物随后热处理)。Na 对 CIGS 的影响主要体现在结构上和电学特性上。如前所属，Na 可以增大相图中 CIGS 单相区的成分范围，这可以减小 CIGS 材料中杂相出现的概率。Na 在高温及 Se 气氛下可形成液相的 $NaSe_x$，这种液相可起到促进制备过程中各元素扩散的作用，因此 Na 在一定的制备条件下可以增大 CIGS 材料的晶粒尺寸，使 CIGS 薄膜的形貌更加平整并提高薄膜大面积的均匀性。电学方面，Na 可提高 CIGS 材料中的空穴浓度。有文献报道 0.1%原子浓度的 Na 掺杂即可使 CIGS 的 p 型掺杂浓度提高一倍。

在高效 CIGS 电池中，Na 元素的原子浓度一般在 0.1%～1%(原子浓度)。但其在 CIGS 材料中的分布并不均匀，一般认为 Na 倾向于在 CIGS 材料的内部晶界或表面处聚集(在晶界或表面处，根据 Na 的浓度，可能会存在少量的 $NaSe_x$ 或 $NaInS_2$ 杂相)。Na 在 CIGS 材料中的分布也与 CIGS 的制备或处理工艺密切相关。有文献报道 O 对 CIGS 材料中的 Na 有强烈的吸引作用，因此当 CIGS 材料在氧环境下处理时，Na 元素可能会从材料内部向表面扩散。在潮湿环境下，表面的 Na 掺杂会加速表面的氧化，一定程度上会影响太阳电池的性能及制备的稳定性。

Na 进入 CIGS 晶格内部取代 In 原子形成的 $Na_{In}$ 缺陷是一种受主缺陷，但其能级较深(价带以上约 0.2eV)，因而 $Na_{In}$ 缺陷本身对 CIGS 掺杂浓度的影响不大。然而 Na 进入 CIGS 晶格内部可以减少 $In_{Cu}$ 受主缺陷的产生。另外，晶界处的 Na 元素被认为有利于 In 悬挂键的氧化，同时减少晶界处由 O 元素引起的补偿受主缺陷的浓度。以上可能是 Na 元素掺杂提高 CIGS 材料 p 型掺杂浓度的原因。Na 元素除了对 CIGS 材料产生影响外，还可对 CIGS 电池中常见的电极 Mo 产生影响。

Na 的掺入被认为有利于 Mo 电极表面 $MoSe_2$ 薄层的产生，而 $MoSe_2$ 薄层有利于 CIGS 与 Mo 电极之间形成良好的欧姆接触，从而减小电池的串联电阻，提高填充因子。

在两步法制备 CIGS 材料的工艺中(先制备前驱体薄膜随后硒/硫化)，有时会对CIGS表面做硫化处理以提高材料表面区域S元素含量。S元素的掺入使得CIGS价带下降，导带上升，因此表面区域的带隙被扩大。同时表面 S 含量的提高可钝化材料中的一些复合中心，提高载流子寿命(图 10-5)。在 CIGS 电池中，这些措施可以提高电池的开路电压，同时使电池的短路电流几乎保持不变，从而提高电池的转换效率。然而过多的 S 含量会显著降低材料中空穴的浓度(图 10-6)，不利于电池的开路电压。

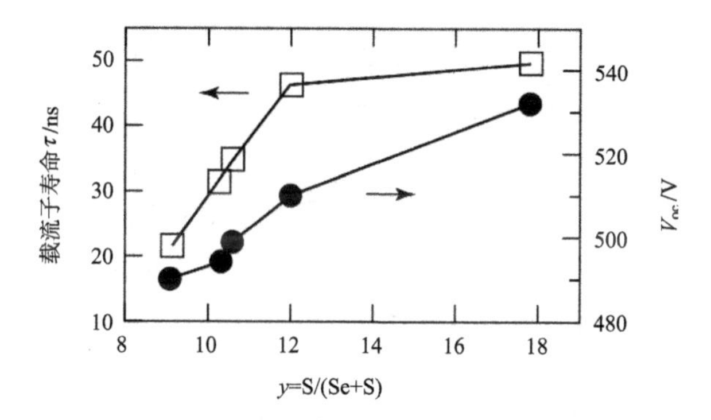


图 10-5　CIGS 材料中 S/(S+Se)比例对半导体载流子寿命及电池开路电压的影响[5]

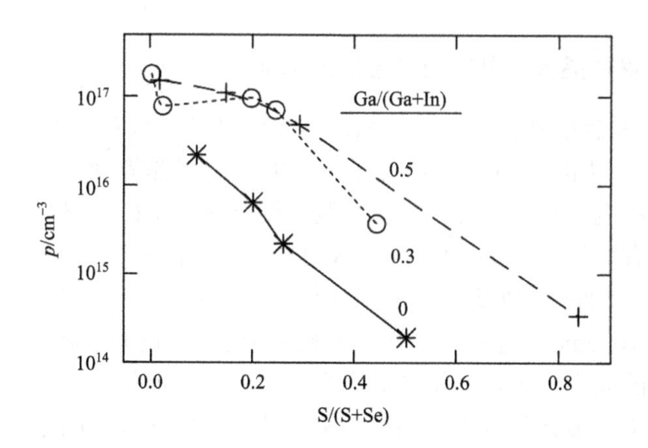


图 10-6　CIGS 材料中 S/(S+Se)比例对半导体掺杂浓度的影响[6]

在早期 $CuInSe_2$ 电池的制备中，吸收层制备完成后在 200℃及干燥空气下退火处理是一个重要的工艺步骤，该工艺可提高电池的开路电压和填充因子。根据 Cahen 和 Noufi 等提出的模型，制备态的 $CuInSe_2$ 表面及晶界处存在大量 Se 空位

($V_{Se}$)。$V_{Se}$缺陷会补偿 CIGS 的 p 型掺杂，另外带正电荷的 Se 空位会导致晶界和界面处能带向下弯曲，使晶粒内部载流子耗尽(图 10-7)。如果将 O 元素引入 CIGS 表面或晶界处，带负电的 O 离子可中和 Se 空位的正电荷，同时钝化 $V_{Se}$ 缺陷，减小表面和晶界处的能带弯曲并提高材料中空穴浓度，最终提高电池的性能。随着 CIGS 中 Ga 元素的引入和 Na 掺杂的普遍使用，早期 $CuInSe_2$ 电池中的低温氧化工艺已经不再是必需的工艺步骤了。这可能是 Na 元素的掺入使得 CIGS 材料或晶界处的氧化在大气环境下室温即可实现，若再进一步加温氧化，反而会引发一些界面缺陷，造成电池性能的下降。

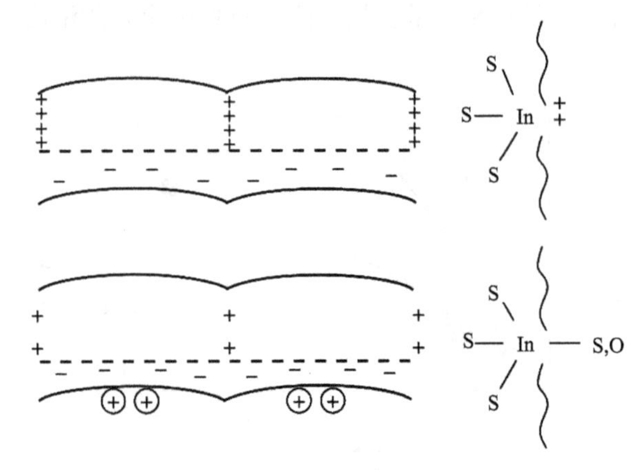


图 10-7 氧元素对 CIGS 晶界的钝化作用(以 $CuInS_2$ 材料为例)[7]

### 10.2.4 CIGS 材料晶界及其对材料性质的影响

CIGS 材料晶界的特性与常见的晶体硅光伏材料中晶界的特性存在显著差异。对 CIGS 电池的扫描隧道显微镜研究发现，CIGS 材料晶界处对应的光生电流明显高于晶粒内部的光生电流。开尔文探针测试结果说明 CIGS 材料晶界处功函数相比于晶粒内部有明显变化。这说明 CIGS 材料内部的晶界有其独特的结构和性质。对 CIGS 电池的器件模拟发现，要保证电池高的转换效率(>19%)，晶界处的复合速率必须小于 $10^3$ cm/s。这说明 CIGS 材料晶界处具有较低的缺陷浓度，或者晶界处可形成特殊的能带结构，该结构对晶界进行有效的钝化。

由于 CIGS 为多元化合物，晶体结构复杂，组成其晶界的原子结构可具有多种形式。同时，CIGS 材料中的杂相以及杂质(如 Na、O 等)可能也会影响晶界的性质，这增加了对 CIGS 晶界进行研究的困难性。目前对 CIGS 晶界处真实的原子结构还缺乏统一的认识。对 CIGS 的第一性原理模拟以及对晶界处的成分分析显示，CIGS 晶界处的铜含量要低于晶粒内部的铜含量。从 $In_2Se_2$-$Cu_2Se$ 准二元相图上看(图 10-3)，较低的铜浓度对应于相图中的 β 相(有序空位化合物 $CuIn_3Se_5$)。$CuIn_3Se_5$ 倾向于 n 型导电，由于晶粒内部和晶界处载流子浓度的差异以及浓度差引起的载流子扩散，所以晶界处导带和价带向下弯曲(图 10-8)。在晶界处形成的这种能带结构可以阻止空穴靠近晶界，从而降低空穴与电子复合的概率，减少了晶界处的复合速率。另外，晶界处较高的电势吸引了 CIGS 材料中形成的光生电子，使晶界成为电子向外传输的通道。这种模型很好地解释了在 CIGS 材料以及 CIGS 电池中观察到的一些现象。然而，也有研究发现 CIGS 晶界处成分波动的范围很小(<1 nm)。在如此小的范围内，成分的波动更有可能是由晶界处原子的重新排布而非 $CuIn_3Se_5$ 相的产生造成的。因此，对 CIGS 材料晶界的认识还有待更多的研究确认。

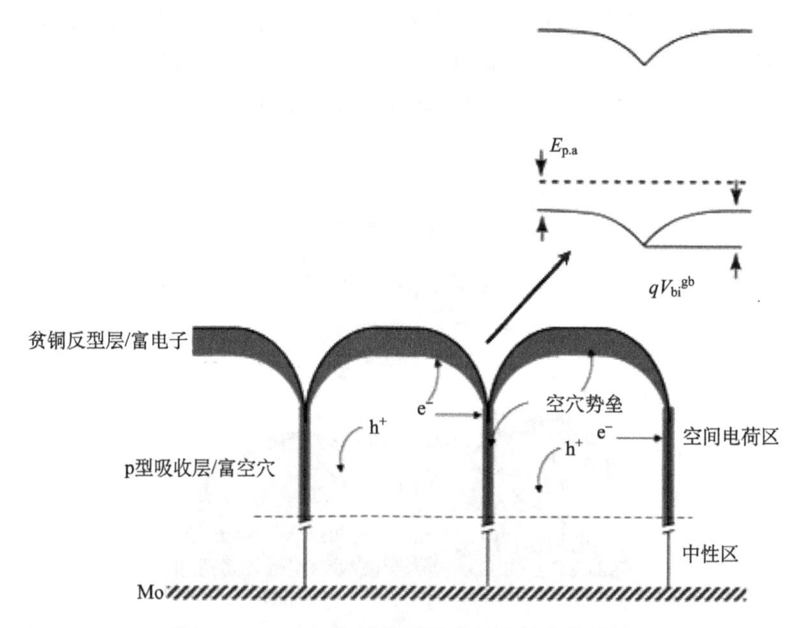


图 10-8　CIGS 材料晶界及晶界处的能带结构

## 10.3　CIGS 材料的制备

### 10.3.1　蒸发工艺

蒸发工艺在 CIGS 电池的发展历史中对电池效率的提升起到了很大的推动作用，是目前制备高效率 CIGS 电池的常用工艺之一。目前 CIGS 薄膜的蒸发制备工艺已由早期的共蒸发工艺发展到复杂的多段蒸发工艺。通过对蒸发工艺参数的控制可以精确控制薄膜厚度方向的成分梯度、薄膜的表面成分等。使得

CIGS 材料的性质更符合太阳电池器件对吸收层材料的要求，另外，也尽可能地使 CIGS 材料的性质或制备工艺与太阳电池中其他功能层相匹配，最终提高电池转换效率。

在共蒸发制备 CIGS 薄膜过程中，常利用液相辅助生长机制(图 10-9)提高 CIGS 的结晶质量，减少内部缺陷的产生。如图 10-10 Cu-Se 相图所示，在 523℃以上存在 β-$Cu_{2-x}Se$ 与液相的双相区，材料体系中液相的比例随着材料整体硒含量的增加而增加。因此在实际制备工艺中可以通过控制制备条件来得到液相，从而增强薄膜在材料制备中各元素的扩散，提高结晶质量。实际上，虽然 β-$Cu_{2-x}Se$ 在高温下仍为固相，但 In 元素等在高温的 β-$Cu_{2-x}Se$ 中具有可与液相扩散相比拟的扩散系数，因此在实际制备中 β-$Cu_{2-x}Se$ 相也能够起到“准液相”的作用。另外，虽然液相可以提高制备中各元素的扩散和结晶，然而若制备中液相过多，也会导致最终制备的 CIGS 材料形成孔洞以及降低表面平整度。因此在共蒸发工艺中，需要严格控制 Se 束流的大小，使材料体系中形成液相的量保持在合理水平。

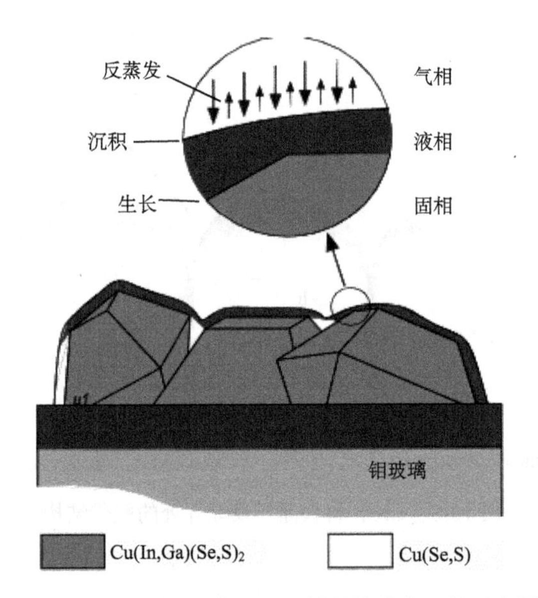


图 10-9 液相辅助制备 CIGS 材料的蒸发工艺示意图

图 10-11 为 CIGS 蒸发工艺及设备示意图。蒸发工艺中一般使用单质元素作为蒸发源，在蒸发过程中采用多种方法随时监控各蒸发源的蒸发速率。图 10-12 为典型的三段共蒸发制备 CIGS 的工艺示意图。该工艺中，首先选择在较低的衬底温度(350～400℃)下沉积 In、Ga、Se 三种元素。由于 Ga 的扩散系数偏低，在随后的制备工艺中 Ga 元素并不能均匀地分布于所制备的 CIGS 材料中，而是形成背面浓度高，表面浓度低的阶梯式分布。这种成分的梯度分布进而造成能带结构

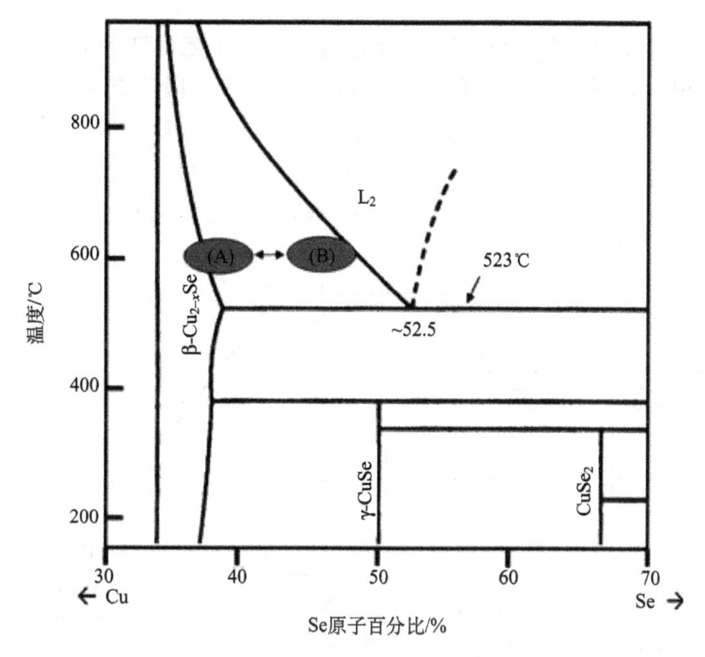


图 10-10　Cu-Se 二元相图(A、B 分别代表低 Se 含量及高 Se 含量的成分区域)[8]

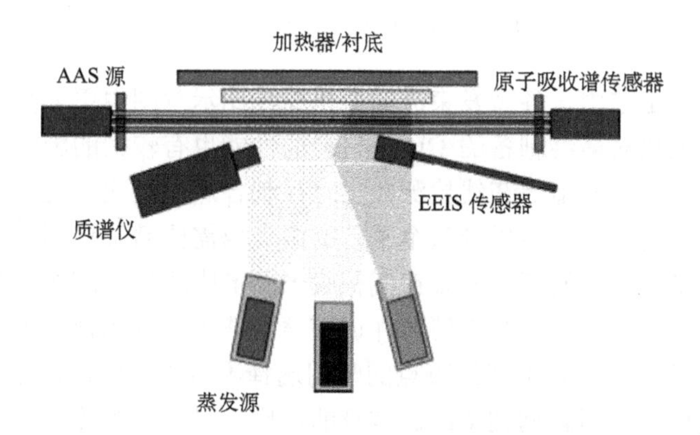


图 10-11　CIGS 蒸发工艺及设备示意图[1]

上的梯度分布(背面带隙宽，导带位置偏高；前面带隙小，导带位置偏低)。从而抑制电子靠近背面，减少 CIGS 与背面金属电极之间的界面复合。第一段工艺结束后将衬底温度升高至 550℃左右，关闭 In 源和 Ga 源，同时打开 Cu 源。该工艺段的目的主要是向沉积薄膜中补充 Cu 元素，最终在沉积薄膜表面及内部形成液相。使 Cu 元素在液相的辅助下与之前沉积的 In、Ga 元素反应得到 CIGS。经过第二段的沉积，所沉积的薄膜转变为整体成分富 Cu 的 CIGS，且在表面存在未被消耗掉的 $Cu_xSe$ 液相。在随后的第三段工艺中，Cu 蒸发源被关闭，In 源和 Ga 源重新被打开。所沉积的 In 元素和 Ga 元素与第二段工艺后期形成的 $Cu_xSe$ 液相反应并消耗该相，同时使薄膜整体成分转向贫铜。第三段工艺的目的主要是调控 CIGS 材料的整体成分以及表面成分、形成较高的表面质量。与 CIGS 的晶界类似，如果 CIGS 表面也能形成贫铜的某种结构，对抑制 CIGS 电池中吸收层的表面复合将有很大帮助，这种结构主要是通过多段蒸发工艺中的第三段工艺来实现的。

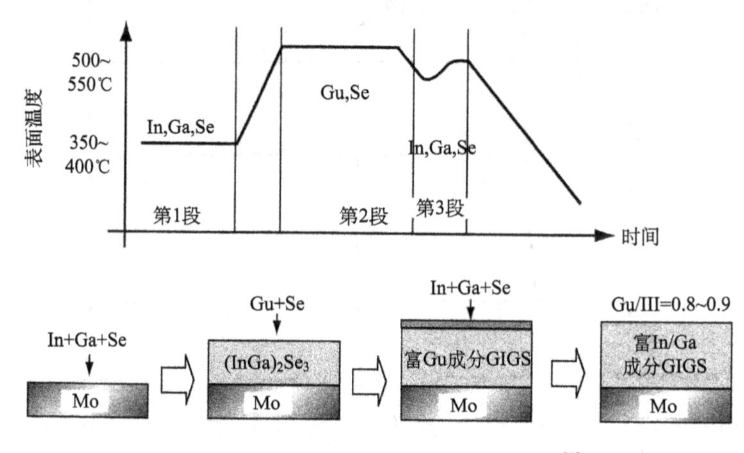


图 10-12　三段共蒸发制备 CIGS 材料[9]

在多段蒸发工艺中，各蒸发束流的变化曲线比示意图中更为复杂，实际束流与预设束流的偏离对最终制备的 CIGS 材料的性能也有较大的影响。因此，需要通过质谱、原子吸收光谱等在线检测并实时控制各蒸发束流。此外，多段蒸发工艺中不同工艺段之间的转换以及整个工艺的终点也需要精确控制。例如，上述三段蒸发工艺中第二段蒸发工艺需要在沉积膜表面形成适当的液相，第三段工艺需要将第二段工艺表面的液相全部消耗并调整薄膜整体成分到合适的范围。如果工艺段之间的转换时间或者工艺结束点的时间选择不恰当，CIGS 薄膜的制备机制可能会发生变化，从而影响到 CIGS 本身的性质。对第三段蒸发工艺，第二到第三段工艺的转换时间点，以及第三段工艺的终止点可通过对衬底表面温度变化的观察来判断。这里主要是利用了液相 $Cu_xSe$ 热辐射能力比较强的特点。在第二段蒸发工艺后期可固定衬底加热源的加热功率，如果薄膜表面有 $Cu_xSe$ 液相产生且该液相没有被消耗掉，则 $Cu_xSe$ 较强的热辐射能力会导致沉积薄膜表面温度降低。因此可根据薄膜表面温度的变化趋势来合理地选择蒸发工艺段的切换。同理，也可根据薄膜表面温度的变化趋势来确定合适的工艺终止时间。

### 10.3.2　基于溅射的制备工艺

溅射工艺也是比较主流的制备 CIGS 薄膜材料的技术，经过多年的发展，溅射技术也可以制备转换效率大于 20%的 CIGS 电池。基于溅射的 CIGS 制备工艺具体可分为多种，最常见的是先溅射金属预制层随后硒/硫化的方法(图 10-13)。这种工艺中，首先使用分步溅射或共溅射法在清洗干净的衬底上制备金属预制层。随后对金属预制层进行预处理，使预制层中形成特定的合金相。最后在硒气氛和硫气氛下处理得到 CIGS 薄膜。

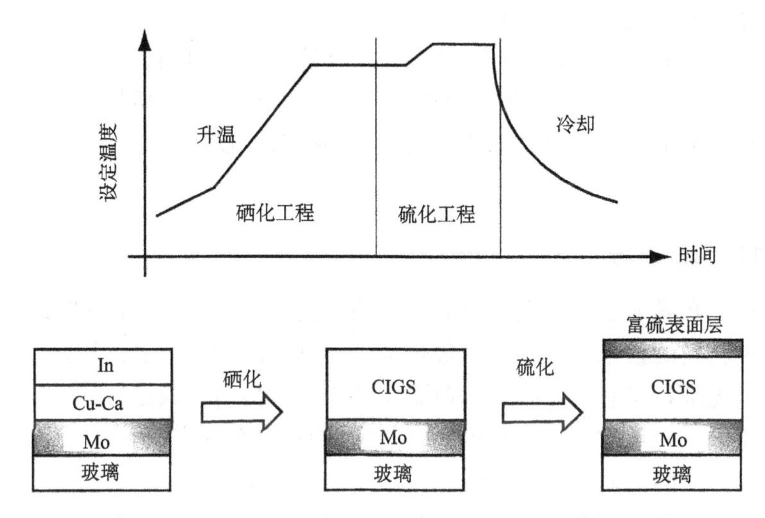


图 10-13　溅射金属预制层后硒/硫化法制备 CIGS 材料[9]

在溅射金属预制层随后硒/硫化的工艺中，硒/硫化前预制层中结构和相组成是影响最终得到的 CIGS 薄膜性质的重要因素。在硒化过程中，一般 Se 元素进入预制层中与金属元素反应首先得到二元硒化物，随后二元硒化物相互反应得到 CIGS。预制层结构和相组成的不同可能会影响到硒化过程中不同二元硒化物形成的次序，这会进一步影响 CIGS 材料的反应机制，最终影响 CIGS 材料的性质。在实验室中，可通过原位 XRD 检测技术了解 CIGS 形成的具体机制，根据测试结果来优化预制层的制备处理工艺及硒化工艺。

硒化可选择固态的 Se 颗粒或者气态的 $H_2Se$ 作为硒源。固态 Se 源毒性较低，但是较难在整个硒化腔室里面形成均匀的硒气氛。气态 $H_2Se$ 源可提供均匀的硒气氛，但 $H_2Se$ 毒性较大，需配备专业的尾气处理系统以保证有毒气体不泄漏。硒化过程中，一般也会有 $Cu_xSe$ 液相的产生，从而有利于 CIGS 的反应与结晶。因此可通过对硒化参数的调整在硒化过程中形成液相，辅助 CIGS 材料的结晶。与蒸发工艺不同的是，溅射制备 CIGS 薄膜的工艺中有时会增加一道硫化工艺。其主要目的是利用表面硫含量减少表面缺陷、提高表面带隙，最终提高 CIGS 电池的开路电压。

除了金属预制层外，也可以溅射制备含 Se 的预制层随后用硒/硫化的工艺制备 CIGS。例如，可制备结构为$(In,Ga)_2Se_3/Cu_2Se$的预制层，随后硒化，也可以得到 CIGS。在这种技术中，可利用预制层本身的结构制造 Ga 元素的梯度分布。在基于溅射的 CIGS 制备技术中，大多数是采用多靶分层溅射或共溅射的方式来制备预制层的。也可以使用单一的 CIGS 化合物靶来溅射制备预制层，采用化合物靶的优势在于可以很好地抑制薄膜各处成分的波动，但是必须要对靶材的成分以及靶材成分均匀性进行严格控制。

除以上提及的方法外，还有一种比较新型的基于溅射制备 CIGS 的技术。这种技术借鉴了多段蒸发制备 CIGS 的原理，使用多种成分的靶材在高温衬底上依次溅射，在高温下溅射到衬底上的各元素互相扩散、反应并结晶，最终直接得到 CIGS 而无须后续的硒化。

### 10.3.3 其他制备工艺

除了蒸发和溅射这两种发展较为成熟的工艺之外，近年来在 CIGS 的制备上出现了多种新兴的技术，其中大多数是基于非真空的制备工艺。这些工艺的技术路线一般是先制备具有一定成分的前驱体薄膜，随后对薄膜进行硒/硫化。例如，可使用电化学沉积在衬底上沉积金属预制层，随后合金化并硒化；可首先制备 Cu、In、Ga、Se、S 的一元或多元纳米颗粒，随后将纳米颗粒印刷在衬底上干燥得到前驱体并硒化；将含有 Cu、In、Ga、Se、S 的化合物溶解在有机或无机溶剂中形成前驱溶液，随后使用喷涂或旋涂等工艺在衬底上形成前驱薄膜并硒化。此外，有些制备工艺还对硒化工艺进行了改进，例如，在硒化过程中同时施加电场等辅助材料制备过程中元素的扩散及结晶等。

以上这些基于非真空的制备工艺在材料利用率和制备成本方面较真空工艺存在较大优势。在制备的 CIGS 薄膜基础上进一步制备太阳电池，其电池效率也可达到 20%左右。然而以上制备前驱体的技术很多不是通用的薄膜制备方法，在薄膜制备均匀性及重复性方面不及真空工艺。另外，非真空工艺在前驱薄膜中往往会混入碳等杂质，这些对 CIGS 薄膜的性质也有一定的负面影响。总体而言，上述制备 CIGS 的大多数非真空工艺在制备大面积均匀的 CIGS 薄膜方面还有所欠缺，需要在制备设备、工艺稳定性等方面进行更多的优化。

## 10.4 CIGS 电池结构及其特性

### 10.4.1 CIGS 太阳电池结构

图 10-14 为 CIGS 电池的典型器件结构，其能带结构如图 10-15 所示。入射到电池内部的光大部分在 CIGS 层被吸收并产生光生载流子，因此 CIGS 层常被称

为吸收层。CIGS 与其紧邻的 CdS 层(常称为缓冲层)形成 pn 异质结，起到形成内建电场，分离光生载流子的作用。在 CIGS 与作为衬底的钠钙玻璃之间有一层 Mo 金属，这层 Mo 金属主要起背电极的作用，即收集由电池产生的空穴电流。CdS 层的上方为前电极，该电极一般为透明导电薄膜(常见为 Al 掺杂 ZnO)，因此光可透过前电极入射到电池内部。前电极外部一般还有减反射膜，起降低表面反射的作用。另外，在缓冲层与前透明导电电极之间往往还有一层非掺杂的氧化锌层。以下对 CIGS 电池中各层材料及其制备进行简单介绍。

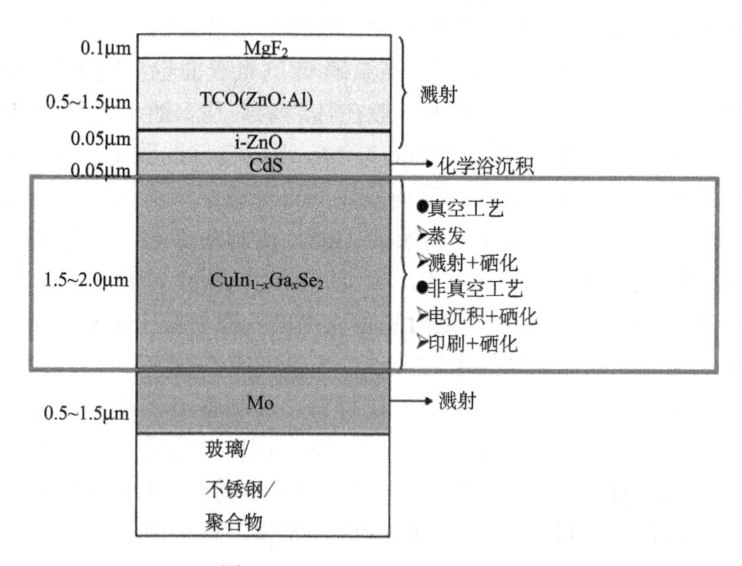


图 10-14　CIGS 太阳电池结构

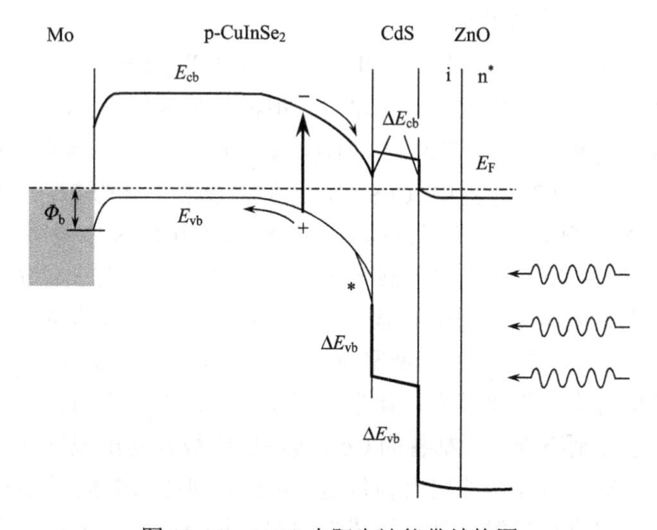


图 10-15　CIGS 太阳电池能带结构图

衬底一般选择钠钙玻璃。原因之一是钠钙玻璃可在高温下向 CIGS 层提供 Na 元素(钠钙玻璃中的 Na 元素扩散进入 CIGS 层中)。另外，钠钙玻璃与 CIGS 的热膨胀系数比较接近，可减少 CIGS 层在制备中从衬底脱落的概率。如果要制备柔性器件，则衬底可选择不锈钢或聚合物薄膜，此时需要在 CIGS 制备过程中额外补充Na元素(沉积CIGS层前或沉积后沉积含Na元素的薄层并结合高温处理等)。如果选择不锈钢衬底，一般还需要在不锈钢衬底表面制备一层阻隔层，以防止不锈钢中的铁元素等杂质在高温制备环节进入 CIGS 材料内部，降低其性能。

背电极选择金属 Mo，主要是因为 Mo 能够在高温硒/硫气氛下仍能保持足够的化学稳定性。然而实际上 Mo 电极在高温硒/硫气氛表面也会发生部分硒/硫化形成 $MoSe_x$ 或 $MoS_x$。硒/硫化层的厚度一般在几纳米到几十纳米之间。CIGS 与 Mo 之间若形成 $MoSe_x$ 层，将有利于 CIGS 与 Mo 形成良好的欧姆接触。但若 CIGS 与 Mo 之间形成 $MoS_x$，则 CIGS 与背电极之间将形成空穴势垒，降低电池的填充因子。Mo 电极的厚度一般为几百纳米到 1μm，其制备工艺一般为溅射工艺。为使 Mo 电极能够既具有较高的导电率，又能很好地粘附于衬底之上，其常采用双层结构(第一层 Mo 在较高气压下溅射制备以提高其在衬底上的粘附性，随后减小气压溅射第二层 Mo 以提高其导电性)。

CdS 是 CIGS 电池中最常见的缓冲层材料，其制备工艺通常为化学浴方法。CdS 薄膜的化学浴工艺通常是配制含 $Cd^{2+}$、络合剂以及含硫小分子的水溶液，随后通过控制温度及pH等条件在衬底上制备得到CdS薄膜。其制备机理为首先$Cd^{2+}$水解形成 $Cd(OH)_2$ 胶体颗粒，随后 $Cd(OH)_2$ 胶体颗粒吸附于衬底上并与含硫小分子物质水解释放的 $S^{2-}$ 反应形成 CdS。以下为以氨为络合剂，硫脲为含硫小分子制备 CdS 薄膜的反应方程式：

$$Cd(NH_3)_4^{2+}+SC(NH_2)_2+2OH^- \Longrightarrow CdS+CN_2H_2+4NH_3+2H_2O$$

CdS 缓冲层的厚度一般在 50nm 左右。根据其制备机理，CdS 缓冲层里一般会含有部分氧杂质和氢杂质，其晶粒大小(一般 10～30nm)要远小于 CIGS 吸收层的晶粒大小。在高效 CIGS 电池中，CdS 缓冲层的掺杂浓度一般较高(可达 $10^{17}cm^{-3}$)。同时 CdS 缓冲层内部也存在大量缺陷，这些缺陷使得 CdS 本身吸收太阳光(CdS 带隙在 2.5eV 左右)所产生的光生载流子并不能对光生电流产生贡献。另外，对 CdS 缓冲层的光电流响应测试结果显示，其内部多存在空穴陷阱，这类缺陷进而又对 CIGS 电池的 *I-V* 特性产生负面影响(产生 cross-over 现象等，详见 10.4.3 节)。

相比于溅射等真空镀膜技术，化学浴沉积技术在镀膜均匀性及重复性方面相对较弱。若工艺控制不当，所制备的 CdS 缓冲层中很容易出现针孔之类的结构缺陷。此时，若直接在 CdS 缓冲层上制备透明电极，则透明电极可透过 CdS 中的针孔与 CIGS 吸收层直接接触，从而造成电池局部短路，降低电池输出性能。因此常常在 CdS 缓冲层与前透明电极之间插入一层溅射法制备的本征氧化锌层(常用厚度为 50nm)，防止电池内部局部短路，从而增加所制备电池效率的稳定性。

前透明电极常用为 Al 掺杂的 ZnO 薄膜(AZO)，这主要是考虑到 AZO 透明导电电极的经济性。也可使用性能更好的 ITO 薄膜，增加前电极对电流的收集性能。透明电极上还有减反射膜(常用 $MgF_2$ 材料)，以降低表面反射率。

### 10.4.2　吸收层-缓冲层界面及其对太阳电池性能的影响

CIGS 电池中最核心的结构是 CIGS 与 CdS 形成的异质结。要得到高效的太阳电池，除了提高 CIGS 层和 CdS 层本身的质量外，还需要使 CIGS 层的性能与 CdS 层的性能相匹配。另外，异质结制备工艺中发生的一些附属反应等也会对 CIGS 层和 CdS 层的性能产生额外的影响，从而对太阳电池的性能产生影响。

在 CIGS 与 CdS 形成的异质结界面往往存在大量的界面缺陷(由 CIGS 与 CdS 晶格常数不匹配等因素造成)，这些界面缺陷可作为非平衡载流子的复合中心。因此，如果在异质结界面附近同时存在大量的光生电子和空穴，则异质结的界面复合将比较严重，从而降低太阳电池的性能尤其是电池的开路电压。在高效 CIGS 电池中，吸收层与缓冲层界面的复合可通过表面相(或表面成分变化)对吸收层能带的弯曲，以及吸收层与缓冲层所形成的合适的导带阶降低到较低的水平。

前面我们提到 CIGS 材料中晶界处的复合速率比较小，这可能与界面相($\beta$-$CuIn_3Se_5$)或界面处成分变化(晶界处成分更为贫铜)有关。与此类似，CIGS 材料表面处可能会形成表面相或者表面成分变化(实际上，在三段共蒸发制备 CIGS 的第三段工艺，正是通过对工艺参数的控制达到表面贫铜的目的)。这样，就使得 CIGS 材料在靠近表面处能带向下弯曲，从而使 CIGS 表面附近的光生载流子产生分离，减少其复合损耗。另外，在高效 CIGS 电池能带结构中，CdS 的导带要稍微高于 CIGS 的导带(高 0～0.3eV)(图 10-16)。经模拟与实验证明，这种能带结构被认为可增加 CIGS 层在吸收层/缓冲层界面处的能带弯曲程度，进一步减小界面复合，提高开路电压。而电子可通过热发射机制越过界面导带势垒。因此导带阶造成的电子势垒不会引起光生电流的损失。相反，若缓冲层的导带位置低于吸收层的导带(高 Ga 含量 CIGS)，则这种能带结构会降低界面复合激活能(缓冲层光生电子与吸收层光生空穴复合)，直接造成电池开路电压的降低。这也是高 Ga 含量 CIGS 吸收层较难制备高效率太阳电池的原因之一。

在 CIGS 吸收层上使用化学浴沉积 CdS 制备异质结的过程中，往往会存在固相与液相之间的离子交换等副反应。沉积过程中溶液中的部分 $Cd^{2+}$会直接与 CIGS 中的阳离子进行交换，进入 CIGS 层中的 $Cd^{2+}$会在浓度差的驱动下向 CIGS 内部扩散。一般认为扩散到 CIGS 内部的 $Cd^{2+}$会取代晶格中 Cu 的位置形成 $Cd_{Cu}$ 缺陷，该缺陷在 CIGS 中为施主缺陷。因此，$Cd^{2+}$与 CIGS 的离子交换及扩散改变了 CIGS

材料表面的载流子浓度，能带结构上使 CIGS 能带向下弯曲，有利于光生载流子的分离并抑制界面复合。此外，CIGS 层中的阳离子也会在缓冲层沉积过程中进入溶液中，部分进入溶液中的离子会随着沉积过程的进行最终进入缓冲层中。表面部分 Cu 进入溶液中会使表面更为贫铜，有利于降低界面复合。In 离子进入 CdS 材料中有利于提高 CdS 材料的 n 型掺杂，也有利于电池性能的提高。

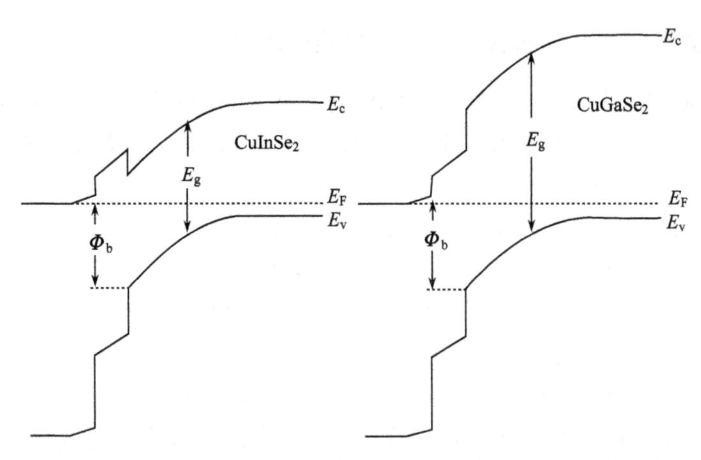


图 10-16　CIGS 太阳电池吸收层-缓冲层不同的界面能带结构

### 10.4.3　CIGS 太阳电池常见的 *I*-*V* 异常及其原因

在 CIGS 电池中，由于吸收层与缓冲层具有不同的能带结构，另外由于界面以及缓冲层内部缺陷的存在，电池可能会出现不同于传统同质结太阳电池的 *I*-*V* 特性。以下就 CIGS 电池中常见的 cross-over 以及 kink 现象进行分析(图 10-17)。

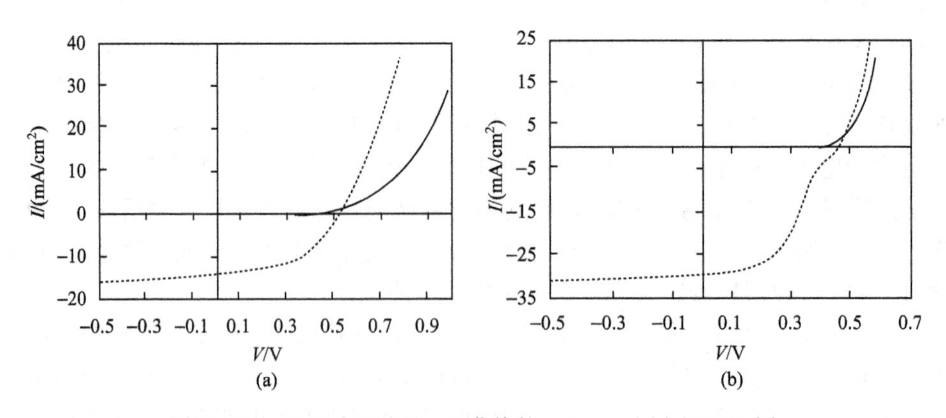


图 10-17　CIGS 太阳电池 *I*-*V* 曲线的 cross-over(a)与 kink(b)

cross-over 即电池光照及暗态下的 *I-V* 曲线发生交叠，如图 10-17 所示。太阳电池 *I-V* 曲线的形状取决于反向饱和电流。而反向饱和电流在一定程度上取决于图 10-18 中的电势 $\Phi$。当电池由暗态下过渡到光照条件时，由于缓冲层的光掺杂效应，电势 $\Phi$ 减小，从而引发反向饱和电流以及电池 *I-V* 曲线形状的变化。关于缓冲层的光掺杂效用，一般认为其与缓冲层内部存在的空穴陷阱有关。缓冲层吸收光后会产生相应的光生电子和光生空穴，若其内部存在大量的空穴陷阱，则光生空穴被陷阱所束缚而不能与光生电子复合。这使得缓冲层内部的电子浓度大幅提高，从而产生“光掺杂”效应。另外，若吸收层靠近缓冲层的表面附近，或缓冲层与窗口层之间的界面上存在深能级受主缺陷，也可能造成缓冲层的光掺杂，从而引起电池的 cross-over 现象。

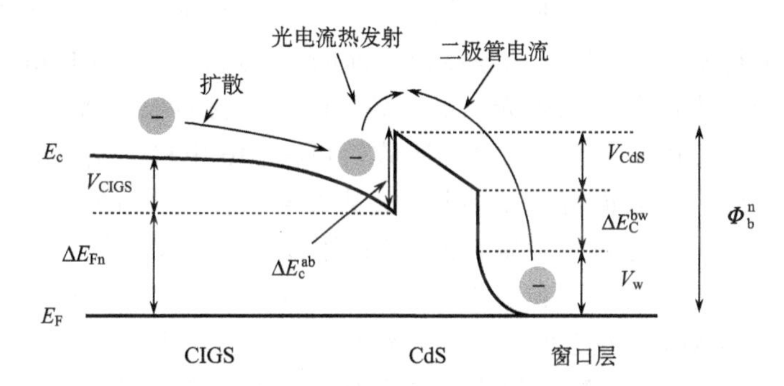


图 10-18　CIGS 电池反向偏压下电子运动所需克服的势垒[10]

kink 即电池 *I-V* 曲线表现出 S 形，kink 主要是由缓冲层材料的导带过度高于吸收层导带引起的。吸收层与缓冲层间的导带阶越大，电子传输的势垒越大。在负向偏压下电子还可被正常收集，而正向偏压下电子很难突破势垒，造成光生电流收集困难。如果吸收层表面存在 $p^+$层，也会在界面处形成电子势垒，造成 kink 现象。此时 kink 现象的强弱与 $p^+$层的掺杂浓度有关。另外，在 CIGS 电池中，缓冲层往往存在光掺杂效应。在光照下，缓冲层内电子浓度提高，虽然导带阶的数值不会发生变化，但电池内部内建电场的强度会增强，电子通过热发射机制绕过电子势垒的概率大大增加，这会减弱 kink 现象。

## 10.5　CIGS 太阳电池未来的发展趋势

传统 CIGS 电池多使用 CdS 作为缓冲层材料，对 CIGS 电池的研究也证实 CdS 确实与 CIGS 吸收层比较匹配。然而 Cd 元素对人体的毒性比较大，另外 CdS 本身带隙(～2.5eV)较窄，CdS 会吸收部分太阳光而造成光生电流损失。因此使用其他无毒且宽带隙的半导体材料代替 CdS 作为缓冲层一直是 CIGS 电池研究中的热点。新型的缓冲层材料中最成功的例子是 Zn(O,S)，以化学浴沉积的 Zn(O,S)为缓冲层的 CIGS 电池效率可达到 22.3%。Zn(O,S)材料本身带隙较宽(>3eV)，用作缓冲层可显著增大电池的短路电流密度，但电池的开路电压要小于以 CdS 为缓冲层的 CIGS 电池。未来可通过对 Zn(O,S)制备工艺的优化以及对化学浴沉积中离子交换的调控等进一步提高电池的开路电压及转换效率。除 Zn(O,S)外，还有其他一些新型缓冲层材料如(Zn,Mg)O、(Zn,Sn)O 等，使用这些缓冲层材料也可制备得到转换效率 18%以上的太阳电池。另外，最新关于 CIGS 电池缓冲层的研究中也借鉴了选择接触的原理。如使用超薄的 $TiO_2$ 层(厚度约 10nm)代替 CdS 缓冲层，可使 CIGS 电池的开路电压和短路电流均有升高。这类新结构的 CIGS 电池可能是将来发展的一个方向。

吸收层薄化是 CIGS 电池发展的另外一个重要方向。由于 CIGS 吸收系数比较高，如果将 CIGS 吸收层的厚度由目前的 2～3μm 减小到 1μm 以下，吸收层仍然能够吸收大部分的太阳光，而制备吸收层的材料成本将下降一半以上。为了进一步增加 CIGS 吸收层对光的吸收，可在 Mo 电极上制备微观结构，使光在背表面产生局域表面等离子体共振，从而增加吸收层对光的吸收。吸收层减薄带来的问题主要是背表面复合的增加(降低开路电压)，这主要是由于吸收层减薄后靠近背电极的区域也有大量的光生载流子产生。解决这个问题的办法就是在吸收层与 Mo 电极之间插入一层钝化层。研究证明，在 Mo 电极与 CIGS 吸收层之间插入一层 $Al_2O_3$ 可以很好地抑制背面的复合，提高开路电压。然而 $Al_2O_3$ 为绝缘体，为实现电流的收集必须在 $Al_2O_3$ 层中开孔使 Mo 电极与 CIGS 形成局部接触。这种技术路线使得 CIGS 电池的制备变得更为复杂。为简化制备工艺，将来可能会出现新型的钝化接触技术(即钝化层本身不阻碍光生空穴的收集)。

双面进光可能是 CIGS 电池未来发展的另外一个方向。双面进光目前在晶体硅太阳电池上已经开始普及。双面进光结构可以更有效地利用地面等反射的太阳光，增加实际发电量。双面进光的 CIGS 电池依赖于对背面电极的改进(将金属电极改为透明导电电极)。然而 CIGS 的制备过程需要高温，高温对透明电极的电学性质可能会造成影响，同时高温下透明电极中包含的元素可能会扩散到 CIGS 层，影响 CIGS 吸收层的性质。因此目前以透明导电层(ITO)为背电极的 CIGS 电池效率欠佳。将来该方向的进步可能更有赖于新型的透明导电材料的发展。此外，目前也有一种利用层转移技术实现双面进光的方法。这种方法使用特殊条件制备的 Mo 衬底(CIGS 层与 Mo 电极之间的结合力较弱)，首先在 Mo 衬底上按照正常工艺制备 CIGS 电池，随后将制备完成的 CIGS 电池结构从 Mo 电极上剥离。最后在剥离的 CIGS 电池结构背面沉积新的透明导电层以完成电池的制备。

CIGS 电池中使用了 In、Ga 等稀有金属元素，关于 In、Ga 的储量能否满足大规模生产 CIGS 电池的需求方面争议不断。另外一个更现实的问题是在大规模的需求下 In、Ga 等原材料的价格是否会上涨？价格的上涨势必会增加 CIGS 电池的成本，降低其在光伏发电领域的竞争力。因此将 CIGS 中的稀有元素替换成地球上储量丰富的元素也是人们感兴趣的方向。目前比较热门的 $Cu_2ZnSn(S,Se)_4$ (CZTSSe) 材料是人们在这一方向上的努力（目前 CZTSSe 电池的效率达到 12.6%）。该材料使用 Zn 和 Se 代替了稀有的 In 和 Ga，解决了元素储量不丰富的问题。CZTSSe 材料的制备工艺及电池结构与 CIGS 非常类似，目前 CIGS 电池的生产设备及相关技术将来大部分可应用于 CZTSSe 电池的制备。然而组成元素的改变意味着材料性质的改变。因此在 CZTSSe 材料的制备上不能照搬 CIGS 制备上的经验，需要结合 CZTSSe 本身的特性寻找合适的制备方法，在吸收层-缓冲层界面的调控上需要更多的探索。随着研究的深入，相信 CZTSSe 电池的效率能够逐渐接近目前 CIGS 电池的效率。

## 思考练习题

(1) 请对 CIGS 材料的几种制备方法进行分析，比较其优缺点。

(2) 请从原材料来源、转换效率、工艺特点等各方面分别对 a-Si:H、CdTe、CIGS 太阳电池的优缺点进行分析，论述其发展前景。

(3) 请画出 CIGS 太阳电池的结构示意图，并简述各部分的构成和作用。

## 参 考 文 献

[1] Scheer R, Schock H. Chalcogenide Photovoltaics: Physics, Technologies, and Thin Film Devices. Weinheim: Wiley-VCH Verlag GmbH & Co. KGaA, 2011.

[2] Goedecke T, Haalboom T, Ernst F. Phase equilibria of Cu-In-Se. I. Stable states and nonequilibrium states of the $In_2Se_3$-$Cu_2Se$ subsystem. Z. Metallkunde , 2000, 91(8): 622-634.

[3] Zhang S B, Wei S H, Zunger A, et al. Defect physics of the $CuInSe_2$ chalcopyrite semiconductor. Phys. Rev. B, 1998, 57(16): 9642-9656.

[4] Lany S, Zunger A. Light-and bias-induced metastabilities in Cu(In, Ga)$Se_2$ based solar cells caused by the ($V_{Se}$-$V_{Cu}$) vacancy complex. J. Appl. Phys. , 2006, 100: 113725.

[5] Probst V, Stetter W, Riedl W, et al. Rapid CIS-process for high efficiency PV-modules: development towards large area processing. Thin Solid Films, 2001, 387(1-2): 262-267.

[6] Walter T, Menner R, Köble C, et al. Characterization and junction performance of highly efficient ZnO/CdS/$CuInS_2$ thin film solar cells. 12th European Photovoltaic Solar Energy Conference, 1994.

[7] Cahen D, Noufi R. Defect chemical explanation for the effect of air anneal on CdS/$CuInSe_2$ solar cell performance. Appl. Phys. Lett. , 1989, 54(6): 558.

[8] Chakrabarti D J , Laughlin D E . The Cu-Se (Copper-Selenium) system. Bulletin of Alloy Phase Diagrams, 1981, 2 (3) :305-315.
[9] 滨川圭弘. 太阳能光伏电池及其应用. 北京: 科学出版社, 2008.
[10] Pudov A O, Sites J R, Contreras M A, et al, CIGS J-V distortion in the absence of blue photons. Thin Solid Films, 2005, 480: 273-278.

# 第 11 章　III-V 族化合物太阳电池技术

## 11.1　引　　言

Ⅲ-Ⅴ族化合物是Ⅲ族元素和Ⅴ族元素形成的各种化合物的总称，它们的禁带宽度大多处于半导体的范围，因而又称为Ⅲ-Ⅴ族半导体。Ⅲ-Ⅴ族半导体中最重要的三个体系为 GaAs 系，InP 系和 GaN 系。通过替换部分Ⅲ族或Ⅴ族原子形成三元或四元化合物，可以在很大范围内对Ⅲ-Ⅴ族半导体的物理化学性质进行调节，从而可以制备出各种各样的半导体器件。

与Ⅳ族元素半导体相比，Ⅲ-Ⅴ族化合物半导体的性质有许多不同，其中最重要的是它们大多具有直接带隙。理论上只要很薄的一层就能实现太阳光的有效吸收，因而它们特别适合制备薄膜型太阳电池。通过选择几种不同带隙的Ⅲ-Ⅴ族半导体形成叠结电池，可以获得远高于单结太阳电池的效率。2016 年，采用四个不同带隙 pn 结的叠层太阳电池最高能量转换效率已经超过 46%[1]。然而高质量Ⅲ-Ⅴ族半导体材料制备技术复杂，成本很高，这极大地限制了它们的地面应用。所幸Ⅲ-Ⅴ族半导体还具有抗辐照能力强和温度系数小的优点，这使得它们在空间应用上具有明显优势。

本章将对Ⅲ-Ⅴ族半导体的物理化学性质，制备方法及典型电池结构进行介绍，其中重点介绍 GaAs 系太阳电池。

## 11.2　III-V 族化合物半导体材料的性质

根据Ⅴ族原子的不同，Ⅲ-Ⅴ族半导体习惯上划分为 N 化物、P 化物、As 化物等。图 11-1 给出了常见Ⅲ-Ⅴ族半导体材料的晶格常数和禁带宽度。从图中可以看到，As 化物和 P 化物的性质比较接近，因而也经常同时使用 P 和 As 与Ⅲ族金属原子形成三元或四元化合物。而 N 化物无论其物理化学性质还是制备方法都与 P 化物和 As 化物差异较大。受制于材料制备技术，并不是所有组分的 As 化物、P 化物和 N 化物的高质量单晶材料都能制备出来。实践中，用于构建半导体器件的三元或四元 Ⅲ-Ⅴ族化合物通常是用 GaAs，InP 或 GaN 作为衬底或缓冲层，通过外延生长技术制备的，并且分别形成了相应的材料和器件制备技术体系。

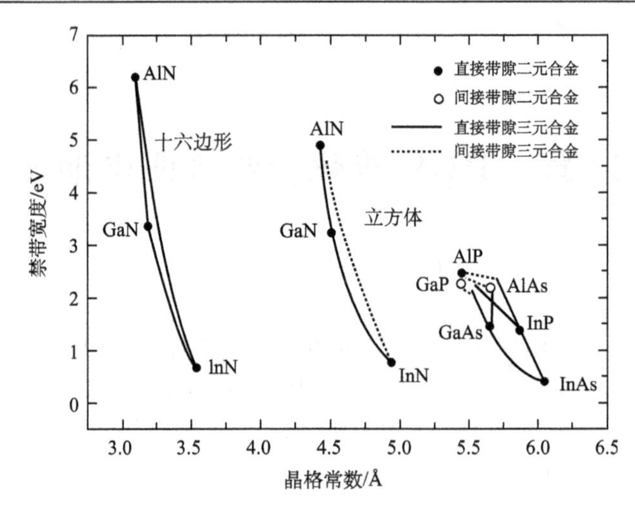


图 11-1　常见 III-V 族化合物半导体的禁带宽度和晶格常数

1. GaAs

GaAs 是最典型的Ⅲ-Ⅴ族化合物半导体之一，它既是一种重要的发光材料，也是一种重要的太阳电池材料。它的晶体结构为闪锌矿结构，由极性共价键结合，离子性为 0.31。GaAs 为直接带隙的半导体材料，其室温禁带宽度为 1.42eV，对应的发光或吸收波长约为 870nm，处于最理想的单结太阳电池所要求的禁带宽度范围。用 GaAs 制备的单结太阳电池聚光条件下已实现超过 29%的能量转换效率[2]，为各种材料制备的单结太阳电池中的最高值。GaAs 基材料用于太阳电池制备还具有以下几个优点：

(1) GaAs 为直接带隙材料，光子能量达到禁带宽度以上后，吸收系数陡峭地上升到 $10^4$cm$^{-1}$ 以上。因而光子能量大于 $E_g$ 的太阳光，只需要 3μm 厚的 GaAs 就可以被完全吸收。

(2) 高纯 GaAs 晶体中载流子迁移率很高，远高于 Si。轻掺杂的 GaAs 材料中，室温下电子迁移率可达 9000cm$^2$/(V·s) 以上。即使当载流子浓度高达 $10^{18}$cm$^{-3}$ 时，其电子和空穴迁移率也分别可达 2000cm$^2$/(V·s) 和 150cm$^2$/(V·s)。这对光生载流子的收集是十分有利的[3]。

(3) 由于 GaAs 和 AlAs 材料的晶格常数非常匹配（失配度<0.2%），将 GaAs 与 AlAs 或 InAs 形成合金，其禁带宽度可以在 2.2eV 到 1.42eV 之间调节。这为多结太阳电池的制备提供了非常有利的条件。

(4) 与 Ge 和 Si 相比，GaAs 太阳电池的温度系数较小。在室温以上的较大一段范围内，温度每上升 1℃，GaAs 电池的效率下降约 0.23%。而 Si 基电池的温度系数约为–0.39%/℃。当温度上升到 200℃时，Si 基太阳电池的效率将下降 75%，而 GaAs 电池效率下降只有 50%。因此 GaAs 电池更适于高温使用。

(5) GaAs 基材料的抗高能粒子辐照能力较强。辐照实验表明，在 1MeV 的高能电子辐照下，即使辐照剂量达到 $1\times10^{15}cm^{-2}$，GaAs 电池的效率仍然可以维持 75%，而同等条件下 Si 基电池的效率仅能维持 66%。

虽然 GaAs 具有如此多的优点，但它的缺点也非常明显。最大的缺点在于材料制备成本很高，大约是 Si 材料的 10 倍以上。其次，GaAs 材料机械强度差，很脆而易碎。这就对加工制备和工艺提出了很高要求，否则很容易破片。再次，GaAs 材料较重，其密度在 Si 的二倍以上，在部分应用场合这也是不利的。

由于 GaAs 太阳电池高成本、高效率的特点，目前其应用主要集中在空间用电池，地面应用还很少。

2. InP

跟 GaAs 一样，InP 也是闪锌矿结构，其晶格常数为 5.689Å。InP 也是一种直接带隙的半导体材料，其室温禁带宽度为 1.35eV，也处于太阳电池所要求的理想带隙范围之内。高质量 InP 单晶中电子迁移率也很高，室温下可达 5000 $cm^2/(V\cdot s)$ 以上，空穴迁移率约为 200$cm^2/(V\cdot s)$。由于 InP 材料比 GaAs 材料还要昂贵，因此 InP 太阳电池的研究相对较少。目前制备的 InP 太阳电池的转换效率要略低于 GaAs。通过在 InP 中掺入合适组分的 Ga 原子，可以形成与 GaAs 晶格常数完全匹配的 GaInP 三元合金，其禁带宽度则可以调大到 1.89eV，因此适合用作 GaAs 基叠结太阳电池的顶电池。通过选择合适比例的 GaAs 与 InP 形成 InGaAsP 合金，也能实现与 InP 的晶格匹配，并且可以将其带隙在 1.35eV 与 0.74eV 之间调节。InP 的抗高能粒子辐照能力比 GaAs 更强，因此也适合空间应用。但由于成本问题，目前 InP 基太阳电池实际应用不多，各种研究工作中主要将其作为多结太阳电池中的一种组分用于调节禁带宽度。

3. GaN

与砷化物和磷化物相比，III 族氮化物的性质差异较大。砷化物和磷化物都为立方的闪锌矿结构，III 族氮化物虽然也有闪锌矿结构的立方相存在，但在常温常压下能稳定存在的是纤锌矿结构的六方相。六方 GaN 的晶格常数为 $a=3.189$Å，$c=5.185$Å，与 GaAs 和 InP 差异巨大。III 族氮化物单晶制备非常困难，目前用于制备各种半导体器件的氮化物材料基本都是在蓝宝石、硅或氮化硅等异质衬底上外延制备的。目前制备技术相对成熟的是 GaN，高质量的 InN 和 AlN 单晶生长还很困难。以 GaN 为基础，通过掺入较低组分的 In 原子或 Al 原子，可以制备出相对高质量的 InGaN 和 AlGaN 三元合金。目前掺入 In 或 Al 组分>30%的三元氮化物合金外延层晶体质量还较差。

III 族氮化物半导体用于制备太阳电池有一个独特的优势。GaN 的室温禁带宽度高达 3.4eV，而 InN 的室温禁带宽度小于 0.7eV。因此 InGaN 三元合金的禁带宽度可以实现 0.7～3.4eV 的连续调节[4]，该能量范围基本覆盖了太阳光谱的绝大部分。因此基于该单一材料体系，通过合理设置不同组分的 pn 结串联形成太阳电池，理论上可以获得高达 60%以上的能量转换效率。由于每一种半导体材料体系通常都有其独特的生产工艺和设备，因此跨体系半导体材料生长是困难的。InGaN 材料体系的宽带隙范围为实现单一体系的高效率多结太阳电池提供了可能。除此之外，InGaN 用于太阳电池还有以下优点：

(1) 吸收系数大。能量略大于禁带宽度的光子吸收系数就可高达 $10^5 cm^{-1}$，因此只需要不到 400nm 的薄层就能达到几乎 100%的吸收。

(2) 材料物理化学性质稳定，耐温性能好，适合高倍聚光太阳电池使用。

(3) 制备原料基本无毒，对环境友好。

(4) 抗高能粒子辐照能力很强。

(5) 存在所谓的“声子瓶颈效应”，即激发态载流子弛豫时间较长，有利于热载流子收集[5,6]。

然而由于 GaN 禁带宽度太大，要制备高效率单结太阳电池，必须掺入很高比例 (>40%) 的 In 形成 InGaN 合金才能将带隙调节到理想的范围。而由于 InN 和 GaN 不能无限互溶，In 组分较高的 InGaN 不稳定，容易发生相分离，因此制备非常困难[7]。同时，InGaN 材料制备需要使用昂贵的设备和原材料，成本很高。目前 InGaN 太阳电池还处于研究的早期阶段，所得到的太阳电池的效率还很低。

## 11.3 典型 III-V 族化合物半导体太阳电池结构

### 1. GaAs 单结太阳电池

由于二元化合物的性质远比 Si 等元素半导体复杂，早期制备的 GaAs 材料质量远不如 Si 单晶完美，因此虽然 GaAs 的禁带宽度优于 Si，但 20 世纪 70 年代以前 GaAs 太阳电池上的研究进展却很缓慢。仿照 Si 材料用扩散法制备的 GaAs pn 结性能很差。要制备高质量的 GaAs pn 结，必须采用外延技术。但早期用液相外延法制备的同质结 GaAs 太阳电池，效率也不高。主要问题在于 GaAs 作为直接带隙的材料对短波长光子的吸收系数很高，吸收发生在离表面很近的数百纳米之内，这样产生的光生载流子很容易扩散到表面发生复合而消耗掉。

1973 年，Hovel 提出在 GaAs 表面上生长一层薄薄的 AlGaAs 窗口层，成功地克服了这一问题[8]。如图 11-1 所示，GaAs 和 AlAs 晶格常数非常接近，因此可以在 GaAs 上生长出 0～100%任意 Al 组分的高质量 AlGaAs 三元材料。AlGaAs 材料一个重要的特点是，当 Al 组分超过 45%时，其能带类型会从直接带隙转变为间接带隙[9]。因此当使用 Al 组分>45%的 AlGaAs 作为窗口层时，对光的吸收很弱，能保证大部分光在 GaAs 层中吸收。而同时由于其禁带宽度(2.1eV)大于 GaAs，因此能有效阻止 GaAs 中的光生载流子扩散到表面。这一结构的采用，解决了表面复合严重的问题，使 GaAs 系太阳电池的效率大大提高，很快超过了 20%。图 11-2 是西班牙 Cuidad 大学研制的高效率 GaAs/AlGaAs 单结太阳电池的结构示意图，该电池在 AM1.5 太阳光谱 600 倍聚光条件下，能量转换效率高达 25.8%[10]。

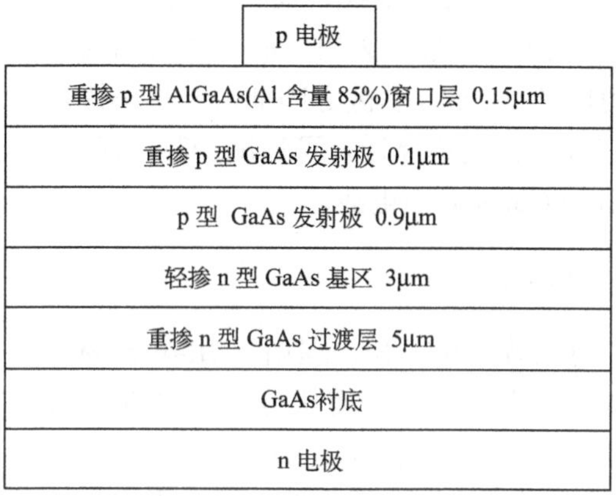

| p 电极 |
|---|
| 重掺 p 型 AlGaAs(Al 含量 85%)窗口层 0.15μm |
| 重掺 p 型 GaAs 发射极 0.1μm |
| p 型 GaAs 发射极 0.9μm |
| 轻掺 n 型 GaAs 基区 3μm |
| 重掺 n 型 GaAs 过渡层 5μm |
| GaAs衬底 |
| n 电极 |

图 11-2　高效率 GaAs/AlGaAs 单结太阳电池结构简图

20 世纪 90 年代以来，MOCVD 技术逐渐应用到 GaAs 外延材料生长，器件表面形貌以及各层厚度的精确控制有了明显进步。2011 年，采用 MOCVD 技术制备的 GaAs 单结太阳电池转换效率达到了 27.6%[11]。

然而，虽然 GaAs 单结电池的效率已经超过 Si 基电池，但如前所述材料成本太高、机械强度低仍是制约其应用的大问题。而且 GaAs 的密度大约是 Si 的两倍，因此即使只考虑空间应用，也是不理想的。为了解决这些问题，人们尝试使用 Si 作为衬底，通过外延生长一层几 μm 厚的 GaAs 来制备太阳电池，这样有可能在维持高效率的基础上，节省昂贵的 GaAs 材料并提高器件的机械强度，还能解决重量问题，一举而多得。但是在 Si 衬底上外延 GaAs 的研究进展却一直不理想，由于 GaAs 和 Si 之间存在较大的晶格失配和热失配，在 Si 上生长的 GaAs 薄膜位错密度大于 $10^5 cm^{-2}$，导致太阳电池效率一直无法提高。

Ge 的晶格常数和热膨胀系数与 GaAs 的匹配度都比 Si 好得多，成本也比 GaAs 便宜。虽然 Ge 机械强度不如 Si，但强于 GaAs。因此采用 Ge 作为衬底外延制备 GaAs 太阳电池就成为一种现实的选择。在 Ge 衬底上制备 GaAs 太阳电池，一个核心问题在于避免异质界面形成“活性结”。由于 Ga 原子在 Ge 中扩散成为 p 型掺杂，可在界面上形成 pn 结。如果该结的极性与 GaAs 的 pn 结极性相反，将使电池的开路电压下降。即使该结极性与 GaAs 结相同，由于其 *I-V* 特性很差，两个结的电流不能匹配，填充因子和转换效率也将下降。避免形成“活性结”的关键在于减少 Ga 原子在 Ge 中的扩散，为此人们发明了两步外延法。即先在较低温度(～600℃)下慢速生长(0.2μm/h)一层 0.1μm 的薄层，然后再升高温度到 700℃左右快速生长(4μm/h)一层 3μm 的 GaAs 作为基区。为了生长出完美的 Ge/GaAs 界面，还有许多技术难点需要克服，包括在 GaAs 生长前先外延生长一层 Ge 薄膜；在 GaAs 生长前先生长一层 AlGaAs 缓冲层；以及采用斜切衬底等[12]。为了进一步降低制造成本，研究人员又开展了采用多晶 Ge 衬底生长 GaAs 太阳电池的研究。通过在 $p^+$-GaAs 发射区域 n-GaAs 基区之间插入一层不掺杂的 GaAs 过渡层，阻止晶界上形成发射区和 n 区的隧道穿透，可以减少暗电流，从而在多晶 Ge 衬底上制备出效率达到 20%的 GaAs 太阳电池。

2. GaAs 系叠结太阳电池

虽然 GaAs 单结电池效率高于 Si，但由于 III-V 族材料价格昂贵，III-V 族单结电池的性价比不如 Si，地面应用没有优势。考虑到 III-V 族半导体种类繁多，禁带宽度和晶格常数可以方便地调节，因此制备具有多个 pn 结的高效率叠结电池，是目前 III-V 族半导体在太阳电池上的主要应用方向。

理论计算表明，单个 pn 结形成的太阳电池最高效率只有大约 33%[13]。导致能量损失的主要因素包括：能量小于禁带宽度的光子不能被半导体材料吸收；激发态载流子弛豫到能带边导致的能量损失；载流子复合损失以及黑体辐射损失等。如果采用禁带宽度较窄的半导体材料制备光吸收层，固然可以吸收更多的入射太阳光，但激发态载流子弛豫到带边的损失将增大。为了解决这一跷跷板效应，可以采用多个不同带隙的半导体层分别吸收不同波段太阳光的办法，这就是叠结太阳电池的基本原理。容易理解，太阳光谱分段分得越多，即使用的不同带隙 pn 结越多，可以获得的转换效率也越高。Henry 的计算结果表明，36 个子电池串联构成的叠结电池，极限能量转换效率可达 72%[14]。串联电池工作时电流必须连续，因此各子电池的电流要求相等。为了满足这一要求，各子电池的 pn 结禁带宽度就不能随意安排，而必须合理设计。而且各子电池的厚度也有严格要求，这样才能保证叠结电池获得最优的短路电流。

表 11-1 列出了 3～8 个结的太阳电池各结的禁带宽度要求，以及可以获得的最大效率[15]。从表中数据可以看出，四个结以下的叠结电池禁带宽度可以通过调节三元或四元磷化物和砷化物组分来满足。但四个结以上的电池，要求有禁带宽度大于 2.48 eV 的结，就必须考虑引入氮化物 pn 结。但是由于氮化物与磷化物或砷化物的晶体结构差异太大，它们的结合是非常困难的，目前这方面的研究还少

有开展。而且从计算结果可知，从单结到双结，理论效率提高很大，但四个结以上再增加结的个数，效率增长幅度就很小了。因此从成本收益的角度考虑，目前研究工作主要集中在四个结以下的电池。

**表 11-1　叠结太阳电池子电池的理想禁带宽度和电池理论效率**

| 结数 | 禁带宽度/eV | 最高理论效率 $\eta$/% | 可实现最高效率 $0.8\times\eta$/% |
|---|---|---|---|
| 3 | 0.7　1.37　2 | 56 | 44.8 |
| 4 | 0.6　0.11　1.69　2.48 | 65 | 49.6 |
| 5 | 0.53　0.95　1.4　1.93　2.68 | 65 | 52 |
| 6 | 0.47　0.84　1.24　1.66　2.18　2.93 | 67.3 | 53.84 |
| 7 | 0.17　0.82　1.191　1.56　2　2.5　3.21 | 68.9 | 55.12 |
| 8 | 0.44　0.78　1.09　1.4　1.74　2.14　2.65　3.35 | 70.2 | 56.16 |

高效率叠结电池的实现在技术上主要有两个困难。第一为不同带隙半导体材料如何用外延的办法长在一起；第二为如何实现各子电池之间的低电阻串联。综合考虑子电池对带隙的要求，晶格常数和热膨胀系数的匹配度，以及制备方法的兼容性，目前比较成功的叠结电池主要有以下几类：AlGaAs/GaAs 双结电池，GaInP/GaAs 双结电池，GaInP/GaInAs/Ge 三结电池，InGaAs/InGaAs/GaAs/InGaP 四结电池等几类。图 11-3 给出了它们的典型结构简图。

图 11-3 中叠结电池中各子电池之间是通过一个反极性的 pn 结连接的，这些反极性结的存在对光生载流子在不同子电池之间的流动具有阻碍作用，并将导致开路电压的降低。通过在这些反极性结两侧区域进行重掺杂(图中所示 $n^{++}/p^{++}$层)，形成隧道结，可以将这些界面的电阻大大降低。隧道结的质量也是决定叠结电池性能极为关键的因素。图 11-4 中是一个 GaAs/InGaP 双结电池界面隧道结的能带图。由于掺杂浓度很高，p-InGaP 和 n-InGaP 层之间的耗尽层很薄，电子可以从 p 型 InGaP 层的价带隧穿到 n 型 InGaP 的导带或者相反，从而可实现两个子电池之间的低阻串联。

3. InGaN 系太阳电池

高效率单结太阳电池制备要求半导体禁带宽度小于 1.5eV，这意味着 InGaN 合金中的 In 组分需要超过 40%。由于 III 族氮化物晶体制备困难，目前单晶制备仅限于小尺寸的 GaN。InGaN 三元合金都是在 GaN 上异质外延制备的。虽然 InGaN 的吸收系数高达 $10^5cm^{-1}$，但厚度仍要求 200nm 以上才能高效吸收太阳光的能量。由于 InN 和 GaN 的晶格失配高达 11%，在 GaN 上外延生长 20% In 组分的 InGaN

| | 正面接触 | |
|---|---|---|
| ARC | $p^+$-GaAs | ARC |
| $p$-$Al_{0.85}Ga_{0.15}As$ 0.04 μm | | |
| $p$-$Al_{0.35}Ga_{0.64}As$ 0.07 μm | | |
| $p^-$-$Al_{0.35}Ga_{0.64}As$ 0.3 μm | | |
| $n^-$-$Al_{0.35}Ga_{0.54}As$ 0.6 μm | | |
| $n$-$Al_{0.6}Ga_{0.4}As$ 0.1 μm | | |
| $n^{++}$-$Al_{0.35}Ga_{0.64}As$ 0.02 μm | | |
| $p^{++}$-GaAs 0.008 μm | | |
| $p$-$Al_{0.85}Ga_{0.15}As$ 0.1 μm | | |
| p-GaAs 0.5 μm | | |
| n-GaAs 3.5 μm | | |
| $n$-$Al_{0.2}Ga_{0.8}As$ 0.1 μm | | |
| n-GaAs 1 μm | | |
| n-GaAs 衬底 | | |
| 背面接触 | | |

(a) AlGaAs/GaAs双结电池

| | 正面接触 | |
|---|---|---|
| ARC | $n^+$-GaAs 0.5 μm | ARC |
| n-AlInP 0.025 μm | | |
| n-GaInP 0.1 μm | | |
| p-GaInP(1.83eV) 0.6 μm | | |
| p-GaInP(1.88eV) 0.05 μm | | |
| $p^{++}$-GaAs 0.011 μm | | |
| $n^{++}$-GaAs 0.011 μm | | |
| n-GaInP 0.1 μm | | |
| n-GaAs 0.1 μm | | |
| p-GaAs 3.5 μm | | |
| p-GaInP 0.07 μm | | |
| p-GaAs 0.2 μm | | |
| p-GaAs 衬底 | | |
| 背面接触 | | |

(b) GaInP/GaAs双结电池

| | 前电极 | |
|---|---|---|
| ARC | 接触层 | ARC |
| $n^+$-AlInP 窗口层 | | |
| n-GaInP 发射极 | | |
| p-GaInP 基区 | | |
| $p^+$-GaInP 势垒层 | | |
| $p^+$-AlGaInP 势垒层 | | |
| $p^{++}$-AlGaAs | | |
| $n^{++}$-GaInAs | | |
| $n^+$-AlGaInP/AlInAs 势垒层 | | |
| n-GaInAs 发射极 | | |
| p-GaInAs 基区 | | |
| $p^+$-GaInAs 势垒层 | | |
| $p^{++}$-AlGaAs | | |
| $n^{++}$-GaInAs | | |
| n型缓冲/势垒层 | | |
| 活性Ge基极, p型 | | |
| Ge基板 | | |
| 背面电池接触 | | |

(c) GaInP/GaInAs/Ge三叠结电池

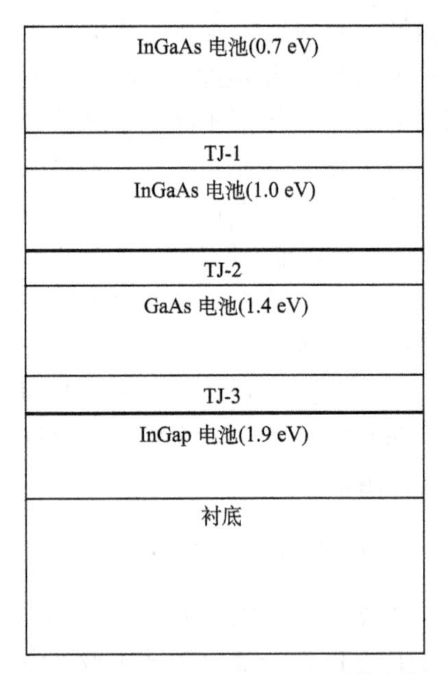


(d) InGaAs/InGaAs/GaAs/InGaP四叠结电池

图 11-3　几种典型的 III-V 族叠结太阳电池结构示意图(图中 TJ 代表隧道结)

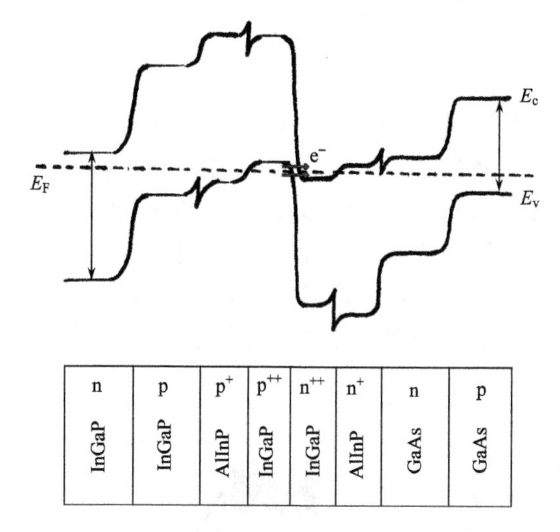


图 11-4　叠结太阳电池子电池之间的隧道结能带

薄膜临界厚度只有几个纳米[16]，因此生长 200nm 的高质量的高铟组分 InGaN 是非常困难的，已经报道的 InGaN 同质结太阳电池 In 组分基本都在 30%以下。即使低组分的 InGaN，几百纳米厚的薄膜晶体质量也很差，因此同质结 InGaN 太阳电池效率都很低。为了提高晶体质量，采用 pin 异质结或多量子阱结构逐渐成为 InGaN 太阳电池研究的主流。在这种结构中，n 型层和 p 型层均为 GaN，起载流子传输作用，n-GaN 层和 p-GaN 层之间夹有一层本征 InGaN 层作为有源层。为了提高 InGaN 中的铟组分而又具备足够的厚度，常将其制备成多量子阱结构，即 InGaN/GaN 双层的周期结构。其中每一层 InGaN 厚度均小于临界厚度以维持较高的晶体质量。GaN 层不能太厚，否则载流子被限于 InGaN 层中无法逃逸形成电流。通过这样周期堆叠的多量子阱结构，可以获得总厚度达到百纳米量级的较高晶体质量的 InGaN 光吸收层。然而由于 GaN 势垒层的阻挡作用，这种结构的太阳电池串联电阻很大，短路电流和填充因子都较低。截止到 2016 年，已报道的 InGaN 多量子阱太阳电池效率最高值只有约 5%。

## 11.4　III-V 族化合物半导体太阳电池制造技术

III-V 族半导体太阳电池大多是通过在单晶衬底上外延生长制备的。通过选择合适的衬底，在其上外延生长晶格失配和热膨胀系数失配较小的外延材料，可以获得高质量的单晶薄膜。这些外延方法主要包括液相外延(LPE)，金属有机化学气相沉积法(MOCVD)和分子束外延(MBE)等。

1. 液相外延法

液相外延技术的优点是设备简单，成本低，但制备的 GaAs 太阳电池效率也能达到 20%以上，是一种较高性价比的技术。图 11-5 是一种典型的 GaAs 液相外延设备的结构示意图。液相外延是用 Ga、In 或 Sn 等低熔点金属作为溶剂，将高纯 GaAs 等原料溶于其中形成饱和溶液(母液)，将 GaAs 单晶衬底与母液接触，缓慢降温使溶液过饱和，溶质析出在衬底表面长出晶体。由于液相外延法是在接近平衡条件下生长晶体的，获得的外延薄膜晶体质量很高。

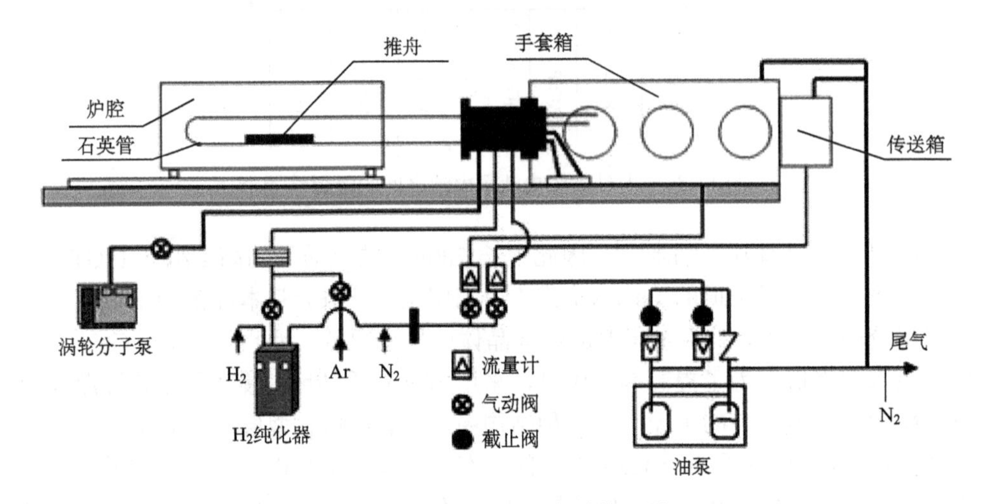


图 11-5　液相外延设备结构简图

液相外延法也有明显的缺点。由于 Si 和 Ge 等半导体材料在 Ga 中的溶解度很大，因此无法用它们作为衬底异质外延生长 III-V 族材料。其次，液相外延对薄膜厚度的控制无法做到气相外延法那么精确。此外，液相外延生长的薄膜表面形貌粗糙。在 MOCVD 等方法出现后，液相外延使用已越来越少。

2. 金属有机化学气相沉积

金属有机化学气相沉积技术又称金属有机化学气相外延(MOVPE)，是 20 世纪 80 年代开始兴起的高质量半导体材料制备技术。它能在很大范围内对生长温度和生长速率进行精确控制，并能实现大面积均匀生长，而且可以精确地实现组分调节和掺杂控制，已经发展成为半导体光电子器件制备最重要的技术手段之一。图 11-6 是 MOCVD 外延生长原理示意图。III-V 族化合物 MOCVD 生长通常使用诸如三甲基镓、三甲基铝、三甲基铟等作为 III 族金属原子的原料，其蒸气用氮气或氢气作为载气携带进入反应腔，与砷烷、磷烷、氨气等 V 族原料在衬底表面反应生成外延薄膜。由于气体流速快，可以实现快速的原料切换，因此容易获得组分陡变的高质量界面，也容易实现薄层精确厚度控制，从而制备出复杂的器件结构。

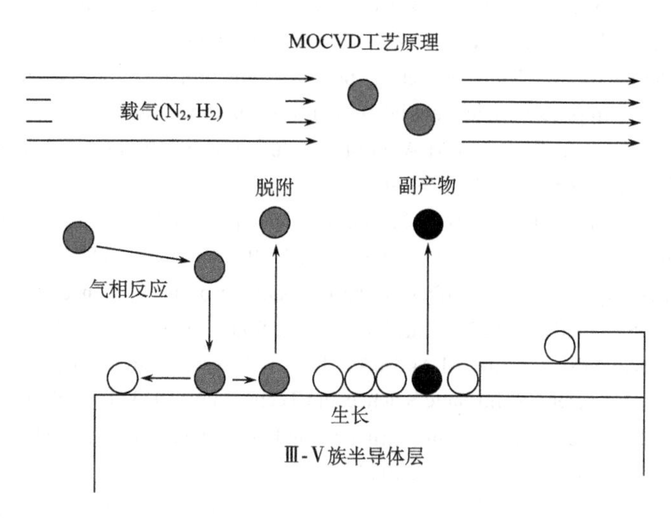


图 11-6　MOCVD 反应腔结构及生长机理

3. 分子束外延技术

分子束外延通过将反应物气化成分子或原子，喷射到高真空的反应腔中，在衬底表面沉积生长薄膜。分子束外延设备结构复杂，真空度要求极高($<10^{-12}$ Torr, 1Torr=$1.333\times10^2$Pa)，而薄膜沉积速度很慢。它的优点是可以实现极薄的单晶生长，甚至可以实现原子级的生长控制。其次，它很容易实现异质外延，并且组分和掺杂浓度的控制都很精确。分子束外延生长的薄膜表面平整光洁。这些优点使它在新结构器件的制备和原理研究等方面具有很强的优势，但是由于 MBE 系统太复杂，维护成本高，而且生长速度太慢，也不能像 MOCVD 那样实现大面积均匀生长，因此在大规模批量生产上无法应用。近年来在复杂结构的新型 III-V 族太阳电池研究方面，MBE 已成为一种有力的工具。

## 思考练习题

(1) III-V 化合物用于制备太阳电池有哪些优缺点？

(2) 高效率叠结太阳电池中各子电池对材料选择有何要求？

## 参 考 文 献

[1] Dimroth F, Tibbits T N D, Niemeyer M, et al. Four-junction wafer bonded concentrator solar

cells. IEEE J. Photovoltaics, 2015.

[2] Green M A, Emery K, Hishikawa Y, et al. Solar cell efficiency tables (version 38). Prog. Photovolt: Res. Appl., 2011, 19(5): 565-572.

[3] Stillman G E, Wolfe C M, Dimmock J O. Hall coefficient factor for polar mode scattering in n-type GaAs. J. Phys. Chem. Solids, 1970, 31(6): 1199-1204.

[4] Wu J, Walukiewicz W, Yu K M, et al. Superior radiation resistance of $In_{1-x}$ $Ga_xN$ alloys: full-solar-spectrum photovoltaic material system. J. Appl. Phys., 2003, 94(10): 6477-6482.

[5] Conibeer G J, Koenig D, Green M A, et al. Slowing of carrier cooling in hotcarrier solar cells. Thin Solid Films, 2008, 516(20): 6948-6953.

[6] Zanato D, Balkan N, Ridley B K, et al. Hot electron cooling rates via the emission of LO-phonons in InN, Semicond. Sci. Technol., 2004, 19(18): 1024-1028.

[7] Jani O, Yu H, Trybus E, et al. Effect of phase separation on performance of III-V nitride solar cells. Milan: Presented at the 22nd Eur. Photovoltaic Solar Energy Conf., 2007.

[8] Hovel H, Woodall J. $Ga_{1-x}Al_xAs$-GaAs P-P-N heterojunction solar cells. Journal of Electrochemical Society, Solid State Science and Technology, 1973, 120(9): 1246-1252.

[9] Saxena A K. The conduction band structure and deep levels in $Ga_{1-x}Al_xAs$ alloys from a high-pressure experiment. J. Phys. C., 2000, 13(23): 4323 .

[10] Ortiz E, Algora C. A high-efficiency LPE GaAs solar cell at concentrations ranging from 2000 to 4000 suns. Prog. Photovolt: Res. Appl., 2003, 11(3): 155-163.

[11] Kayes B, Nie H, Twist R, et al. 27. 6% conversion efficiency, a new record for single-junction solar cells under 1 sun illumination. Seattle: Proc. 37th IEEE PVSC, 2011.

[12] Chen J, Ristow M, Cubbage J, et al. High-efficiency GaAs solar cells grown on passive-Ge substrates by atmospheric pressure OMVPE. Proceedings of 22nd IEEE PVSC, 1991: 133.

[13] Shockley W, Queisser H. Detailed balance limit of efficiency of pn junction solar cells. J. Appl. Phys., 1961, 32: 510-520.

[14] Henry C. Limiting efficiencies of ideal single and multiple energy gap terrestrial solar cells. J. Appl. Phys., 1980, 51(8): 1.

[15] Bhuiyan A, Sugita K, Hashimoto A, et al. InGaN solar cells: present state of the art and important challenges. IEEE J. Photovolt., 2012, 2(3): 276-293.

[16] Holec D, Zhang Y, Rao D V S, et al. Equilibrium critical thickness for misfit dislocations in III-nitrides. J. Appl. Phys., 2008, 104(12): 123514.